BERICHT

ÜBER DEN

VOM 6. BIS 8. JULI 1921 IN MÜNCHEN

ABGEHALTENEN

X. KONGRESS FÜR HEIZUNG UND LÜFTUNG

MIT 28 ABBILDUNGEN

HERAUSGEGEBEN VOM

GESCHÄFTSFÜHRENDEN AUSSCHUSS

VERLAG VON R. OLDENBOURG IN MÜNCHEN UND BERLIN

X. Kongreß für Heizung und Lüftung

in München 6. bis 8. Juli 1921

PROTEKTOR

Ministerpräsident *Dr. v. Kahr*, Exzellenz

STÄNDIGER KONGRESS=AUSSCHUSS

Vorsitzender:

Hartmannn, Konrad, Dr.=Ing. h. c., Senatspräsident a. D., Geh.=Reg.=Rat, ordent. Honorar=Professor der Techn. Hochschule Charlottenburg, Göttingen

Mitglieder:

Berlit, B., Magistratsbaurat, Regierungsbaumeister a. D., Wiesbaden

von Boehmer, H. E., Geh. u. Ober=Reg.=Rat, Berlin=Lichterfelde

Cassinone, Alexander, Generaldirektor der Maschinenbau=Aktien=Gesellschaft Körting, Wien

Cramer, Walter, Ingenieur und Fabrikbesitzer i. Fa. Bechem & Post, Hagen i. W.

von Foltz, Alfred, Ministerialrat i. R., Wien

Huber, Hans, Ministerialrat der Obersten Baubehörde, München

Krebs, Otto, Dr., Direktor des Strebelwerks G. m. b. H., Mannheim

Kretschmar, P. H., Dr., Bürgermeister der Stadt Dresden

Kurz, Josef, Ingenieur, Vizepräsident des Verwaltungsrates der Kurz, Rietschel, Henneberg & Permutit A.=G., Wien

Pfützner, H., Professor, Geheimer Hofrat, Dresden

Purschian, E., Ingenieur und Fabrikbesitzer, Inhaber der Fa. Emil Kelling, gerichtlicher Sachverständiger, Berlin

Rühl, Heinrich, Ingenieur und Fabrikbesitzer, i. Fa. Rühl & Sohn, Frankfurt a. M.

von Schacky auf Schönfeld, Gustav, Freiherr, Geheimer Rat, Ministerialrat a. D. der Obersten Baubehörde, München

Schellenberg, Ernst, Oberregierungsrat im Ministerium des Innern, Karlsruhe i. B.

Schiele, Ernst, Dr.=Ing. h. c., Inhaber der Fa. Rud. Otto Meyer, 1. Vorsitzender des Verbandes der Centralheizungs=Industrie, e. V., Hamburg

Trautmann, Richard, Oberbaurat, Leipzig

Uber, R., Dr.=Ing. h. c., Minist.=Dir. i. Finanzminister., Berlin

Wahl, C. L., Stadtbaurat, Dresden

ORTS= UND ARBEITS=AUSSCHUSS

Ehrenvorsitzender:

von Schacky auf Schönfeld, Gustav, Freiherr, Geheimer Rat, Ministerialrat a. D. der Obersten Baubehörde, München

Vorsitzende:

Huber, Hans, Ministerialrat d. Obersten Baubehörde, München

Emhardt, Carl, Ingenieur, Inhaber der Fa. Emhardt & Auer, 1. Vorsitzender des Bayerischen Landesverbandes im Verband der Centralheizungs=Industrie, e. V., München

Mitglieder:

Bach, Hermann, Regierungs= und Baurat i. Staatsministerium des Innern, München

Baer, E., Ingenieur und Teilhaber der Fa. Baer & Derigs, München

Birlo, J., Generaldirektor d. Fa. Joh. Haag, A.=G., Augsburg

Brünn, Gustav, Stadtbaumeister, Städt. Hochbauamt, Abt. Heizung und Maschinenbau, München

von Cornides, Wilh., Mitinhaber der Verlagsbuchhandlung R. Oldenbourg, München

Dieterich, G., Ingenieur, Direktor des Verbandes der Centralheizungsindustrie, e. V., Berlin

Ecker, Adolf, Stadtrat, 1. Vorsitzender der Centrale für das Ofensetzergewerbe Deutschlands, München

Gablonsky, Fritz, Bauamtmann, Landbauamt, München

Gröber, Heinrich, Dr., Ingenieur, Bayerische Landeskohlenstelle, München

Hauser, Karl, Dipl.=Ing., Baurat und Vorstand des Städt. Hochbauamtes, Abt. Heizung u. Maschinenbau, München

Ludwig, Georg, Ingenieur, der Fa. Gebr. Koerting, A.=G., München

Meyer, Gustav, Diplom=Ingenieur, Inhaber der Nürnberger Centralheizungsfabrik Gustav Meyer, 1. Vorsitzender der Gruppe Nordbayern des Verbandes der Centralheizungs=Industie e. V., Nürnberg

Pröbstl, H., Ingenieur, Inh. d. Fa. Heinr. v. Hößle, München

Schachner, Rich., ord. Prof. der Techn. Hochschule, München

Schwarz, Ed., Dr. jur., Rechtsrat a. D., Syndikus des Münchener Handelsvereins — Börse — und Geschäftsführer des Bayerischen Landesverbandes im Verband der Centralheizungs=Industrie e. V., München

Udet, Adolf, Ingenieur, Inhaber der Fa. Udet & Co., 1. Vorsitzender der Gruppe Südbayern des Verbandes der Centralheizungs=Industrie, e. V., München

Damen=Komitee:

Frau Regierungs= und Baurat *Bach*, München
Frau Ingenieur *L. Emhardt*, München
Frau Baurat *M. Hauser*, München
Frau Professor *Th. Schachner*, München
Frau Dr. *E. Schwarz*, München

Bericht über den X. Kongreß für Heizung und Lüftung in München 1921

Der X. Kongreß für Heizung und Lüftung hat in München vom 6. bis 8. Juli 1921 unter außergewöhnlich starker Beteiligung stattgefunden. Die Zahl der Teilnehmer betrug 665. Herren und Damen, darunter über 100 aus dem neutralen Auslande und aus Österreich und Ungarn. Die Mitglieder des Verbandes der Centralheizungsindustrie, des Vereins behördlicher Heizungsingenieure und des Vereins deutscher Heizungsingenieure hatten sich in großer Zahl eingefunden. Die Reichs- und Staatsbehörden, Provinzial- und Gemeindeverwaltungen hatten wie bei den früheren Kongressen viele Vertreter entsandt, so daß sich der X. Kongreß wiederum zu einer Kundgebung größten Stils gestaltete und, wie die Münchener Zeitungen besonders hervorhoben, von hervorragender Bedeutung für die Entwicklung der Heizungswirtschaft wurde.

Der bayerische Ministerpräsident Exzellenz Dr.-Ing. h. c. von Kahr hatte das Protektorat des Kongresses übernommen und war wiederholt zu den Veranstaltungen desselben erschienen; bei der Eröffnungssitzung hielt er eine bedeutsame Rede, die in dem ausführlichen Bericht wiedergegeben wird. Von der bayerischen Staatsregierung erschienen ferner die Minister Dr. Matt, Hamm und Oswald, Staatssekretär Dr. Schweyer, die Staatsräte Exzellenz von Meinel und Ministerialdirektor Riegel, Ministerialdirektor von Reuter, Ministerialrat Huber, Oberregierungsrat Dr. von Schelhorn, Oberregierungsrat Schäfer, München.

Von bayerischen Staatsbehörden und staatlichen Stellen waren außerdem erschienen: Präsident Dr. von Englert, München, Oberbaurat Ludwig, Vorstand, und Dr. Gröber, Ingenieur der Bayerischen Landeskohlenstelle, München, Regierungsbaurat I. Kl. Höfler von der Regierung der Oberpfalz, Regensburg, Bauamtmann Schneider, Landshut, Oberbauamtmann Gollwitzer von der Regierung von Schwaben, Augsburg, Oberregierungsrat Neidhardt, Vorstand des Landbauamtes München, Polizeipräsident Pöhner, München, Geheimer Oberbaurat Dr. Schmick, München, Regierungsbaurat Seefried, Speyer, Bauamtmann Wüst, Bamberg, Regierungsbaurat I. Kl. Meythaler, Bayreuth, Regierungs- und Baurat Bach, Regierungsrat Lang, Bauamtmann Gablonsky.

Die Stadtverwaltung Münchens war vertreten durch den ersten Bürgermeister Schmidt, ferner durch Oberbaurat Beblo, Oberbaurat Dr. Bosch, Baudirektor Arzberger, Obermeister und Stadtrat Würz, Dipl.-Ing. Baurat Hauser, Vorstand des städt. Hochbauamtes München.

Die Reichs- und außerbayerischen Staatsbehörden waren vertreten durch Prof. Dr. Fester (Reichswirtschaftsministerium), Geh. Regierungsrat Prof. Dr. Spitta (Reichsgesundheitsamt), Geh. und Oberregierungsräte Laskus und Willert (Reichspatentamt), Ministerialdirektor Wirkl. Geh. Oberbaurat Dr.-Ing. h. c. Uber und Ministerialrat Schindowsky (preußisches Finanzministerium), Ministerialrat Geh. Baurat Fischer (preußisches Ministerium für Volkswohlfahrt), Gewerberat Rühl (preußisches Handelsministerium), Regierungsbaumeister Eiser (Reichsbank Berlin), Dipl.-Ing. Ilgen, Dipl.-Ing. zur Nedden und Dipl.-Ing. Knesebeck (Reichskohlenrat Berlin), Regierungsbaumeister Sellien (Ministerial-Baukommission, Berlin), Oberpostrat Vorhölzer (Reichspostministerium München); ferner durch Oberbaurat Block von der Baudeputation Hamburg, Oberingenieur Gleichmann von der Badischen Landeskohlenstelle, Mannheim, Frank vom Hessischen Finanzministerium, Abteilung für Bauwesen, Darmstadt, Dipl.-Ing. Pflüger, Vorstand des Landesbrennstoffamtes, Stuttgart, Dipl.-Ing. Platz von der Kohlenwirtschaftsstelle, Hamburg, Dipl.-Ing. Rehfeldt, Leiter der Landeskohlenstelle, Schwerin, Oberregierungsrat Schellenberg vom Ministerium des Innern, Karlsruhe, Dipl.-Ing. Stock vom Senat der freien und Hansastadt, Lübeck, Oberregierungsrat Wangemann vom Sächsischen Finanzministerium, Dresden, Geheimen Regierungsrat Dr. Weber, Präsident des Sächsischen Landesgesundheitsamtes, Dresden.

Die Provinzial- und Gemeindeverwaltungen waren vertreten durch Magistratsrat Dr.-Ing. Arnoldt, Dortmund, Dipl.-Ing. Behrens von der Deputation des Magistrats für Werke, Berlin, Magistratsbaurat Berlit, Wiesbaden, städt. Heizungsingenieur Böhm, Heilbronn, städt. Heizungsingenieur Böttcher, Berlin-Steglitz, Stadtbaumeister Brünn von der Abteilung für Heizung und Maschinenbau im Städt. Hochbauamt, München, Magistratsbaurat Bruns, Halle a. S., Stadtbauingenieur Crone, Essen, städt. Heizungsingenieur Dallach, Magdeburg, Magistratsbaurat Dipl.-Ing. Drexler, Frankfurt a. M., Dipl.-Ing. Fichtl vom Städt. Maschinenbauamt, Berlin, Stadtbaumeister Jacobi Maschinenbauamt, Frankfurt a. M., Baurat Ilgen vom Landesdirektorium, Brandenburg, Oberingenieur Koch vom städt. Heizamt, Düsseldorf, Stadtbaurat Dipl.-Ing. Kreuter, Würzburg, städt. Heizingenieur Kronsbein, Hagen, Landesoberingenieur Leek, Halle, Regierungs- und Baurat Lindemann vom Maschinenbauamt, Braunschweig, städt. Bauamtmann Morneberg vom Betriebsamt, Nürnberg, Landesoberingenieur Oslender von der Rheinischen Provinzialverwaltung, Düsseldorf, Heizungstechniker Osterloh vom Hochbauamt, Bremen, Ratsingenieur Peritz vom Stadtbauamt, Plauen, Dipl.-Ing. Peters, Berlin, städt. Heizungsingenieur Preun, Königsberg, Stadtingenieur Ruh, Krefeld, Landesoberbaurat Scheele, Hannover, Stadtbaurat Seitz von der städt. Maschinenbauabteilung, Karlsruhe, Stadtbauinspektor Spelsberg, Hamborn, Direktor Dipl.-Ing. Schey, Münden, Stadtbaumeister Schilling, Barmen, städt. Heizungsingenieur Schmidt, Dorsten, Stadtbauinspektor Schmidt, Dresden, Stadtoberingenieur Stack, Hannover, Ingenieur Tittes von der Ostpreußischen Provinzialverwaltung, Königsberg, Ingenieur Trier vom städt. Maschinenbauamt, Dortmund, Stadtingenieur Ulbrich, Chemnitz, Ingenieur Ulrich von der städt. Ortskohlenstelle, Düsseldorf, Stadtbaudirektor Ulrich, Mannheim, städt. Ingenieur Wegner, Berlin, Stadtbaurat Wahl, Dresden, Landbaurat Zimmermann, Münster, Dipl.-Ing. Zimmermann, Stadtbaumeister, Braunschweig.

Von anderen Verwaltungen und Behörden, sowie Syndikate u. dgl., Vereine usw. waren erschienen: Geheimer Baurat Exzellenz Dr.-Ing. O. von Miller, München, Ingenieur Dieterich des Verbandes der Centralheizungsindustrie, e. V., Berlin, Feuerungsingenieur Bergassessor Dobbelstein vom Rheinisch-Westfälischen Kohlensyndikat, Essen, Stadtrat Ecker, erster Vorsitzender für das Ofensetzergewerbe, München, Forstmeister Eppner, Geschäftsführer der Landestorfwerke, München, Oberingenieur Förster von der Betriebszentrale der Oberbayerischen Heil- und Pflegeanstalten, Eglfing, Graafen vom Mitteldeutschen Kohlensyndikat, Leipzig, Dr.-Ing. Hencky, Leiter des Forschungsheimes für Wärmeschutz, München, Technischer Obereisenbahnsekretär Hunkler von der Eisenbahndirektion, Karlsruhe, Direktor Klassen vom Rheinisch-Westfälischen Kohlensyndikat, Essen, Ingenieur Kuchler von der Ortskohlenstelle, Augsburg, Ingenieur Quehr vom städt. Kohlenamt, Gera, Ingenieur Pfister vom Polytechnischen Verein, München, Baurat Reischle, Direktor des Bayerischen Revisionsvereines, München, Oberingenieur Rüster des vorgenannten Vereines, Stadtbaurat Seitz von der städt. Maschinenbauschule, Karlsruhe, Wagner, Geschäftsführer des Polytechnischen Vereins, München, Geh. Kommerzienrat Pschorr, Vorsitzender der Handelskammer München.

Von den Technischen Hochschulen waren erschienen: die Professoren Geheimrat Dr. von Dyck, Rektor der Technischen Hochschule in München, Schachner, Dr. Knoblauch und Zerkowitz, München, Dr.-Ing. Bonin, Aachen, Francke und Schwerd, Hannover, Dr.-Ing. Nusselt, Karlsruhe, Hüttig, Dresden, sowie Dipl.-Ing. Leidheuser, Karlsruhe; von der Universität München Rektor magn. Geheimrat Dr. von Frank, Geheimrat Professor Dr. Ritter von Gruber, Geh. Hofrat Prinz.

Auch aus dem Ausland waren Vertreter von Behörden, Verwaltungen, Vereinen u. dgl. erschienen, und zwar Zivilingenieur Bánó vom Nationalverband der ungarischen Architekten und Ingenieure, Budapest, Ministerialrat Ingenieur Bambula vom Bundesministerium für Handel und Gewerbe, Industrie und Bauten, Wien, Braat, Präsident der Nederlandschen Vereeniging for centrale Verwarmingsindustrie, Haag, Ingenieur Dürrschmied vom Landesverwaltungsausschuß, Prag, Städt. Heizungsingenieur Fagerholm, Helsingfors, Förs, Vizepräsident der Fachgruppe Heizung und Lüftung im Bunde der Ungarischen Industriellen, Budapest, Ministerialrat i. R. von Foltz, Wien, Freudiger, Präsident des Vereins der Schweizer Zentralheizungsindustriellen, Wil-St. Gallen, Ingenieur Frischfeld von der Hochbausektion des Stadtmagistrats, Budapest, Landesbauoberkommissär Humplik vom Mährischen Landesbauamt, Brünn, Hollenweger, Kantonaler Heizungs- und Maschineningenieur, Basel, Stadtoberingenieur Karsten, Kopenhagen, Ingenieur Knuth, Vizepräsident der Fachgruppe Heizung im Bunde der Ungarischen Industriellen, Budapest, Kohler, Sekretär des Vereins Schweizer Zentralheizungsindustrieller, Wil-St. Gallen, Architekt Landesbaurat Korb, Budapest, Oberbaurat von Krencsey, Budapest, Dipl.-Ing. Stadtbaurat Lely, Haag, städt. Heizungsingenieur Lier, Zürich, städt. Oberingenieur Lohr, Amsterdam, städt. Maschineningenieur Pasdeloup, Amsterdam, Kommerzialrat Rottenberg, Generaldirektor der Österr. Kontrollbank für Industrie und Handel, Wien, hauptstädtischer Oberingenieur Schön, Budapest, Limelis, Direktor der vorgenannten österr. Kontrollbank, Wien, Landesoberbaurat Suwald, Brünn, Ingenieur Tollgarn vom Dampfkesselrevisionsverein Südschwedens, Malmö, Baurat von Zboray von der Hochbausektion des Stadtmagistrats, Budapest, Professor Zielecki von der Technischen Hochschule, Prag.

Die Vorbereitung und Durchführung des Kongresses erfolgte durch den Ständigen Kongreßausschuß und den Orts- und Arbeitsausschuß, deren Zusammensetzung in Nr. 23 des »Gesundheits-Ingenieurs« vom 4. Juni 1921 mitgeteilt worden ist.

In den Vorsitz der Kongreßverhandlungen teilten sich Senatspräsident a. D. Professor Dr.-Ing. h. c. Konrad Hartmann, Göttingen, Ministerialdirektor Wirkl. Geheimer Oberbaurat Dr.-Ing. h. c. Uber, Berlin, und Ministerialrat Huber, München.

Zweck und Ziel des Kongresses sind von dem Vorsitzenden der Eröffnungssitzung Dr.-Ing. Hartmann, kurz gekennzeichnet worden, so daß auf die nachstehende Veröffentlichung der Ansprache verwiesen werden kann.

Die Vorträge behandelten diesmal die aus der Not der Zeit entstandenen Schwierigkeiten in der Befriedigung des Wärmebedürfnisses des menschlichen Körpers durch Heizung. An die Spitze der Vorträge war eine eingehende Darlegung der Gesamtlage gestellt, wie sie sich für die Beschaffung der Wärme durch Heizung in ungünstigster Weise während des Krieges und noch mehr nach ihm entwickelt hat. An der Hand umfangreichen Materials kennzeichnete der Vorsitzende des Verbandes der Zentralheizungsindustrie, Fabrikbesitzer Dr.-Ing. h. c. Ernst Schiele, Hamburg, die Heizungsnot und die Wege, die zu ihrer Milderung eingeschlagen sind.

Am zweiten Verhandlungtag des Kongresses wurde zunächst durch den Präsidenten des Sächsischen Landesgesundheitsamts, Geheimen Regierungsrat Dr. Weber, die hygienische Notwendigkeit einer genügenden Erwärmung der Aufenthaltsräume unter Hinweis auf die schweren gesundheitlichen Schädigungen, die in den letzten Jahren durch den Mangel an ausreichender Beheizung eingetreten sind, begründet. Hierauf wurde durch Ministerialdirektor Wirkl. Geheimen Oberbaurat Dr. Ing. h. c. Uber die Wärmewirtschaft der Zentralheizung, durch Stadtrat Ecker, Vorsitzender der Zentrale für das Ofensetzergewerbe Deutschlands, die Lokalheizung erörtert.

Der dritte Sitzungstag war der ausführlichen Besprechung der für die Wirtschaftlichkeit der Heizung ganz besonders wichtigen Verwertung der Abwärme gewidmet, wozu Baurat de Grahl, Berlin, und Professor Dr.-Ing. Gramberg eine eingehende Einleitung gaben. Eine lebhafte Diskussion diente zur weiteren Klärung der Meinungen und zum Austausch der bereits gewonnenen Erfahrungen.

Außer diesen drei Sitzungen gaben die Besichtigung mehrerer Heizungs- und Lüftungsanlagen Gelegenheit, die Lösung heiztechnischer Aufgaben kennen zu lernen. Weitere Studien auf dem gesamten Gebiete der Brennstoff- und Heizwirtschaft konnten in der Ausstellung für Wärmewirtschaft gemacht werden, die der in München im Juli veranstalteten Ausstellung für Wasserstraßen und Energiewirtschaft angegliedert war und wie diese in mustergültiger Durchführung ein umfassendes Material darbot, dessen Verwertung im Interesse der Förderung des Heizungswesens dringend zu wünschen ist.

Die Veranstaltung von Festlichkeiten war, den Zeitverhältnissen entsprechend, bei dem Kongreß möglichst eingeschränkt worden, immerhin aber war es gerechtfertigt, den aus allen Teilen des Deutschen Reiches und aus dem Auslande gekommenen Teilnehmern Gelegenheit zu geben, auch in geselliger Form sich kennen zu lernen. Hierzu diente zuerst der Begrüßungsabend, dem durch ausgezeichnete künstlerische Darbietungen festliche Stimmung verliehen wurde und an dem die vielen Hunderte von Kongreßteilnehmern durch die Vorsitzenden des Ortsausschusses, Ministerialrat Huber und Fabrikbesitzer Ingenieur Emhardt, sowie im Namen der bayerischen Staatsregierung durch Ministerialdirektor von Reuter einen Willkommgruß dargeboten erhielten, den Ministerialdirektor Dr.-Ing. h. c. Uber im Namen der Teilnehmer erwiederte.

Eine weitere feierliche Vereinigung großen Stils bot das Festessen, bei dem Senatspräsident Dr.-Ing. h. c. Konrad Hartmann die bayerische Staatsregierung und den Ministerpräsidenten Exzellenz Dr.-Ing. h. c. von Kahr und Ministerialdirektor Dr.-Ing. h. c. Uber die Stadt München durch begeistert aufgenommene Ansprachen feierten. Handelsminister Hamm erwiderte in einer formvollendeten, inhaltsreichen, von der Festversammlung mit lebhaftem Dank aufgenommenen Rede und wünschte dem Kongresse vollen Erfolg. Der vielen Damen, für deren Unterhaltung während des Kongresses ein besonderer Damenausschuß ausgezeichnet sorgte, gedachte der Syndikus des Münchener Handelsvereins — Börse — Rechtsrat a. D. Dr. Schwarz in humorvoller Form. Ihnen galt auch eine Damenspende, deren Überreichung mit einem von Fräulein Emhardt gesprochenen Prolog eingeleitet wurde. Jedem Teilnehmer widmeten holländische Fachkollegen als Gruß aus Holland ein Päckchen Kaffee. Die erstgenannten Ansprachen werden nachstehend veröffentlicht.

Der Kongreß erfüllte auch eine besondere Ehrenpflicht, indem er seinem im Jahre 1914 verstorbenen Ehrenvorsitzenden, Geheimen Regierungsrat Professor Dr.-Ing. h. c. Hermann Rietschel eine eindruckvolle Gedenkfeier widmete, die durch die Gedenkrede des Geheimen Hofrats Professors Pfützner, Dresden, und die Überreichung einer von Professor Klimsch geschaffenen Erzbüste an das Deutsche Museum in würdiger Form den unvergeßlichen Verdiensten des Altmeisters der Heizungs- und Lüftungstechnik gerecht wurde. Die Veröffentlichung der Kongreßverhandlungen wird auch hierüber Näheres mitteilen.

Der X. Kongreß für Heizung und Lüftung hat seine Aufgabe insofern erfüllt, als er den verschiedenen, an der Hebung des Heizungswesens interessierten Kreisen von Fabrikanten und Ingenieuren, Beamten und Lehrern, Architekten und Baumeistern die sonst nicht vorhandene Gelegenheit bot, die wichtigsten Zeitfragen des Heizungswesens von hervorragenden Fachmännern dargestellt und in eingehender Aussprache Erfahrungen und Meinungen ausgetauscht zu hören.

Die Abhaltung des Kongresses in ihrer feierlichen Form wurde durch große Spenden ermöglicht, die von deutschen und auswärtigen Heizungsfirmen gestiftet waren.

Der Ständige Kongreßausschuß wird zunächst die Verhandlungen des Kongresses veröffentlichen und dann in Beratungen darüber eintreten, wie die Ergebnisse des Kongresses zur allgemeinen Besserung der Verhältnisse des Heizungswesens zu verwerten und welche Aufgaben der Verhandlung auf einem nächsten Kongreß zu überweisen sein werden.

Dr.-Ing. Konrad Hartmann.

Sitzungsberichte.

I. Sitzung. Mittwoch, den 6. Juli 1921 vormittags,

im Hauptsaale im Ausstellungspark, Theresienhöhe, München.

Eröffnungsansprache des Vorsitzenden, Senatspräsidenten a. D. und Hon.-Professors Dr.-Ing. Konrad Hartmann.

Eure Exzellenzen! Hochansehnliche Versammlung!

Im Namen des Ständigen Kongreßausschusses habe ich die Ehre, den X. Kongreß für Heizung und Lüftung zu eröffnen. Am Schlusse des IX. Kongresses, der vom 26. bis 28. Juni 1913 in Cöln a. Rh. stattfand, sprach unser Ehrenvorsitzender, Geheimrat Professor Dr.-Ing. Rietschel, den Wunsch aus: »Auf Wiedersehen in zwei Jahren, hoffentlich in voller und bester Gesundheit!« Es hat nicht sollen sein. Niemand von uns, die wir damals in Cöln vereinigt waren, ahnte, daß ein Jahr später ein entsetzlicher Krieg entbrennen würde, der unserem Vaterlande, unserem Volke und seinen Verbündeten, ja wohl jedem von uns unendliches Leid, schwere Sorge und Entbehrung auferlege. Der Krieg ist zu Ende, seine unglückseligen Folgen aber lasten auf uns weiter und verzweifelnd würden wir in die Zukunft blicken müssen, wenn wir nicht der Überzeugung sein könnten, daß das deutsche Volk sich wieder emporraffen und den ihm gebührenden Platz an der Sonne wieder einnehmen wird. Diese Überzeugung gründet sich auf unsere Volkskraft, die durch die schweren Schicksalsschläge wohl tief erschüttert worden ist, aber jetzt mit jedem Tage mehr erstarkt und trotz aller auf ihre Schwächung abzielenden äußeren und inneren Hemmungen und Irrungen sich zu neuer Blüte entfalten wird. Unser Heizungs- und Lüftungsfach hat durch den Krieg und seine Folgen besonders schwer gelitten. Von berufener Seite werden wir hören, welche gesundheitlichen Schädigungen durch den Mangel an Wärme entstanden sind und welchen Schwierigkeiten das Heizungswesen gegenüberstand und noch gegenübersteht, dessen Aufgabe es ist, uns die zum Leben notwendige Wärme zu spenden. Eine der wichtigsten Aufgaben unseres wirtschaftlichen Wiederaufbaues ist daher die Bekämpfung der in der Erwärmung unserer Aufenthaltsräume eingetretenen Notlage. Mittel und Wege dafür zu suchen, haben sich die Fachkreise angelegen sein lassen. Diese Mittel und Wege sowie die bei ihrer Verfolgung gewonnenen Erfahrungen allgemein bekannt zu machen, um Nutzen daraus zu ziehen, zu einem energischen Zusammenarbeiten aller beteiligten Kreise anzuregen, Gelegenheit zur Aussprache zu geben — aus diesen Notwendigkeiten hat der Ständige Kongreßausschuß in den letzten Jahren wiederholt erwogen, ob die Veranstaltung einer freien Vereinigung, wie sie unser Kongreß seit 25 Jahren darstellt, nicht wieder geboten sei. Die Wiedererstarkung unserer Volkskraft gab dem Ausschuß die Überzeugung, daß nunmehr auch das Heizungswesen durch eine weitgehende, von allen an seiner Hebung interessierten Kreisen getragene Besprechung wesentlich gefördert würde.

Unser Aufruf, sich in gleicher Weise wie bei den früheren Kongressen zu einer freien Vereinigung zum X. Kongreß zusammenzufinden, hat allgemein Zustimmung gefunden. Heute beträgt die Zahl der Teilnehmer am Kongreß über 650, darunter etwa 150 Damen.

Diese starke Beteiligung ist ein glänzendes Zeugnis von der Tatkraft, die in der Heizwirtschaft auftritt, um selbst auf dem schwankenden Grunde der sich immer schwieriger gestaltenden Brennstoffwirtschaft das Wärmebedürfnis zu befriedigen.

Bei den Reichs-, Staats-, Provinzial- und Gemeindebehörden haben wir weitgehendes Entgegenkommen gefunden. Seine Exzellenz, der Bayerische Ministerpräsident Herr Dr. Dr.-Ing. v. Kahr hat die große Güte gehabt, das Protektorat des Kongresses zu übernehmen. Ich weiß, daß ich im Namen aller Kongreßteilnehmer handle, wenn ich Seiner Exzellenz den allerherzlichsten, ehrerbietigen Dank für die uns erwiesene hohe Ehre ausspreche. Ich danke ferner den Reichs- und Staatsbehörden, Provinzial- und Kommunalverwaltungen, den Hochschulen, Vereinen und Verbänden und allen andern Organisationen für die Entsendung von Vertretern, die ich verbindlichst begrüße. Wir entnehmen daraus zu unserer großen Befriedigung, daß unserem Kongresse lebhaftes Interesse entgegengebracht wird, das uns anspornt, weiter an der Hebung des Heizungs- und Lüftungsfaches zu arbeiten.

Aufrichtigen Dank sage ich den über 100 Herren und Damen, die aus dem neutralen Auslande zu uns gekommen sind. Wir hoffen, daß unsere Beziehungen zu den Fachkreisen der Staaten, die sich nicht der Phalanx unserer Feinde angeschlossen haben, wieder die angenehmen und dem Heizungsfache fördersamen werden, die uns vor dem Kriege zu wahrhafter Kollegialität vereinigten.

Allen Teilnehmern rufe ich im Namen des Ständigen Kongreßausschusses ein herzliches Willkommen zu. Möge der X. Kongreß — ein Jubiläumskongreß, denn vor 25 Jahren haben wir die erste allgemeine Versammlung von Heizungs- und Lüftungsfachmännern abgehalten —, möge er dem Heizungs- und Lüftungsfach wieder neue Kraft zuführen zur Stärkung unserer gewerblichen Wirtschaft, zur Förderung unserer Volkswohlfahrt! (Stürmischer Beifall.)

Ich darf nun Eure Exzellenz gehorsamst bitten, das Wort zu der dem Kongresse zugedachten Begrüßung zu nehmen.

Ministerpräsident, Exzellenz Dr. von Kahr (München):

Sehr geehrte Damen und Herren!

Herr Senatspräsident Dr. Hartmann hat mir in freundlicher Weise den Dank dafür ausgesprochen, daß ich das Protektorat des Kongresses für Heizung und Lüftung übernommen habe. Ich möchte meinerseits für die ehrende Aufmerksamkeit danken, die mir durch diese Übertragung geworden ist. Ich war sehr gerne bereit, meinen Namen mit der so begrüßenswerten, so außerordentlich wichtigen und volkswirtschaftlich bedeutsamen Veranstaltung verknüpft zu sehen, wie es der X. Kongreß für Heizung und Lüftung ist.

Im Namen der bayerischen Staatsregierung sage ich Ihnen vor allem auch dafür den Dank, daß Sie die bayerische Landeshauptstadt dieses Mal als Ort ihrer Tagung, der ersten seit dem Friedensjahre 1913, gewählt und daß Sie Ihren Kongreß mit der Ausstellung für Wasserstraßen- und Energiewirtschaft in Verbindung gebracht haben. Sie haben sich damit ein großes Verdienst um die Bereicherung und Vervollständigung dieses Unternehmens erworben, das ein Ruhmesblatt in der Geschichte der Technik und der Industrie bilden wird. Die bayerische Staatsregierung begrüßt Sie alle mit großer Freude, Sie alle, die Sie als Vertreter von Reichs- und Landesbehörden, als Vertreter der Industrie und sonstiger Interessentenkreise, nicht nur Deutschlands, sondern auch des weiten Auslandes, hier erschienen sind. Mein Dank und Gruß gilt vor allem auch den Damen, die in liebenswürdiger Weise der Einladung zu dem Kongreß so zahlreich gefolgt sind. Ihre Anwesenheit zeigt uns, welches große Verständnis gerade auch die Frauenwelt dieser wichtigen Tagung entgegenbringt. In den Frauen verehren wir ja die treue Hüterin des häuslichen Herdes. Sie sind unablässig bemüht, das Heim behaglich und anmutig auszugestalten und uns allen zu verschönern. Die Frauen haben auch der Gesundheitspflege im kleinen und großen, in der Familie und in der Öffentlichkeit in liebevoller Fürsorge ihr besonderes Augenmerk zugewendet.

Meine Damen und Herren! Möge Ihnen allen, die Sie zum Teil aus weiter Ferne hierher gekommen sind, München und unser Bayerland gefallen, das Sie auf das herzlichste begrüßt. Es ist ein Land mit manchen Naturschätzen und Schönheiten ausgestattet, in dem ein biederer, heimattreuer, gut deutscher Volksstamm auf ererbter Scholle friedlich lebt und arbeitet.

Was Sie vom fachmännischen Standpunkt aus wohl hier schätzen, das sind die großen Wälder in unserem Gebirge und Alpenvorland, in unserem Bayerwald und dem Böhmerwald und dem sagenreichen Spessart und in der Haardt. Aber auch im Flachlande finden Sie große zusammenhängende Waldflächen, die unsern Stolz und unsern Reichtum bilden. Daneben liefern unsere beträchtlichen Torfmoore nicht zu unterschätzenden Brennstoff. Dagegen sind wir nicht reich mit Kohlen bedacht, am wenigsten mit Steinkohlen, nachdem uns durch den Friedensvertrag unsere besten Gruben in der Pfalz entzogen worden sind.

Meine Damen und Herren! Sie wissen, daß die warmen Gegenden in Bayern verhältnismäßig in ihrer Ausdehnung beschränkt sind. Da bedarf die Frage der Heizung einer besonders gründlichen Prüfung. Wir sind deshalb der Ausstellung und Ihrem Kongreß dankbar, daß sie auf dem Gebiet der Wärmewirtschaft uns lehren, was mit dem in unserem Lande vorhandenen Brennstoffe geleistet und wie mit den Kohlen, die wir aus der Ferne heranholen müssen, in Haus und Gewerbe und in der Industrie sparsam umgegangen werden kann. Hocherfreulich wäre es für uns auch, wenn sich die Erwartungen recht bald erfüllen würden, die die Ausstellung hinsichtlich der Ausnutzung einer anderen Wärmequelle, der Umsetzung der elektrischen Energie in Wärme, uns eröffnet. Dadurch könnte unsere Wärmewirtschaft außerordentlich bereichert werden, da wir an Wasser und verwertbaren Gefällen keinen Mangel leiden. Die Art der Heizung ist nicht nur in wirtschaftlicher und gesundheitlicher Beziehung von größter Bedeutung. Das Volk möchte auch aus idealen Gründen auf einen gemütlichen Herd, der in unserem alten bayerischen Bauernhaus den Mittelpunkt des Hauses bildet, an dem sich die Hausbewohner um den traulichen Kachelofen versammeln, nicht mehr verzichten.

Eine wichtige Aufgabe der Heizindustrie und des Heizgewerbes wird es sein, diesen Wärmespender zu verbessern und wirtschaftlich auszugestalten. Ich bin überzeugt, daß wir von Ihnen vieles lernen können. Die Industrie hat in unerschöpflicher Fülle neue Heizarten und Heizkörper uns gebracht, die sich namentlich für größere Verhältnisse viel wirksamer und wirtschaftlicher erweisen als die altüberkommenen Heizmethoden, auch Wärmespender, die sich besonderen Räumen, z. B. stilvollen Kirchen, verschwiegen anpassen.

Meine Damen und Herren! Das bayerische Volk hält treu am guten Alten fest und ist eine starke Stütze für das, was sich als gut bewährt hat. Es fühlt sich in seiner schlichten Art mit der Natur und seiner Heimat verbunden und will sich von seiner Art nichts nehmen lassen; doch es verschließt sich auch nicht dem Fortschritt. Wer ihm aber Neues bringen will, muß Gutes bringen, und zwar in einer Form, die des Volkes Vertrauen erweckt und die sein feines Empfinden nicht verletzt. Mit Freuden kann ist feststellen, daß die Ausstellung in dieser Hinsicht volle Anerkennung verdient.

So möge von den Vorführungen, die sie bietet und vor allem auch von den Beratungen, die Sie unter berufener Leitung zu pflegen gedenken, recht viel Segen und Nutzen ausgehen. Dann wird auch der Hauptteil der gesamten Veranstaltung, der sich um den Begriff der Wärmewirtschaft gliedert, von reichem Erfolg gekrönt sein, und wir werden mit großer Befriedigung auf das zurückblicken können, was Sie hier geboten und geleistet haben zur Förderung der Volkswirtschaft und gleichzeitig zur Hebung der Behaglichkeit im Heim und zur Pflege der Volksgesundheit. Möge in deutschen Landen bei sparsamer Wirtschaft, in bescheidenen Verhältnissen ein gesundes, heimattreues, vaterlandsliebendes, starkes Geschlecht heranwachsen und unserem schwer heimgesuchten deutschen Volke eine neue glückliche Heimstätte bauen. Darauf sind letzten Endes auch Ihre dankenswerten Bemühungen eingestellt. Seien Sie schon heute für das Gute und Wertvolle, das Sie bringen, herzlich bedankt!

Möge Ihnen aber auch der Aufenthalt hier in München und seiner weiteren Umgebung, in die Sie nach einer Woche der Arbeit Ihr Weg zur erquickenden Erholung führen soll, recht angenehm verlaufen und Ihnen in freundlicher Erinnerung bleiben.

Meine Damen und Herren! Sie haben sich als Ziel Ihrer Wanderschaft den schönsten unserer heimischen Seen ausgesucht, den Chiemsee, der sich meerartig angesichts der blauen Alpenketten hinzieht, der — wie ich wünsche — bei Ihrem Besuche im Sonnenschein daliegen möchte. Möchten Sie dort wie einst Viktor von Scheffel das finden, was in idealer Schönheit sich aus der Zeitenschwere heraushebt und auf einige Stunden viel Schweres vergessen läßt.

Mit wiederholten besten Wünschen auf einen Erfolg Ihrer Tagung möchte ich meine Worte schließen. (Stürmischer Beifall.)

Senatspräsident Dr.-Ing. Hartmann:

Eurer Exzellenz danke ich im Namen des Kongresses ehrerbietigst für die uns gewidmeten Worte. Sie enthalten eine Fülle von Gedanken und Anregungen, deren Bedeutung die hier anwesenden zahlreichen Vertreter der Heizungs- und Lüftungstechnik sicher zu würdigen wissen werden. Wir werden bestrebt sein, den Erwartungen, die Eure Exzellenz von unseren Verhandlungen hegen, praktisch zu entsprechen und dadurch am besten dafür dankbar sein, daß Eure Exzellenz und so viele höchste und hohe Vertreter der Staatsbehörden unseren Kongreß mit ihrer persönlichen Teilnahme beehren.

Der Herr Erste Bürgermeister will die Güte haben, uns einige Worte zu widmen.

Bürgermeister Schmidt (München):

Mir obliegt die angenehme Aufgabe, Ihrem Kongreß die Grüße der Stadtverwaltung München zu übermitteln. Zugleich möchte ich alle die von auswärts gekommenen Teilnehmer am Kongreß, die Gäste, insbesondere die Damen, in München herzlich willkommen heißen und Dank sagen den Veranstaltern dafür, daß sie München als Kongreßort gewählt haben. Sie haben sich nach langen Jahren wieder zusammengefunden zu ernster, schwieriger Arbeit. Die schweren Kriegsjahre und der unselige Friedensvertrag sind nicht ohne Wirkung geblieben auf Ihre Industrie und Ihre Tätigkeit. Sie werden sich den neuen Verhältnissen anpassen, angliedern und manches umgestalten müssen. Wie das zu vollziehen ist, lehrt sogar den Laien die Ausstellung, die wir zu bewundern Gelegenheit haben. Manches wird anders werden müssen, da die Industrie außerordentlich beeinflußt werden wird durch den Kohlenmangel, durch den Mangel an Heizstoffen überhaupt. Auf der anderen Seite steht uns nur reicher Quell, die Elektrizität, zur Verfügung, und wie Herr Ministerpräsident von Kahr hervorgehoben hat, wird es Aufgabe des Kongresses sein, diese Kraft auch für die Wärmewirtschaft auszunutzen und zweckmäßig anzuwenden. Wir haben gemeinsam eine schwierige Aufgabe zu lösen, nicht nur im Interesse Ihres Gewerbes, Ihrer Industrie, sondern zum Wohle der gesamten Bevölkerung; denn sie hat erkannt, was es heißt, mit mangelhaften und ungeeigneten Heizeinrichtungen versehen zu sein in den letzten Jahren. Vieles wird sich besser gestalten lassen, so z. B. durch elektrische Einrichtungen, wenn wir das verfolgen und weiter ausbauen, was uns drüben die Ausstellung bietet.

Nach dieser Richtung wünsche ich Ihrem Kongreß nur den allerbesten Erfolg. Ich möchte meine kurzen Begrüßungsworte damit schließen, daß ich wünsche, Sie mögen die freien Stunden, die Ihnen während der Tagung zur Verfügung stehen, möglichst angenehm in München verleben. Versäumen Sie auch nicht, die Umgebung unserer Stadt und das schöne Bayernland kennen zu lernen und bewahren Sie München und Bayern eine gute Erinnerung. (Lebhafter Beifall.)

Senatspräsident Dr.-Ing. Hartmann:

Hochverehrter Herr erster Bürgermeister! Haben Sie herzlichen Dank für Ihr Erscheinen und Ihren Willkommengruß. Wenn die Beteiligung an unserem Kongresse eine so außergewöhnlich starke geworden ist, so hat sicher die Anziehungskraft Münchens dabei lebhaft mitgewirkt. München bietet uns das Bild der Ordnung, Sauberkeit und regen

5

geschäftlichen und künstlerischen Lebens. So werden wir, die wir von auswärts gekommen sind, den besten Eindruck mit nach Hause nehmen und gern auf die Tage zurückblicken, die wir in dem schönen lieben München verleben konnten.

Meine Damen und Herren! Der Krieg und die schwierigen Verhältnisse der Nachkriegszeit hatten zur Folge, daß wir jetzt erst, nach 8 Jahren, uns wieder zu einem Kongreß vereinigen können. In dieser langen Zeit haben wir viele Kollegen durch den Tod verloren, die treue Anhänger unserer Kongresse waren. Es ist mir nicht möglich, die große Zahl der von uns für immer Geschiedenen hier zu nennen. Eines Mannes aber heute ganz besonders zu gedenken, ist uns Ehren- und Herzenspflicht. Kaum ein Jahr nach unserem Cölner Kongreß starb unser Altmeister, der Ehrenvorsitzende des Kongreßausschusses, Herr Geheimer Regierungsrat Professor Dr.-Ing. Hermann Rietschel. Heute, wo wir uns zum erstenmal nach dem Hinscheiden Rietschels wieder vereinigen können, wollen wir dem Andenken dieses von uns allen hochverehrten Mannes eine feierliche Stunde weihen und aus Freundesmunde Wesen und Wirken Rietschels schildern hören. Mit dem Gedenken an ihn verbinden wir die Ehrung für alle unsere lieben Kollegen, die wir in den 8 Jahren verloren haben. Ich bitte Sie, meine Damen und Herren, sich zum Zeichen der Trauer und des Gedenkens von ihren Sitzen zu erheben.

Und nun bitte ich Herrn Geheimen Hofrat Prof. Pfützner die Gedenkrede zu halten.

Gedenkrede für Geheimen Regierungsrat Professor Dr.-Ing. h. c. Rietschel †

gehalten von Geh. Hofrat Professor **Pfützner**.

Dreifach ist der Schritt der Zeit:
Zögernd kommt die Zukunft hergezogen,
Pfeilschnell ist das Jetzt entflogen,
Ewig still steht die Vergangenheit.

Wenn wir heute dieser ewig stillstehenden Vergangenheit gedenken, so erscheint unabweisbar vor unserem geistigen Auge das Bild eines Mannes, den wir alle schwer vermissen, der der wissenschaftliche Mittelpunkt unserer Kongresse war und dessen geistvollen Worten wir noch bei dem letzten Kongresse in Cöln lauschen durften, das Bild unseres unvergeßlichen Ehrenvorsitzenden Hermann Rietschel. Sind doch seine Verdienste um die technischen Wissenschaften und um das Fach der Heizung und Lüftung so übergroß, daß wir uns nur selbst ehren, wenn wir seines segensreichen Wirkens heute zu unserem ersten Kongresse nach seinem Heimgange in inniger Dankbarkeit gedenken.

Hermann Rietschel wurde geboren am 19. April 1847 in Dresden. Der Name Rietschel war weithin, nicht nur in deutschen Landen bekannt und geehrt; war doch der Vater unseres Rietschel der berühmte Bildhauer, dem das deutsche Volk, um nur eines zu nennen, das Lutherdenkmal in Worms verdankt. Wenn auch die Leistungen des Sohnes auf ganz anderem Gebiete lagen, so ist doch beiden gemeinsam der ideale Gedankenflug und die unermüdliche Schaffenskraft, des einen auf dem Boden des künstlerischen Empfindens, des anderen auf dem Boden der Naturwissenschaften und ihrer Anwendung zum Zwecke der Technik und Volksgesundheit; beide gleich schaffend am Webstuhle der Kultur der Menschheit.

Schon als Knabe zeigte Hermann Rietschel ein außergewöhnliches Interesse und Geschick für mechanische Dinge und kam deshalb schon in jungen Jahren an das damalige Polytechnikum zu Dresden, um sich zum Maschineningenieur auszubilden.

Bei seinen Studien die Notwendigkeit der praktischen Arbeit heraushfühlend, betätigte er sich zunächst in der großen Schlosserwerkstatt von Gebrüder Kühnscherf in Dresden und dann in der Egestorfschen Maschinenfabrik zu Linden vor Hannover, worauf er im Jahre 1867 die damalige Kgl. Gewerbeakademie in Berlin bezog, um dort seine Studien im Maschinenbaufach abzuschließen.

Dem Drange folgend, beruflich selbständig zu werden, gründete er bald nach Beendigung seiner Studien im Jahre

1871 ein Installationsgeschäft für Heizungs-, Lüftungs-, Gas- und Wasseranlagen in der Kommandantenstraße in Berlin. Seine ungewöhnliche Regsamkeit und Geschicklichkeit brachten das kleine Unternehmen sehr bald zur Blüte und schon 1872 sah er sich nach einem Teilhaber um, den er in einem Freunde, dem Ingenieur Henneberg, fand. Beide errichteten nun zusammen die Firma Rietschel & Henneberg auf der Brandenburgerstraße in Berlin, die sich nunmehr fast ausschließlich mit dem Entwerfen und Ausführen von Zentralheizungs- und Lüftungsanlagen beschäftigte.

Kaum hatte die junge Firma festen Fuß gefaßt und Rietschel war über die sich immerhin einstellenden Sorgen etwas hinaus, so dachte sein rastloser Geist auch bereits an eine Erweiterung der Firma und er gründete bereits 1874 ein Zweiggeschäft in Dresden, dessen Leitung er, wohl auch einem Zuge nach seiner Heimatstadt folgend, selbst übernahm. Die Erfolge seiner Tätigkeit ließen ihn aber auch hier nicht ruhen und bereits drei Jahre später wurde ein weiteres Geschäft unter der Firma Kurz, Rietschel & Henneberg in Wien errichtet.

Wenn der Bau zahlreicher, umfänglicher Heizungs- und Lüftungsanlagen seiner Firma und ihren Zweiggeschäften zufiel, so war das wohl in erster Linie Rietschels ernstem Streben zu danken, die Entwürfe hierzu auf wissenschaftlicher Grundlage zu bearbeiten und sie, selbst unter Opfern, in höchster Vollkommenheit zur Ausführung zu bringen. Das ihm entgegengebrachte Vertrauen beruhte aber auch auf seiner liebenswürdigen und entgegenkommenden Art, mit der er geschäftliche Dinge zu behandeln pflegte und unberechtigte Vorteile weit von sich wies. Nichtsdestoweniger verstand er aber auch, wo nötig, seine Überzeugung in technischen Fragen klar und energisch zu vertreten.

Die fortschreitende Entwicklung des Faches verursachte damals viele Neukonstruktionen einzelner Teile und Apparate, von denen manche ausschließlich dem Ideenreichtum Rietschels zu verdanken sind. Es sei nur an die früher zahlreich verwendeten Doppelrohrheizkörper und an den Aufsehen erregenden selbsttätigen Luftbefeuchtungsapparat errinnert.

Alle diese praktische und organisatorische Wirksamkeit genügte der Schaffensfreudigkeit Rietschels noch nicht; bereits 1880 begann er nebenher seine literarische Tätigkeit mit der Bearbeitung des Abschnittes über Heizung und Lüftung im deutschen Bauhandbuch.

Die immer umfangreicher sich gestaltenden Aufgaben der Gesundheitstechnik verlangten schon zu jener Zeit dringend einen Zusammenschluß ihrer Vertreter und unter Rietschels fördernder Teilnahme konstituierte sich bereits am 11. Januar 1880 in Dresden der Verband deutscher Ingenieure für heiz- und gesundheitstechnische Anlagen, bei dessen erstem Verbandstage Rietschel den Hauptvortrag über »Schulheizung« hielt. In diesem Vortrage wurde von ihm namentlich die Notwendigkeit einer Trennung der Lüftung von der Heizung hervorgehoben, die ja auch in der Folgezeit in den meisten Schulen zur Durchführung gekommen ist.

Hatte Rietschel, trotz seiner außerordentlichen praktischen Erfolge, schon immer eine unverkennbare Neigung zur Wissenschaft an den Tag gelegt, so bedurfte es für ihn nur noch eines äußeren Anlasses, die Bahn zu beschreiten, auf der er, losgelöst von geschäftlichen Dingen, sein ausgesprochenes Ziel, die praktische Wissenschaft seines Faches auszubauen, erreichen konnte. Diesen Anlaß gaben die mit ihm eingeleiteten Vorverhandlungen über eine Berufung als Professor an die Technische Hochschule Charlottenburg. Kurz entschlossen löste er 1881 das Verhältnis zu seiner blühenden Firma, um zunächst als Zivilingenieur in Berlin eine reiche praktisch wissenschaftliche Tätigkeit zu beginnen.

Von den zahlreichen Entwürfen und Beratungen, die er in dieser Eigenschaft durchführte, sei nur seiner einflußreichen Mitarbeit bei dem Preisgericht zur Beurteilung der Entwürfe über die Heizungs- und Lüftungsanlagen des neuen Reichstagsgebäudes gedacht.

Inzwischen begannen sich in Berlin die Bestrebungen für eine Hygieneausstellung zu verdichten, zu der die Mitarbeit Rietschels, wie sich bald zeigen sollte, geradezu unentbehrlich war. In der wichtigen Stellung des zweiten Vorsitzenden des Ausschusses lag die Oberleitung dieses kühnen Unternehmens hauptsächlich in seiner Hand und er hatte sie großzügig und glänzend durchgeführt. Schon war alles bis ins kleinste für die feierliche Eröffnung der Ausstellung vorbereitet, als einen Tag zuvor, am 30. April 1882, das großartig angelegte, fertige Werk ein Raub der Flammen wurde. — Fürwahr, ein selten harter Schicksalsschlag für Rietschel, ein Werk, dem er zwei Jahre seine ganze Energie zugewendet hatte, in wenigen Stunden vernichtet zu sehen.

Wohl mancher wäre unter diesem Schlage zusammengebrochen, aber hier zeigte sich die ganze unverwüstliche Tatkraft und sieghafte Zuversicht Rietschels, denn nur ein Jahr später war die Hygieneausstellung größer und schöner wieder aufgebaut und konnte am 1. Mai 1883 feierlich eröffnet werden.

Rietschel war sich von vornherein bewußt, daß mit dieser ersten Hygieneausstellung auf deutschem Boden der Grund gelegt wurde zu einer innigen Verbindung der wissenschaftlichen Hygiene mit der Gesundheitstechnik. Er sah die deutsche Kultur in ihren mannigfachen Gebieten gewaltig vorwärtsschreiten und mit ihr die Hygiene, wie sie von einem von Pettenkofer und seinen Schülern vertreten wurde. Er erkannte klar, daß die Weiterentwicklung der gesamten Gesundheitstechnik und nicht zuletzt das Gebiet der Heizung und Lüftung eine dauernde Wechselbeziehung mit den Lehren und Fortschritten der Hygiene verlangte.

Auf diese Lehren stützte sich auch die im amtlichen Auftrage von ihm durchgeführte Untersuchung der Heizungs- und Lüftungsanlagen einer größeren Anzahl Berliner Schulen, die im Jahre 1885 zum Abschluß gelangte. Ihre Ergebnisse veröffentlichte er 1886 in einem umfänglichen Werke über »Lüftung und Heizung von Schulen«, das nicht nur in Tabellen und Schaubildern die zahlreichen Versuchswerte enthielt, sondern auch die daraus gezogenen Schlüsse und Vorschläge über Wahl, Anordnung und Ausführung derartiger Anlagen. Ein Werk, das in der Öffentlichkeit viel zu wenig bekannt geworden ist und in dem sich, selbst für den heutigen Stand des Faches, sehr beachtenswertes Material befindet.

Eine so reichlich fruchttragende Tätigkeit lenkte vor allem auch die Augen der wissenschaftlichen Welt der Reichshauptstadt auf sich und es kam, was kommen mußte: die maßgebenden Organe erkannten, daß kein anderer als Hermann Rietschel mit seinem vielseitigen Wissen, seiner idealen Auffassung und seiner praktischen Erfahrung geeigneter sei, den neugegründeten Lehrstuhl für Heizung und Lüftung einzunehmen und im Juli 1885 erfolgte seine Berufung als Professor an die Technische Hochschule Charlottenburg.

Mit welcher Liebe und Hingabe Rietschel nunmehr als Hochschulprofessor wirkte, läßt sich schwer mit Worten sagen. Er war ein Lehrer im Grunde seiner Seele, der es verstand, den vielgestaltigen Stoff systematisch geordnet in belebtem, formvollendetem Vortrage vor seinen Schülern erscheinen zu lassen. Die notwendigen mathematischen Formeln entwickelten sich durchweg von Anfang bis zu Ende und zahlreiche Beispiele erleichterten ihr Verstehen. Mit regstem Interesse folgte der Schüler seinen Worten, die ihm den Blick in das weite Gebiet des Faches öffneten und ihn im einzelnen Ursache und Wirkung der mannigfachen Erscheinungen anschaulich erkennen ließen.

Seine Vorträge bargen zwar eine gewisse Schwierigkeit in sich, da sie nicht allein für spätere Maschinen- und Heizungsingenieure, sondern auch für die Studierenden der Architekturabteilung gehalten wurden, die in der Hauptsache nur die maßgebenden hygienischen Grundsätze, die Wirkungsweise der verschiedenen Systeme und deren Eigenschaften sowie ihre zweckmäßige Anordnung in den Gebäuden kennen lernen sollten. Eine Schwierigkeit, die Rietschel durch die Trennung in einen praktischen Teil für sämtliche Hörer und einen theoretischen für die Ingenieure allein bald zu beseitigen wußte.

Nicht wenige seiner Schüler sind durch seine Vorträge derartig für sein Fach begeistert worden, daß sie es zu ihrer Lebensaufgabe gewählt haben. Wußte er doch begeisternd zu schildern, welche Ansprüche in immer steigendem Maße die kulturelle Entwicklung der Völker an die Technik im allgemeinen und nicht zuletzt an die Heizungs- und Lüftungstechnik im besonderen stellt. Auch für ihn war das schönste Ziel des Unterrichts, nicht eine einseitige Fachausbildung zu verschaffen, sondern ein freies Auge für alles, was damit zusammenhängt und einen offenen Blick für die Kultur der Menschheit.

Durch alle seine Vorträge leuchtete das Bestreben, einen wissenschaftlich denkenden Geist in den Studierenden zu erziehen und ihm die idealen Ziele seiner Lebensstellung bewußt zu machen.

So hat er Tausende von Schülern zu seinen Füßen sitzen sehen, die dann mit dem auch von ihm erhaltenen geistigen Rüstzeug hinausgezogen sind in die praktische Welt.

Wie hoch das Wirken Rietschels von seinen Kollegen an der Hochschule eingeschätzt wurde, das kam auch äußerlich durch seine Wahl zum Rektor im Jahre 1893 zum Ausdruck. Einen weiteren außergewöhnlichen Beweis ihres Vertrauens gaben sie ihm durch die Wahl zum Vorsitzenden des Festausschusses des Lehrkörpers für die Hundertjahrfeier der Technischen Hochschule. Die glückliche Lösung beider Aufgaben ließ sein bewährtes Organisations- und Verwaltungstalent wieder in hellem Lichte erstrahlen.

Schon aus seiner Ingenieurtätigkeit wußte Rietschel längst, auf wie schwachen Füßen die Grundlagen zur Berechnung der Heizungs- und Lüftungsanlagen standen, die vielfach, soweit solche überhaupt vorhanden waren, zumeist noch auf den Untersuchungen Péklets beruhten. Hier galt es ihm, vor allem Klarheit und Sicherheit zu schaffen und bald entstand seine, zunächst kleine Versuchsanstalt, die sich mit der Zeit zu bedeutendem Umfange entwickelte. Hier wurden unter seiner Hand Theorie und Versuch zur praktischen Wissenschaft, die das Fach dringend benötigte. Hier fand sein angeborenes, außergewöhnliches Beobachtungstalent, gepaart mit einem vielgestaltigen Ideenreichtum in vollem Maße fruchtbringende Verwendung.

Unterstützt von seinen Assistenten brachte er im Laufe der Zeit mit einfachen aber äußerst sinnreichen Mitteln zahlreiche Versuche zum Abschluß. Aus unzähligen Reihen von Versuchsziffern ermittelte er in mühevoller Arbeit die Zahlenwerte der Wärmeübertragung von Wasser und Dampf an die Luft für die zahlreichen, verschiedenartigen Heizflächen, die Wärmeersparniszahlen bei Verwendung der gebräuchlichsten Wärmeschutzmittel für Rohrleitungen, die Reibungswerte der Luft in gemauerten und metallenen Kanälen, die Widerstandszahlen von Luftfiltern und vieles mehr; er untersuchte mit einer von ihm erdachten eigenartigen Vorrichtung die Wirkung und den Wert von Luftsaugern und leitete noch in den letzten Jahren seiner Hochschultätigkeit die Versuche zur Ermittlung der Reibungswiderstände des warmen Wassers in Rohrleitungen ein.

Aus den gefundenen Versuchsziffern und den beobachteten physikalischen Vorgängen verstand er scharfsinnig Ursache und Wirkung zu deuten und Gesetzmäßigkeiten zu finden, die in möglichst einfache Formen gekleidet fortan für die praktischen Berechnungen allgemeine Anwendung fanden.

Obgleich durch seine Schüler und zahlreiche Veröffentlichungen in technischen Zeitschriften sowie durch seine stete Fühlungnahme mit den im praktischen Leben stehenden Fachleuten manche seiner Lehren und Forschungen den Weg in die Öffentlichkeit fanden, so fehlte doch noch immer das Werk, das alle die Ergebnisse seiner Arbeiten zusammenfaßte. Diesem schon immer gefühlten Mangel wurde gründlich abgeholfen, als im Jahre 1893 »Rietschels Leitfaden zum Berechnen und Entwerfen von Heizungs- und Lüftungsanlagen« erschien, der auf Anregung des preußischen Ministers der öffentlichen Arbeiten von ihm verfaßt worden war.

Das Erscheinen des Leitfadens rief in ernsten Fachkreisen berechtigtes Aufsehen hervor und mancher fühlte, daß eine neue Zeit für das Fach angebrochen sei, in der nur noch recht wenig Raum für die schablonenhafte Empirie und für die übliche Geheimniskrämerei sein werde. Die Brücke war jetzt auch auf dem Gebiete der Heizungs- und Lüftungstechnik geschlagen von der Physik zur Technik, von der Theorie zur praktischen Berechnung.

In möglichst gedrängter Form fanden sich sich hier alle damals bekannten Lüftungs- und Heizungssysteme eingehend bearbeitet, ihre zweckmäßige Anordnung und ihre einzelnen Teile erklärt und vor allem ihre Berechnung in klarer, übersichtlicher Form dargestellt, vielfach ganz neue Bahnen zeigend.

Wie ernst es dem Verfasser des Leitfadens mit der wissenschaftlichen Behandlung war, gab er selbst schon in seinem Vorwort zu erkennen, wo er sagt:

»Wissenschaftliche Behandlung allein gibt die Gewähr, daß man sich auf hellen Pfaden bewegt und daß der Schritt, den man oft in der Praxis vom streng richtigen Wege tun muß, nicht zum Fehler wird.«

Das Buch war sehr bald im Buchhandel vergriffen, und weitere Auflagen folgten im Laufe der Jahre; jede Auflage dem rastlosen Fortschreiten der Technik Rechnung tragend, die Berechnungsmethoden der alten Systeme vervollkommnend und für neue solche hinzufügend. Der Leitfaden war für den Heizungsingenieur gewissermaßen zum Leitseil geworden, dem er sich, auch beim Überschreiten von Klippen und Abgründen, getrost anvertrauen konnte.

Der außergewöhnlich praktische Blick Rietschels bewahrte ihn vor irreführenden, theoretischen Spekulationen, und seine Berechnungsmethoden gaben eher etwas zu reichliche als zu knappe Werte. Kannte er doch aus eigener Tätigkeit die Schwere der Verantwortung, die der ausführende Techniker übernimmt, zumal beim Bau von Heizungs- und Lüftungsanlagen, deren vollkommene Wirksamkeit so leicht von nicht vorherzusehenden Einflüssen gestört werden kann.

Geh.-Reg.-Rat Prof. Dr.-Ing. Rietschel.

Seine stete Berührung mit der Praxis förderte in hervorragender Weise die Wechselwirkung von Gedanken und Tatsachen, von entdeckten und angewandten Wahrheiten, deren Frucht seine praktische Wissenschaft war.

Nicht nur für die Ingenieure, sondern auch für die in engster Beziehung zu dem Fache stehenden Architekten, wurde der Leitfaden zu einem unentbehrlichen Hand- und Lehrbuch. Seine Benutzung zu diesem Zwecke hatte Rietschel dadurch erleichtert, daß in zielbewußter Weise Anordnung und Ausführung der einzelnen Systeme von dem umfänglichen Berechnungswerke getrennt gehalten war. Vollendet in Form und Inhalt, hat das Werk ganz außerordentlich zu der Erkenntnis beigetragen, daß die Lehren der Heizung und Lüftung einen wesentlichen Teil der bautechnischen Ausbildung des Architekten darstellen. Weit über Deutschlands Grenzen hinaus, ja, fast in der gesamten Kulturwelt, hat Rietschels Leitfaden Verbreitung und Anwendung gefunden.

Mit dem »Leitfaden« war die literarische Tätigkeit Rietschels keineswegs erschöpft, wovon zahlreiche Abhandlungen, die vorwiegend im Gesundheits-Ingenieur erschienen, Zeugnis ablegen und die neue Anschauungen, neue Berechnungen oder Erfahrungen mit den daraus gezogenen Schlußfolgerungen enthielten. Angeregt durch seine Gutachtertätigkeit für das Ulmer Münster erörterte er unter dem Titel: »Beheizung der Kirchen« die Ursachen der Zugerscheinungen und die zweckmäßigste Anordnung der Heizkörper in diesen Gebäuden. 1902 besprach er ausführlich seine theoretischen Untersuchungen über die strittig gewordene Frage der generellen Regelung der Niederdruckdampfheizung. Noch 1913 behandelte er ausführlich die Bestimmung des stündlichen Luftwechsels für Konzertsäle, Theater, Schulen usw. nach Maßgabe eines nicht zu überschreitenden Feuchtigkeitsgehaltes der Luft. Zahlreiche Veröffentlichungen von ihm betrafen die Berechnung und Ausführung der Warmwasserheizungen in ihren verschiedenartigen Formen, womit er schon vor dem Erscheinen des Leitfadens im Jahre 1889 begonnen hatte und die er bis in die letzten Jahre seiner Tätigkeit fortsetzte. Der praktischen Entwicklung dieser vielverbreiteten Heizungsart unausgesetzt nachgehend, war es besonders die Berechnung der Rohrleitungen, die er für das Zweirohr- und Einrohrsystem, für die Schwerkraft-, Schnellstrom- und Pumpenheizung teils neu entwickelte, teils vervollkommnete.

Die Berechnung der Warmwasserheizung nach Rietschel war bei fast allen Heizungstechnikern zu einer Selbstverständlichkeit geworden.

Wie allen Neuerscheinungen brachte Rietschel auch den neuauftauchenden Fernheizwerken das lebhafteste Interesse entgegen. Er erkannte sofort die bedeutsamen Fortschritte, die mit der zentralen Wärmeversorgung der Gebäude in hygienischer, technischer und wirtschaftlicher Richtung zu erzielen waren.

Im Jahre 1895 mit der Begutachtung des geplanten staatlichen Ferndampfheizwerkes in Dresden betraut und im Februar 1899 ausschlaggebend an dem Preisgericht beteiligt, das über die im Wettbewerb eingegangenen Entwürfe dieses Werkes zu entscheiden hatte, trug er tatkräftig dazu bei, die entgegenstehenden Schwierigkeiten zu bekämpfen und diese vielumstrittene neue Richtung des Faches durch Wort und Schrift zu fördern.

In einem Vortrage über »Fernheizungen«, den er im Berliner Bezirksverein deutscher Ingenieure hielt und in der Zeitschrift des V. D. I. 1902 veröffentlichte, brachte er seine Anschauungen über dieses Gebiet im allgemeinen und über das seit 15. Dezember 1900 im Betriebe befindliche Dresdener Werk zum Ausdruck.

Auch für die bald darauf folgenden Fernwarmwasserheizungen baute er die Berechnungsmethoden aus und beleuchtete in Vorträgen und Fachzeitschriften kritisch die Eigenschaften beider Fernheizarten.

Wie Rietschel seine Vorlesungen stets mit einem Hinweis auf die wissenschaftliche und praktische Hygiene einzuleiten pflegte, deren Anforderungen die einschlägige Technik bei ihren Ausführungen zu erfüllen habe, so suchte er auch selbst dauernde Beziehungen mit dieser Wissenschaft zu unterhalten. Demzufolge zählte ihn auch der Deutsche Verein für öffentliche Gesundheitspflege viele Jahre zu seinem eifrigen Mitgliede.

Aber auch hier wirkte er nicht nur empfangend, sondern gebend, um in steter Wechselwirkung seinem Fache zu dienen und im weiteren Sinne beizutragen zur Förderung und Erhaltung der Volksgesundheit.

Mehrere Vorträge, die er dort hielt und in der deutschen Vierteljahrsschrift für öffentliche Gesundheitspflege veröffentlichte, wie:

»Über die Bestimmung der Grenzen des Luftwechsels
Wie lassen sich Fortschritte auf dem Gebiete der Heizung und Lüftung erzielen und im Interesse der Gesundheitspflege verwerten« u. a. m.
sind Zeugen dieses ernsten Strebens.

Ganz besonders waren es aber unsere Kongresse für Heizung und Lüftung, die ihn immer wieder veranlaßten, mit seinem reichen Wissen vor die Öffentlichkeit zu treten.

Wie er diese Kongresse verstanden wissen wollte, zeigen die einleitenden Worte seines letzten Vortrages in Cöln a. R., mit denen er darauf hinwies, daß die Kongreßvorträge den Zweck hätten, Erfahrungen zum Austausch zu bringen, neue Anregungen zu geben und zu empfangen und offen über Fehler und Schwächen zu sprechen, die der gesunden Entwicklung des Faches entgegenstehen.

Auf dem Kongresse in Wien 1907 erörterte er in dem Vortrage über Heizung und Lüftung von Krankenhäusern hauptsächlich die Frage, wie weit die Heizungs- und Lüftungstechnik den Forderungen der wissenschaftlichen Hygiene gerecht werden könne, und kam zu dem Ergebnis, daß eine einwandfreie, Tag und Nacht wirkende Lüftungsanlage hier als ein hochanzuschlagender Faktor für die Gesundung der Kranken betrachtet werden dürfe.

Rietschel wußte wohl, wie kaum ein anderer, wo es dem Fache fehlte, und schon auf dem Münchener Kongresse 1901 rief er in seinem Vortrage: »Über den gegenwärtigen Stand der Heizungs- und Lüftungstechnik« der Versammlung die Worte zu:

»Es wird viel zu wenig gerechnet! Es herrscht in den Kreisen der Ingenieure das Bestreben, diese geistige Arbeit möglichst zu verringern, aber nur die Rechnung allein leistet Gewähr für den Effekt einer Anlage und die Sparsamkeit der Ausführung.«

Solch mahnende Worte konnte nur ein Mann aussprechen, der auf der hohen Warte wissenschaftlicher Erkenntnis und reicher Erfahrung stand. Und diese Erfahrung schöpfte Rietschel zumeist immer wieder aus den zahlreichen Begutachtungen, die er für das Inland und Ausland über Heizungs- und Lüftungsanlagen für Kirchen, Schulen, Theater, Krankenhäuser usw. bearbeitete. Sagte er doch selbst:

»Es sollte keiner Professor an einer Hochschule werden, wenn er keine praktischen Erfahrungen in seinem Lehrfache besitzt, und keiner Professor bleiben, der längere Zeit die enge Fühlung mit der Praxis seines Faches verloren hat.«

Seine Gutachten beschränkten sich demzufolge zumeist nicht nur auf die Beurteilung der Entwürfe, sondern enthielten oft wertvolle Verbesserungsvorschläge für die Ausführung. Sie führten aber auch zu einer bedeutsamen Nebenwirkung; denn sie wurden mittelbar zur Triebfeder für das Vorwärtsschreiten des Faches, da jeder sich bemühen mußte, das beste und vollkommenste mit seinem Entwurf zu bieten, wenn er vor dem Kennerblicke Rietschels mit Ehren bestehen wollte.

Es ist unmöglich, in diesem engen Rahmen alles zu nennen, was unser Rietschel im Laufe der Jahrzehnte mit beweglichem Geiste und unermüdlicher Schaffenskraft für das Fach und seine Wissenschaft getan hat. Gibt es doch kaum ein Gebiet dieses Faches, das unter seiner Bearbeitung nicht gewonnen hätte oder auf neue Bahnen gedrängt worden wäre. Bewundernd stehen wir vor der Fülle von Geist und Arbeit, die nur von einem Manne geleistet werden konnte, auf den die Dichterworte zutreffen:

»Der kennt den Ernst der Arbeit, der in stillen Stunden an schweren Werken seine Kräfte maß;
der kennt der Arbeit Glück, der um der Arbeit willen den Lohn der Arbeit ganz vergaß.«

Nur eine Arbeitskraft mit dem Idealismus eines Rietschel konnte solche Erfolge erzielen. Nur eine Persönlichkeit mit

solcher Vornehmheit des Charakters konnte in dieser Weise bahnbrechend für das ganze Fach wirken. Und wenn die Heizungs- und Lüftungstechnik schließlich zum gleichberechtigten Faktor innerhalb der technischen Wissenschaften wurde, so ist das seinem idealen Wirken und seiner ganzen Führernatur in erster Linie zu danken.

Auch in den weiteren Kreisen unserer Kulturwelt konnte eine so umfassende Tätigkeit nicht unbemerkt bleiben und viele Ehrungen sind Rietschel trotz seiner bescheidenen Zurückhaltung zuteil geworden.

Schon im Jahre 1893 wurde er zum Geheimen Regierungsrat ernannt und hohe Orden wurden ihm von verschiedenen deutschen Staaten verliehen. Der österreichische Ingenieur- und Architektenverein, das Royal Sanitary Institute in London und der Verband der Zentralheizungs-Industrie wählten ihn zu ihrem Ehrenmitgliede und die Königlich Schwedische Akademie der Wissenschaften zu ihrem korrespondierenden Mitgliede.

Im Kuratorium der Jubiläumsstiftung der deutschen Industrie war er zehn Jahre lang erster Vorsitzender und dem Vorstandsrate des Deutschen Museums gehörte er viele Jahre an. Der Verein deutscher Ingenieure wählte ihn 1899 und 1900 zu seinem stellvertretenden und der Berliner Bezirksverein deutscher Ingenieure drei Jahre zu seinem ersten Vorsitzenden.

Eine wahre Herzensfreude bereitete ihm die Technische Hochschule seiner Vaterstadt Dresden im Jahre 1909 mit der Ernennung zum Doktor-Ingenieur ehrenhalber.

Außerordentlich zahlreiche Beweise der Verehrung wurden ihm dargebracht, als er nach Ablauf einer fünfundzwanzigjährigen Professorentätigkeit mit Ende des Sommersemesters 1910 sein akademisches Lehramt niederlegte. Ehrungen, die freilich mit dem wehmütigen Gefühl seiner Freunde und Fachgenossen gemischt waren, den seltenen Mann fortan nicht mehr an der Stätte seines Wirkens lehren und forschen zu sehen.

Wie Rietschels Bescheidenheit alle diese Ehrungen selbst empfand, geben wohl einige Sätze am besten wieder, die einem seiner Briefe entnommen sind, den er am 4. November 1910 schrieb:

»Wenn ich etwas in Anspruch nehmen kann, so ist es nur, daß ich in meinem Leben bemüht war, meinem Fache in anständiger Form und treuer Hingabe zu dienen. Es ist mir nicht leicht geworden, einen so tiefgehenden Schnitt zu machen, aber wenn man fühlt, daß die Kräfte nachlassen und man nicht mehr in alter Weise arbeiten und schaffen kann, soll man lieber schließen, als ein arbeits- und kampfesmüder Mann, ins alte Eisen geworfen zu werden.

Ich habe von vielen Seiten Schreiben erhalten, von denen ich es nicht erwartet hätte und die mich geradezu ergriffen haben. So z. B. von Hochschulen, die doch keine Veranlassung hatten, an mich zu denken. Auch Bunte (Karlsruhe) hat mir liebe Zeilen gesendet. Der V. d. Z.-I. hat mich zum Ehrenmitgliede gemacht, meine Assistenten haben mir ein schönes Album mit ihren Bildern und denen der Prüfungsanstalt gestiftet, das Deutsche Museum hat mir in schöner Form ein kunstvoll ausgeführtes Schreiben überschickt, die Mitglieder der Jubiläumsstiftung haben mir die anerkennendsten Briefe geschrieben — kurz, ein Fülle von Ehrungen habe ich erhalten, die, wenn ich nicht wüßte, daß sie viel zu weit gehen, mich unsagbar stolz machen müßten.

Es ist doch schön, wenn man von seinen Fachgenossen geehrt wird; das geht weit über äußere Auszeichnungen, über Orden und Titel hinaus.«

Daß auch der Kongreß für Heizung und Lüftung diesen Anlaß benutzen wollte, ein Zeichen seiner Verehrung und Dankbarkeit an den Tag zu legen, war nur selbstverständlich. Mit allseitiger Begeisterung beschloß er deshalb in Dresden 1911, eine Büste Rietschels von Künstlerhand herstellen zu lassen, die ihm am 17. März 1912 in Berlin feierlich übergeben wurde. Welche Freude ihm diese Ehrung bereitete, brachte er selbst in seinem Dankschreiben zum Ausdruck, in dem er diesen Tag als den größten Ehrentag seines Lebens bezeichnete.

Wer das Glück hatte, Rietschel nicht nur fachlich, sondern auch persönlich als Freund näher zu treten, wer in seinem gastlichen, gemütvollen Heim im Kreise seiner Lieben weilen durfte, der lernte gar bald in ihm auch den geistprühenden Erzähler, den feinsinnigen, humorvollen und immer fröhlichen Menschen kennen. Und wer mit ihm in arbeitsfreien Stunden durch Wald und Flur wandern konnte, oder mit ihm auf seinem von ihm selbst geführten Motorboot auf dem stillruhenden Walchensee angesichts der schimmernden bayerischen Alpenwelt dahinglitt, der wird diese glücklich verlebten Stunden nie vergessen. Dann ging ihm oft das Herz vor Freude auf und glückstrahlend bewunderte er die Schöpfungen der Natur, dankbar anerkennend, welches Glück es sei, all das Schöne sehen und genießen zu können.

Aber auch Gespräche fachtechnischer und allgemein wissenschaftlicher Natur pflegte er gern mit seinen Freunden und Kollegen. Manchmal klagte er wohl über die vielfach schablonenmäßige Benutzung seiner Berechnungsmethoden und über jene Fachgenossen, die die Wissenschaft nur als lästiges Beiwerk betrachteten. Das tat er aber niemals in schroffer Form, denn mit seiner großen Herzensgüte und seinem Wohlwollen gegen jedermann suchte er immer entschuldigend, ausgleichend, versöhnend zu wirken.

Nicht selten kam er auf die ihm stets am Herzen liegende weitere Vertiefung seiner Berechnungsweisen zu sprechen, die sich noch mehr als bisher auf der mechanischen Wärmetheorie aufbauen müßten.

Dann schweiften wohl in Rede und Gegenrede seine Gedanken hinüber in die allgemeinen Naturwissenschaften und in das Sondergebiet der theoretischen Wärmelehre, von der man sagt, daß es wohl kaum eine Frage im Bereiche der Naturwissenschaften gebe, deren Lösung dankbarer und lohnender für den Forscher wäre und aus der die wissenschaftliche Technik größeren Nutzen gezogen habe. Gern verweilte er dann bei diesen Theorien, die uns lehren, daß die Kräfte, die unserer Welt innewohnen nur ein kleiner Bruchteil der von der Erde aufgefangenen Sonnenkraft sind, von der wir wieder nur einen ganz geringen Teil in mechanische Arbeit verwandeln oder zu anderen technischen Zwecken verwenden; wie uns diese Gesetze lehren, daß die Summe der Energien konstant bleibt und das höchste, was der Mensch tun kann, nur darin besteht, die Bestandteile des sich niemals ändernden Ganzen umzuordnen, das eine opfernd, wenn er das andere schaffen will; wie das Gesetz der Erhaltung die Schöpfung und Vernichtung gleich streng ausschließt; wie alle Energien, die Äußerungen des Lebens sowohl wie die mannigfache Gestaltung der physikalischen Erscheinung nur die wechselnden Klänge ihrer Harmonien sind.

Nicht leichten Herzens war Rietschel von seinem geliebten Lehramt zurückgetreten. Fast wehmütig verglich der unermüdlich tätige Mann seinen Rücktritt mit einem Sprunge in das Nichts. Seine Krankheit verhinderte ihn schon, an dem Kongresse in Dresden 1911 teilzunehmen, an dessen Vorbereitungen er noch den tätigsten Anteil genommen hatte. Aber, obwohl schon schwer leidend, raffte er seine unversiegbar scheinenden geistigen Kräfte noch einmal zusammen, um nicht nur an dem Cölner Kongresse teilzunehmen, sondern in gewohnter Weise den Hauptvortrag zu halten.

Die bedeutsamen Worte, die er hier sprach, klingen wie ein Vermächtnis, das er seinen Fachgenossen hinterlassen wollte. Er schilderte freimütig die Schäden des Faches, verwies auf die Erfüllung hygienischer Forderungen, empfahl ein inniges Zusammenarbeiten mit den Architekten bei der Ausführung der Heizungs- und Lüftungsanlagen, wünschte ganz besonders von der Fachpresse Vornehmheit in Form und Inhalt und verlangte von den ernsten Vertretern des Faches zur Förderung desselben, daß sie nicht nur ihren wirtschaftlichen Interessen, sondern auch der Allgemeinheit dienen und wenn nötig Opfer bringen sollten.

Die begeisterte Aufnahme, die seine Worte fanden und der ganze Verlauf des Kongresses ließen deutlich erkennen, wie glücklich er sich, obwohl unbewußt nahe am Rande des Grabes stehend, unter seinen Fachgenossen wieder einmal fühlte.

»Denn es erlebt der Mensch, er sei auch wer er mag,
Ein letztes Glück und einen letzten Tag.«

Am 18. Februar 1914 schloß Hermann Rietschel im 67. Jahre seines Lebens, viel zu früh für uns alle, die lieben treuen Augen für immer; seine Lichtgestalt, unser geistvoller Führer, der treue, aufopferungsvolle Freund war dahingegangen.

Tieftraurig folgten dem Sarge seine Lieben, seine Freunde, seine Verehrer und Fachgenossen, und der Geistliche legte seiner inhaltreichen Grabrede die Bibelworte zugrunde:

»Treue Lehrer werden leuchten, wie des Himmels Glanz.«

Mit Stolz zählten wir ihn zu den unseren, in Schmerz sahen wir ihn von uns gehen.

Vielleicht hat ein gütiges Geschick Hermann Rietschel davor bewahren wollen, die Leiden des bald ausbrechenden Krieges und den Zusammenbruch des Deutschen Reiches miterleben zu müssen. Es ist ihm erspart geblieben zu sehen, wie ein gewaltsamer Umsturz Kräfte auslöste, die das erhabene Gebäude der deutschen Kultur ins Wanken brachten und einen bedeutsamen Teil dieser Kultur, die Gesundheitstechnik, mit bedrohen. Uns bleibt die Aufgabe, durch unausgesetzte Weiterarbeit alle kulturfeindlichen Kräfte bekämpfen zu helfen. Das wird gelingen, wenn wir an der Erinnerung und Verehrung unseres bahnbrechenden Führers festhalten, wenn wir uns unseres großen Vorbildes würdig erweisen und dem Begründer und Förderer der wissenschaftlichen Heizungs- und Lüftungstechnik in allen Stücken nacheifern. Dann wird auch das Fach ehrenvoll weiter bestehen und im Wettkampfe mit anderen Nationen weiterhin voranschreiten.

Senatspräsident Dr.-Ing. Hartmann:

Mein hochverehrter Herr Geheimrat! Wir danken Ihnen herzlich für die tiefempfundenen Worte, die Sie Ihrem Freunde, unserem Altmeister Rietschel gewidmet haben. Die sympathische Persönlichkeit Rietschels tritt uns heute ganz besonders vor die Augen durch das Meisterwerk des Professors Klimsch. In unserem Kreise ist der Wunsch lebhaft zum Ausdruck gekommen, ein Bild von Rietschel dort sehen zu können, wo die Meisterwerke der Heizungs- und Lüftungstechnik vorgeführt werden sollen, im Deutschen Museum in der Abteilung für Heizung und Lüftung.

Der Vorstand des Deutschen Museums hat unserer Bitte, eine Erzbüste Rietschels in das Museum aufzunehmen, entsprochen und wir danken dem Vorstand herzlichst für die Ehre, die damit dem Andenken Rietschels und dadurch der Heizungs- und Lüftungstechnik erwiesen wird. (Die Versammlung erhebt sich.) Der Schöpfer des Museums, Sr. Exzellenz Herr Dr. Dr.-Ing. Oskar von Miller, hat die Güte heute hier zu erscheinen. Ich erlaube mir, ihm die Büste im Namen des Kongresses zu übergeben und bitte ihn, ihr einst, wenn die Abteilung für Heizung und Lüftung vollendet ist, dort einen Platz zu gewähren.

Exzellenz Dr.-Ing. Oskar von Miller (München):

Meine Damen und Herren! Im Namen des Deutschen Museums möchte ich herzlich danken, daß die Büste des verstorbenen Hermann Rietschel in unseren Räumen für alle Zeiten zur Aufstellung kommen darf. Hermann Rietschel war ein getreuer Freund und ein verdienstvoller Förderer des Deutschen Museums. Lange Jahre gehörte er dem Vorstandsrat des Deutschen Museums und damit der Leitung desselben an. Er hat uns unterstützt durch seine Berechnungen und seine Projekte, die für die Heizung des so großen und umfangreichen Baues gemacht wurden, damit auch die Heizung dieses Museums ein Meisterwerk der Technik wird. Rietschel hat dem Deutschen Museum und seiner Bibliothek seine Bücher, insbesondere den Leitfaden für die Berechnung und für die

Konstruktion der Lüftung und Heizung geschenkt. Vor allem war er Referent für die Gruppe Heizungstechnik. Mit seiner Hilfe haben wir versucht, die Entwicklung der Heizung darzustellen von dem einfachsten Herdfeuer und den Öfen bis hinauf zu den letzten Errungenschaften, zu der Fernheizung in Dresden, die noch nach seinen Angaben und seinen Anregungen im Deutschen Museum zur Aufstellung kam.

An den im Deutschen Museum ausgestellten Werken sollen nicht nur alle Kreise des Volkes Belehrung und Anregung finden, sondern diese Meisterwerke sind auch dazu bestimmt, dem ganzen deutschen Volk zu zeigen, welche großen Verdienste sich unsere ersten Männer der Wissenschaft und Technik um ihre Mitmenschen erworben haben. Neben ihren Meisterwerken sollen aber auch ihre Bilder aufgestellt werden, teils in den Sälen, in denen ihre Schöpfungen dargestellt sind, teils im Ehrensaal des Deutschen Museums. Die Denkmäler sollen die Museumsbesucher aus allen Ländern überzeugen, daß die deutsche Nation nicht nur große Feldherren, große Staatsmänner, hervorragende Dichter und Künstler besaß, sondern daß aus ihr vor allem die Männer hervorgegangen sind, die durch ihr Forschen und ihr Schaffen die Kultur der gesamten Menschheit gefördert haben, und denen die ganze Welt deshalb dankbar sein und bleiben muß.

Unter diesen Denkmälern wird künftig auch die Büste von Hermann Rietschel sich befinden und Besucher des Museums werden bewundernd den Mann betrachten, auf den nicht nur der engere Fachkreis, sondern das ganze deutsche Volk stolz sein kann. (Stürmischer Beifall.)

Vorsitzender: Wir beginnen nun mit der Tagesordnung. Ich bitte den Vorsitzenden des Verbandes der Zentralheizungsindustrie, Herrn Dr.-Ing. Schiele seinen Vortrag über

Das Heizungsfach während und nach der Kriegszeit
zu halten.

Herr Dr.-Ing. Schiele:

Euer Exzellenzen, sehr geehrte Damen und Herren!

Zur Überbrückung des großen Zeitraumes, der seit der Kölner Tagung hinter uns liegt, zum Zwecke, den inländischen Kongreßteilnehmern Erlebtes, Erfahrenes und Geleistetes ins Gedächtnis zurückzurufen, sowie um unsere ausländischen Gäste in das Bild des Geschehens zu versetzen und damit eine gewisse Einheitlichkeit der Grundlage für unsere Verhandlungen zu gewinnen, hat der Kongreßausschuß das Thema: »Das Heizungsfach während und nach der Kriegszeit« als Erstes auf den fachlichen Teil der Tagesordnung gesetzt.

Er hat weiter, in dem Wunsche, diesen Bericht von einem Vertreter der Industrie erstattet zu sehen, mich beauftragt, und so habe ich die Ehre, zu Ihnen zu sprechen und den Standpunkt der Industrie zum Ausdrucke zu bringen, ohne dadurch anderer Auffassung, auch politischer oder sozialer Natur, zu nahe treten zu wollen.

Um mich selbst wieder in den zu behandelnden Zeitabschnitt zurückzuversetzen, mir namentlich auch die damalige wirtschaftliche Lage wieder zu vergegenwärtigen, habe ich Geschäftsberichte verschiedener Firmen erneut durchgelesen und bin damit zu einem Durchschnittsbilde gekommen, das ich auch Ihnen zu dem gleichen Zweck vorlegen möchte. Es erscheint geboten, hierbei alle unmittelbaren Kriegslieferungen auszunehmen, also lediglich die Arbeiten in Betracht zu ziehen, die von den Heizungsfirmen ohne Umstellung ihrer Betriebe ausgeführt werden konnten, mit denen sie also in Zusammenhang mit ihrem Fache blieben.

In der ersten Hälfte des Jahres 1914 herrschte Arbeitsmangel. Im Juni und Juli stieg die Beschäftigung. Mit der Kriegserklärung änderte sich das Bild vollkommen. Die Lohnzahlen fielen gegen den Vormonat um 50 vH und mehr. Der Güterverkehr stockte. Es gelang allmählich, die Arbeit an den angefangenen Anlagen wieder aufzunehmen. Neubestellungen wurden nur zögernd erteilt, jedoch begann bald die Nachfrage nach unmittelbaren Heereslieferungen. Die arbeitsfähigsten Leute wurden den Betrieben entzogen, leitende Stellen wurden leer, und es bedurfte der Anstrengung aller noch verfügbaren Kräfte, um die Betriebe einigermaßen zu halten.

Trotzdem waren Verluste nicht zu verhindern, und man ging in völliger Ungewißheit in das Jahr 1915 hinüber.

Die Beschäftigung mit regulärer Arbeit war im Jahre 1915 im allgemeinen besser, als man hätte erwarten sollen. Zu manchen Zeiten war sie sogar gut. Ohne Schwankungen konnte es natürlich infolge der im Interesse der Kriegsführung erforderlichen Maßnahmen nicht abgehen. In dieser Beziehung ist die im Februar erfolgte Beschlagnahme der kupferhaltigen Armaturen besonders einschneidend gewesen. Eine gern übernommene, aber recht erhebliche Belastung waren und blieben die an die Familien der im Felde befindlichen Beamten und Arbeiter gezahlten Unterstützungen. Alle Betriebe, die nicht unmittelbares Kriegsmaterial herstellten, gingen mit unsicheren Aussichten in das Jahr 1916 hinüber.

Das Jahr 1916 hat den Heizungsfirmen zum Teil erhebliche Beschäftigung gebracht, sogar in den ersten Monaten, die in Friedenszeiten still zu sein pflegten. Die Nachfrage trat sprunghaft, gelegentlich stürmisch auf, bei steigenden Einkaufs- und Verkaufspreisen. Dabei war die Erhaltung des erforderlichen Standes an Arbeitskräften dauernd schwierig, und Materialmangel begann sich unangenehm fühlbar zu machen.

Es war zu erwarten, daß 1917 in geschäftlicher Beziehung dem Vorjahre ähnlich sein werde, aber die einschneidenden Faktoren steigende Richtung haben würden. Das ist eingetroffen. Die Beschäftigung war im Jahre 1917 im allgemeinen zufriedenstellend; die Schwierigkeiten der Erhaltung und Erlangung von Arbeitskräften sowie die Materialnot stiegen dauernd. Die Einengung durch die kriegswirtschaftlichen Organisationen machte sich hinderlich geltend und der Wunsch nach Befreiung von diesen Fesseln wurde brennend.

Die geschäftlichen Verhältnisse von 1917 übertrugen sich mit weiteren Steigerungen auf das Jahr 1918 und gingen dabei Hand in Hand mit den kriegerischen Anstrengungen Deutschlands, die in diesem Jahre ihren Höhepunkt erreichten. Das Hindenburg-Programm stellte auch an die Heizungsindustrie große Ansprüche, und es entstand nach außen der Eindruck einer blühenden industriellen Tätigkeit.

Mit dem Ausbruch der unglückseligen Revolution im November trat ein völliger Umschwung ein. Die Heeresaufträge wurden zurückgezogen, Ersatz dafür war nicht vorhanden, Handel und Wandel stockte. Die zum Ausbruch gekommenen revolutionären Ideen der Arbeiterschaft ließen jedes Interesse an der Arbeit erlöschen, und selbst in Betrieben mit sehr ruhigeren Belegschaft sank die Leistung erschreckend. Neue Bestellungen waren nicht zu erwarten. Es konnte sich bestenfalls nur um Aufarbeitung bereits vorhandener Aufträge und um Reparaturen handeln. Trübe in jeder Beziehung waren die Aussichten für 1919.

Die Störungen durch die Umwälzung waren tiefgehend, gemildert wohl in Betrieben mit alten Arbeiterstämmen, die auf die jungen, meist radikaleren und durch den Krieg verwilderten Elemente einen beruhigenden Einfluß ausübten. Aber auch die Heizungsindustrie vertrat fest den Standpunkt, daß die Arbeit unter allen Umständen weiterzugehen habe, und war durchdrungen von der Erkenntnis, daß nur durch möglichst umfangreiche Aufrechterhaltung der Betriebe eine allmähliche Besserung der wirtschaftlichen und sozialen Verhältnisse erreicht werden könne. Die Beschäftigung war genügend, und zu einem eigentlichen Arbeitsmangel ist es wohl nirgends gekommen. Die staatlichen und städtischen Behörden hatten richtig erkannt, daß Arbeit um jeden Preis geschaffen werden müsse, daß namentlich stillgelegte Bauwerke vollendet, und alle nur möglichen Wiederherstellungsarbeiten vorgenommen werden müßten. Dazu kam unterstützend das Bestreben von privater und industrieller Seite, mit Rücksicht auf die zu erwartende Besteuerung nicht nur alles während des Krieges Zerstörte und Verwahrloste wieder herzustellen, sondern auch erhebliche Mittel für Neuanlagen aufzuwenden. Mit dem Erlöschen dieser Bautätigkeit mußte für den gesamten Baumarkt und damit auch für die Heizungsindustrie eine schwere Zeit kommen, und sie kam im Jahre 1920, in ihrer Auswirkung noch gefördert durch die in den ersten Monaten des Jahres eintretenden unermeßlichen Preissteigerungen auf dem Materialmarkt.

Dies in großen Zügen das wirtschaftliche Bild von 1914 bis 1920.

Nachdem im August 1914 das jedem Deutschen Unglaubliche geschehen, nachdem unser friedliches Vaterland überfallen und umstellt war, wie ein gefährliches Stück Wild, machte sich in gerechter Auflehnung ein eiserner Wille zur Gegenwehr geltend. Diesem allgemeinen Willen, dieser einheitlichen Richtung der Sinne und der Betätigung ist es im wesentlichen zuzuschreiben, daß sich der Übergang von der Friedens- zur Kriegswirtschaft ohne allzugroße Schwierigkeiten vollzog.

Schwer machte sich, wie schon erwähnt, gleich zu Beginn des Krieges der Personalmangel geltend. Das mußte auf eine Industrie, wie die Heizungsindustrie, mit zum größten Teil außerhalb zerstreut liegenden Arbeitsstätten, eine besonders starke Wirkung äußern. Es entstand der Kampf um den selbständigen Mann in den besten Jahren, der für das Wirtschaftsleben, wie für den Heeresdienst, gleich nötig war. An Opfermut zum Ersatz fehlte es nicht. Wie mancher Ingenieur hat die blaue Bluse angezogen, um die Ausführung der notwendigsten Arbeiten zu sichern.

Dem Mangel folgte mit der Rückkehr nicht mehr felddienstfähiger Kräfte ein lebhafter Personalwechsel. Aus den verschiedensten Gründen sollte der Entlassene möglichst am Entlassungsorte oder doch in dessen Nähe Arbeit annehmen. Dem stand meist der Wunsch entgegen, mit der Familie wieder vereinigt zu sein und, unterstützt von hohen Lohnangeboten, das Bestreben, möglichst hohe Verdienste zu erzielen. An diesen und anderen Kriegsauswüchsen des Wirtschaftslebens, die eine Verschärfung der Gesetzgebung nach sich zogen, hatten das Heizungsfach und die mit ihm verbundene Industrie keinen Teil.

Zur Sicherung der Produktion, die unter dem Personalwechsel und anderen eingerissenen Mißständen litt, wurde das Gesetz über den vaterländischen Hilfsdienst erlassen. Es beschränkte gleichermaßen Betriebe und Arbeitskräfte, schaffte aber im allgemeinen Ordnung, führte eine gewisse Stetigkeit in der Belegschaft herbei und hatte wohl im ganzen eine produktionsfördernde Wirkung.

Von ausschlaggebendem Einfluß auf die Aufrechterhaltung und den Gang der Unternehmungen war die Einstellung weiblicher Arbeitskräfte, deren Leistungen im wesentlichen nur mit Anerkennung und Dank gedacht werden kann.

Auf eine Industrie, die Fertigfabrikate erst erzielt durch Verbindung mit zerstreut, häufig in bedeutender Entfernung liegenden Bauwerken, mußten die Versandschwierigkeiten besonders störend wirken. Die Beförderung von Heeresgütern mit Dringlichkeitsbescheinigungen war gut im Verhältnis zu der ungeheuren Beanspruchung der Eisenbahnen. Anders sah es mit Stückgütern, z. B. für Reparaturen von Privatanlagen, aus. Sie erreichten ihr Ziel unendlich langsam, mit dem Hinzukommen der häufig erforderlichen Gütersperren hörte aber jede Zeitberechnung überhaupt auf. Das Pferdefuhrwerk war knapp geworden. Die vorhandenen Pferde waren unterernährt und deshalb wenig leistungsfähig und der Preis für das Gespann und den Tag schnellte von M. 20 auf 60 bis M. 80, und bei Schnee um das Doppelte in die Höhe, eine Steigerung, die man damals als ungeheuerlich ansah.

Nachdem zu Anfang des Krieges, den man nur von kurzer Dauer hielt, noch aus dem Vollen, aus dem Friedensvermögen geschöpft und gewirtschaftet worden war, machte sich später empfindlicher Materialmangel geltend, veranlaßt durch den Mehrverbrauch, durch geringere Förderung und Leistung und durch den Wegfall der Einfuhr.

Zur Sicherung des Kriegsbedarfes wurden Beschlagnahmen erforderlich, zunächst von Rohstoffen und Halbfabrikaten, später auch von Fertigfabrikaten. Als Verteilungs- und Zuweisungsstellen entstanden Kriegsämter; das deutsche Wirtschaftsleben trat damit in den Zustand der Zwangswirtschaft, dem es auch heute nicht völlig entronnen ist.

Am empfindlichsten machte sich im Heizungsfach wohl die Eisenbewirtschaftung geltend. Die Gießereien, die Kessel- und Heizkörper-Fabrikanten hatten für ihre Qualitätserzeugnisse nicht mehr die Möglichkeit, die erprobten Gattierungssätze einzuhalten. Sie mußten einschmelzen, was sie erhielten. Darunter litt die Beschaffenheit des hoch beanspruchten Fa-

brikates außerordentlich. Bedenkt man weiter den Mangel und den Wechsel an Formern, das Fehlen von Materialien zur Herstellung von Kernen, die Steigerung des Ausschusses hierdurch, so erkennt und versteht man einige der sonst noch in Überzahl vorhandenen großen Schwierigkeiten.

Die Versorgung mit Radiatoren genügte in den Jahren 1914 und 1915 noch einigermaßen, dagegen sind im Jahre 1916 Lieferzeiten von 8—10 Monaten zu verzeichnen. Gußeiserne Kessel waren damals und auch später mit kürzeren Fristen erhältlich.

Das Ende 1916 einsetzende sogenannte Hindenburg-Programm hatte am 20. Januar 1917 die Beschlagnahme von Radiatoren, Kesseln und Rippenrohren bei Erzeugern, Händlern und Heizungsfirmen zur Folge. Damit war der Bedarf für kriegswichtige Bauten sichergestellt. Diese Maßnahme führte namentlich zum Ausbau nicht unbedingt nötiger Radiatoren aus fertigen Heizungen für nicht kriegswichtige Anlagen. In Zeitungen aller Art fand man Anzeigen und erhielt Angebote zu Wucherpreisen. Dem machte die am 20. Oktober 1917 erfolgte Beschlagnahme der genannten Fabrikate auch bei dem Besitzer ein Ende.

Das Verwendungsrecht der beschlagnahmten Teile war an ein Freigabeverfahren, später an ein Meldeverfahren gebunden. Das ergab eine mehrfache und deshalb überflüssige Kontrolle neben der bestehenden Bauten-Prüfstelle und dem Verbot der Verwendung von Gußeisen zur Herstellung von Heizkörpern, die doch beide an der Wurzel eingriffen.

Außer den genannten gußeisernen Bestandteilen unterlagen schmiedeeiserne Erzeugnisse der Beschlagnahme, von denen für das Heizungsfach als wesentlichste Blech, Rohr und Formeisen in Frage kommen. Der Beschlagnahme der kriegswichtigsten Metalle wie Kupfer, Zink, Zinn, Nickel u. a. folgten Erwägungen über deren zwangsweisen Ausbau aus bestehenden Anlagen. Wegen der zu großen Schwierigkeiten der Ersatzbeschaffung wurde indessen nur eine freiwillige Abgabe empfohlen, jedoch die zwangsweise, abhängig von der Dauer des Krieges, in Aussicht gehalten.

An Stelle dieser in der gesamten Technik so wesentlichen und wertvollen Metalle traten natürlich Ersatzmetalle, die den an sie gestellten Ansprüchen nicht gewachsen sein konnten und deshalb bald in Verruf kamen. Es entstanden z. B. Armaturen aus solchen Stoffen, namentlich aber aus Eisen. Spätere, bessere Ausführungen wiesen dann Spindel, Kücken und Sitz aus Metall auf. Wie es mit der Eignung solcher Erzeugnisse für das Heizungsfach bestellt war, wird auch für den Nichtfachmann ersichtlich, wenn er sich vergegenwärtigt, daß schon an die in Friedenszeiten aus hochwertigen Metallen hergestellten Fabrikate die höchsten Ansprüche an Haltbarkeit und Gangbarkeit gestellt werden müssen.

Schwer empfunden wurde das Fehlen von Kork und Kieselgur als Isoliermaterial, sowie der vollkommene Mangel an Gespinststoffen zum Abschluß und zur Befestigung der Wärmeschutzmasse. Zur Verfügung stand für diese Zwecke gänzlich unbrauchbares Papiergewebe.

Noch schlimmer, mit dem technischen Zweck gesteigert, sah es um die Dichtungsmaterialien aus. Gummi, Asbest, Hanf, Leinöl, Graphit, Mennige sowie die Plattenfabrikate waren fast gänzlich vom Markte verschwunden und die Ersatzstoffe so gut wie unbrauchbar.

Nicht unerwähnt kann die häufig mangelhafte und ungenügende Lieferung von Preßgasen in Flaschen, namentlich von Wasserstoff und Sauerstoff bleiben. Die Front und die unmittelbare Kriegsindustrie belasteten die Lieferwerke schon aufs äußerste, dazu traten aber noch der große Mangel an Flaschenmaterial und die Versandschwierigkeiten.

Die gesamten der Heizungsindustrie zur Verfügung stehenden Materialien und Zubehörteile hatten einschneidende Änderungen in ihrer Zusammensetzung und ihren wesentlichen Eigenschaften erlitten. Der Guß war weniger dicht, weniger fest und weniger zäh, hatte auch geringere Feuerbeständigkeit. Schmiedeeisernes Blech kam fast nur in Abfallqualität in die Hand der Heizungsfirmen. Das schmiedeeiserne Rohr zeigte Längs- und Querrisse und platzte beim Gewindeschneiden und Aufwalzen. Zur Bearbeitung fehlten Schmiedekohlen gänzlich, notdürftigen Ersatz mußte Koks leisten. Dazu kam das in mangelhaften Zustand geratene Maschinen- und Werkzeugmaterial.

Diese Verhältnisse mußten sich in einem Fache besonders schwer geltend machen, das dichter und dauerhafter Leitungen bedarf zur Fortführung gasförmiger und tropfbar flüssiger Wärmeträger. Auch die äußere Erscheinung der Heizungsanlagen litt unter dem Mangel an Zubehörteilen aus Eisen und Metallen und beeinflußte die Art und Form der Anlagen wesentlich.

Die Schwierigkeit, ja zu Zeiten die Unmöglichkeit der Beschaffung von gußeisernen Kesseln, namentlich aber von gußeisernen Heizkörpern, führte zur Verarbeitung von Schmiederohr und Blech für solche Zwecke.

Not macht erfinderisch. Die Erfindertätigkeit hält auch heute noch an, das weisen die Patentanmeldungen aus. Besonders auf die autogene Metallbearbeitung wirken Zeit und Umstände befruchtend, denn überraschend war unter dem Einfluß der Not möglich geworden, was vorher schon aus ein fach preislichen Überlegungen unmöglich erschien. So entstanden in erster Linie schmiedeeiserne Heizkörper der verschiedensten Formen aus Rohr und Blech, meist den Radiatoren nachgebildet. Aber auch gitterartige Erzeugnisse, liegend und stehend, Heizkörper aus gefalteten Blechplatten, sogar aus Wellblech, kamen vor. Rippenrohre wurden nach verschiedenen Verfahren aus Schmiedeeisen hergestellt, und es gab bei den unglaublich schwankenden Preisen sogar einmal einen Zeitpunkt — vielleicht war es nur ein Augenblick — wo unter Berücksichtigung der größeren Leitungsfähigkeit des Aluminiums und für Verwendung in Luftheizungen Rippenrohre aus Aluminium sich billiger stellten als solche aus Schmiedeeisen.

Trotz all dieser Anstrengungen und Bemühungen gab es Bauten, die lediglich das Rohrgerippe der Zentralheizung aufwiesen, alles andere, Kessel, Heizkörper und Ventile fehlten. Bereits mit Anlagen ausgestattete Gebäude mußten unbeheizt bleiben, wenn sich nicht die Möglichkeit bot, mit eisernen oder keramischen Öfen Wärme zu schaffen. Ein ähnliches Schicksal hatten auch Gebäude, deren Anlagen nicht unterhalten werden konnten, nachdem Beschädigungen eingetreten waren, nur zu häufig veranlaßt durch mangelhafte Bedienung, da der Heizer im Felde stand.

In gesteigertem Maße traf das über das Schweißverfahren bezüglich Kessel und Radiatoren Gesagte auf die Herstellung der Rohrnetze zu. Formstücke und Flanschen waren nicht zu beschaffen oder teuer, die Dichtungen waren schlecht — da sprang die autogene Metallbearbeitung hilfreich ein und eroberte sich im Fluge ein Feld, das ihr unter normalen Verhältnissen erheblich langsamer zugefallen wäre.

Die Notwendigkeit, mit dem geringsten Aufwand an Material und Bedienung das möglichste zu leisten, führte, besonders in kriegswichtigen Bauten, zur Herstellung von maschinell betriebenen Luftheizungen. Die Steigerung der Leistungen der Heizflächen, die Zentralisation der Heizstellen, die Kürze und Einfachheit der Rohrleitungen, die Verringerung der Regelungseinrichtungen sowie die Verwendungsmöglichkeit von weniger kriegswichtigen, deshalb nicht so knappen Baustoffen, waren Grund und Vorteil derartiger Ausführung. Eindringlicher als früher wiesen solche Anlagen infolge der gesteigerten Anwendung des maschinellen Antriebes auf die Bedeutung der Betriebskosten hin. Es muß als Verdienst unserer Kriegsbauämter anerkannt werden, daß sie das frühzeitig erkannten und trotz der Not und des Dranges der Zeit Betriebskostenberechnungen und deren Gewährleistung verlangten, und für die Vergebung von Anlagen in erster Linie betriebswirtschaftliche Gesichtspunkte maßgebend sein ließen.

Die Schwierigkeiten, die dem Heizungsfache aus dem Material erwuchsen, dürften nach den gemachten Ausführungen beurteilt werden können. Sie hatten vielseitige Auswirkung auf dem großen der Heizungsindustrie zufallenden Arbeitsgebiet, das wenigstens im Streiflichte gezeigt werden soll.

Für die Privatwirtschaft kamen nur Bauten in Frage, die ausnahmsweise von der Bauten-Prüfstelle zugelassen waren. Sie erhielten Heizungsanlagen, die sich in der allgemeinen Planung nicht oder nur unbedeutend von Friedensanlagen unterschieden. Für die Kriegswirtschaft kam für das Fach alles in Frage, vom Schützengrabenofen an bis zu der auf das feinste durchgebildeten hygienischen oder gewerblichen Anlage, Rohrleitungen aus den verschiedensten Baustoffen für Dampf, Wasser, Luft, Gase, zu Zwecken des Heeres und der Marine, Einrichtungen zum Verflüssigen und Schmelzen von Stoffen, zur Entfernung gesundheitsschädlicher Gase, Heizungs- und Lüftungsanlagen für kriegswirtschaftliche Betriebe, Geschoß-Fabriken, Luftschiff- und Flugzeugwerften und Hallen, Einrichtung von Lazaretten und Badeanstalten, ortsfest, zerlegbar und in Eisenbahnzügen, Desinfektions-, Sterilisations-, Wasch- und Badeanlagen, Apparate und Anlagen zur Seuchen- und Räudebekämpfung, ortsfeste Kochküchen und Bäckereien, Feldküchen und Feldbacköfen, Frischwasserversorgung, Trockenanlagen zu den verschiedensten Zwecken, so für Nahrungsmittel, Kriegsmaterial, Kriegsgerät und Bekleidung — eine Fülle reizvoller Aufgaben, die das Herz des Technikers höher schlagen lassen konnten.

Auf die Durchführung aller dieser Aufgaben, auf den Betrieb der so entstandenen Anlagen, war von entscheidendem Einfluß die Kohlenförderung und die Brennstofffrage überhaupt.

Von kaum einem anderen Naturprodukt sind wir so abhängig, wie von der Kohle. Kohle klebt an allem, was wir benötigen und verbrauchen. Dementsprechend ist ihr Einfluß in Krieg und Frieden, und es erscheint gegeben, die Brennstofffrage um so mehr zwischen Kriegsende und Friedensbeginn einzufügen, als mit Rücksicht auf sie die Überleitung von dem Kriegs- in den Friedenszustand fast unmerklich vor sich ging — der alten Not folgte die neue Last.

Während des Krieges galt es, neben den Ernährungsfragen in erster Linie die Bedürfnisse der Kriegswirtschaft, die Erfordernisse des Transportes und die Versorgung mit Gas, Wasser und Elektrizität sicherzustellen. Die Einflüsse der hierzu erforderlichen Maßnahmen zeigten sich erst im zweiten, namentlich aber im dritten Kriegsjahre. Der Rationierung der Nahrungsmittel war die Rationierung der Kohle gefolgt, und damit hatten sich wesentliche Beschränkungen für den Betrieb kriegswichtiger Unternehmungen und der Heizungen ergeben. Für privatwirtschaftliche Zwecke stand von da an nur noch die Hälfte, höchstens ⅔ des Friedensverbrauches zur Verfügung. Dies Verhältnis war zeitweise noch ungünstiger und ist es manchenorts gelegentlich auch heute noch.

Die Kriegs-Rohstoff-Abteilung des Kriegs-Ministeriums und der Reichskommissar für die Kohlenverteilung hatten eine Abteilung »Heizbetrieb« geschaffen und in diese die Vertreter der Behörden, der Industrie, des Handels und der Verbraucher berufen. Diese Stelle trat sowohl verfügend, wie beratend auf; sie wirkte infolge ihrer Zusammensetzung auf die verschiedenen Interessen und Anforderungen ausgleichend und hat sicher im ganzen gut und erfolgreich gearbeitet.

Die unter Mitwirkung des »Heizbetriebes« erlassenen Verfügungen betrafen im wesentlichen die zulässige Zahl der beheizten Räume, die Inbetriebnahme und Außerbetriebnahme der Heizungsanlagen in Abhängigkeit von der Außentemperatur, die Herabsetzung der Raumtemperaturen in öffentlichen und Privatgebäuden und Fabriken, namentlich auch in der Richtung, daß höhere als die bestimmten Erwärmungsgrade nicht geliefert und nicht gefordert werden durften. Krankenhäuser und Erholungsstätten unter berufsärztlicher Leitung waren von Beschränkungen ausgenommen. Die Beheizung von Kirchen, Museen, Ausstellungs- und Turnhallen, Aulen und ähnlichen Gebäuden und Gebäudeteilen wurde verboten. Die Ausschaltung der künstlichen Lüftung wurde verfügt. Die mit als wichtigst angesehene und auch am stärksten angefeindete Einschränkung betraf die zentralen Warmwasserbereitungsanlagen.

Besonders zahlreich sind die durch Wort, Bild und Schrift in bau- und betriebstechnischer Hinsicht von Behörden, Fachleuten und der Industrie erfolgten Beratungen gewesen. Dazu gesellten sich recht gute Einrichtungen zum Zwecke der Erhaltung des gleichen Nutzeffektes der Feuerungen bei eingeschränktem Betriebe. Daneben machte sich aber auch ein Kurpfuschertum breit, dessen Erzeugnissen und Anpreisungen gegenüber man häufig nicht weiß, was mehr zu bewundern sei: die Unschuld oder die Unverschämtheit.

In Verbindung mit der straffen Rationierung dürften die soeben geschilderten Maßnahmen in der Jetztzeit ebenso genügen wie in einer Zukunft, die uns einmal wieder freie Brennstoffwirtschaft bescheren sollte, die Regelung durch den Preis. Er ist der beste Förderer der Sparsamkeit bei Einkauf und Verbrauch — er regelt selbsttätig, und nur der Aufklärung über das Wie und Wodurch bedarf es. Man hat ihn König Preis genannt im Gegensatz zu der rauhen Hand·der Zwangswirtschaft.

Neben der Beratung der Besitzer schenkte man der Frage der Überwachung von Anlagen Aufmerksamkeit.

Behördliche Stellen, die Industrie, Vereine und Verbände nahmen sich ihrer zu Zeiten in einem Maße an, daß von einem Wettbewerb, und zwar nur von einem überflüssigen, gesprochen werden kann. Manchenortes, so in Bayern, entstanden unter behördlicher Führung, zum Zwecke der Belehrung und Überwachung sowie der Beratung der Regierung, umfangreiche Organisationen, zusammengesetzt aus Vertretungen aller von der Brennstofffrage betroffenen Kreise und Berufsstände.

Im ·ganzen ist es ruhiger mit Verordnungen geworden. Bestehende fielen, und an ihre Stelle trat mehr und mehr die Beratung und Belehrung und die Vorführung in Ausstellungen. Auch die hier in München stattfindende Wander-Ausstellung dient solchen Zwecken.

Durch die Brennstoffnot empfing natürlich die Erfindertätigkeit einen mächtigen Ansporn. Genannt seien in dieser Beziehung nur die Öl- und Kohlenstaub-Feuerungen, die Konstruktionen zum Zwecke, Feuerungsanlagen für verschiedene Brennstoffe geeignet zu machen, die Verwendung von Unterwind und Saugzug, die Vergasung von Brennstoffen, die Gasfeuerungen und auch die Brikettierung. Besonders die Kriegszeit ·mit ihren großen und vielseitigen Forderungen war Neuerungen günstig und Versuchen förderlich.

Wenden wir uns nun der Gegenwart zu und der Grundbedingung der ganzen Brennstofffrage, so muß vor allem die bedauerliche Feststellung gemacht werden, daß die Förderung stark zurückgegangen ist. Die Weltkohlenförderung betrug vor dem Kriege 1334 Mill. t, 1919 nur noch 894 Mill.; das ist ein Rückgang um 33 vH.

Die Belieferung des deutschen Kohlenmarktes ist ungenügend. Schuld daran hat das Abkommen von Spa, der Ausfall der Lieferungen von Oberschlesien, die Beschränkung der Einfuhr und all die vielen, vielleicht an sich klein erscheinenden, in ihrer Gesamtwirkung aber sehr ausschlaggebenden Faktoren, die sich als Gefolge der Kriegs- und der Revolutionszeit darstellen. Ein anschauliches Bild über die früheren Verhältnisse und über spätere Zustände gibt ein der Kongreßleitung von dem Auswärtigen Amt überwiesener Bericht vom Januar 1921 über die Wirkung des Kohlenabkommens von Spa.

Während im Ruhrgebiet 1913 die Leistung der Untertag-Arbeiter für den Kopf und die Stunde 136,3 kg und im Juli 1919 noch 131,3 kg betrug, war sie im Mittel der Monate Januar bis Oktober 1920 nur noch 116 kg. Vor dem Kriege betrugen die Winterbestände der Eisenbahn 60 bis 90 Tagesbedarfe, 1920 im Durchschnitt nur noch 40 und Anfang Januar 1921 nur noch 18. Im Juli 1920 hatten die Gas- und Elektrizitätswerke in Berlin trotz der großen Einschränkungen nur einen Kohlenvorrat für 6 bis 7 Tage. Im Dezember 1920 hatte Düsseldorf nur 4 bis 5 Tagesvorräte, Elberfeld 1 Tagesvorrat und Nürnberg war überhaupt ohne jeden Bestand. Die bayerischen Gasanstalten geben an, daß im Frieden aus einer Tonne Kohle 320 bis 370 m³ Gas erzeugt wurde. Anfang 1920 waren es 250 bis 270 m³ und seit dem Abkommen von Spa sind es nur noch 150 bis 220 m³. Der Heizwert des Gases sank nach Angabe der gleichen Stellen von 5200 auf 3000 WE. Die Eisenbahn braucht heute infolge schlechter Qualität, Abnutzung der Maschinen und Feuerungsanlagen etwa pro Tonnenkilometer etwa 40 vH, die Elektrizitätswerke für die kWh etwa 40 bis 50 vH Kohle mehr als im Jahre 1913. Im Frieden fielen 67 vH der aufgewandten Kohle als Koks ab, jetzt nur noch 20 vH. Der Aschengehalt, der früher höchstens 7 vH betrug, war vor Spa 16 vH und ist jetzt nach Spa 30 vH.

Diese letztgenannten Zahlen weisen auf die ungeheure Verschlechterung der Brennstoffbeschaffenheit hin, und ein Vergleich der heute geförderten Kohlenmengen mit den früher geförderten fällt deshalb, da es sich um Gewichtsangaben handelt, um so ungünstiger aus, als dem Quantitätsunterschied der Qualitätsunterschied noch aufgerechnet werden muß.

Bezüglich der Versorgung des Hausbrandes muß es im Rahmen dieser Ausführungen genügen, auf die eigenen Erfahrungen hinzuweisen. Gleich ungenügend ist die Belieferung der Industrie nach Mengen und Sorten, namentlich auch infolge des Spa-Abkommens. Aber nicht nur dadurch allein ist sie, wie der vorerwähnte Reichsbericht ausführt, und mit ihr die gesamte deutsche Wirtschaft in ihre gegenwärtige Notlage geraten. Diese Notlage beruht vielmehr darauf, daß die Industrie schon vor dem Spa-Abkommen seit Jahr und Tag durchaus unzureichend beliefert war. Die Andauer dieses Notstandes ist es, die die deutsche Industrie, die deutsche Gesamtwirtschaft, so außerordentlich schwächt und lähmt, und die sie nun die durch das Spa-Abkommen eingetretene Verschärfung ganz besonders schwer empfinden läßt.

Hält man sich zu dem hier entworfenen Bilde noch den Ausfall an oberschlesischer Kohle vor Augen, so ergibt sich für die Gütererzeugung ein Zustand, der wenig paßt zu den von den Ententemächten, namentlich aber von Frankreich gestellten Anforderungen, deren Erfüllung Deutschland sich nur nähern kann, wenn seinem Wirtschaftskörper das notwendige Blut in Gestalt der Kohle erhalten bleibt.

Über Deutschlands Kohlenförderung und Herstellung von Preßkohle und Koks im Jahre 1920 und in den ersten

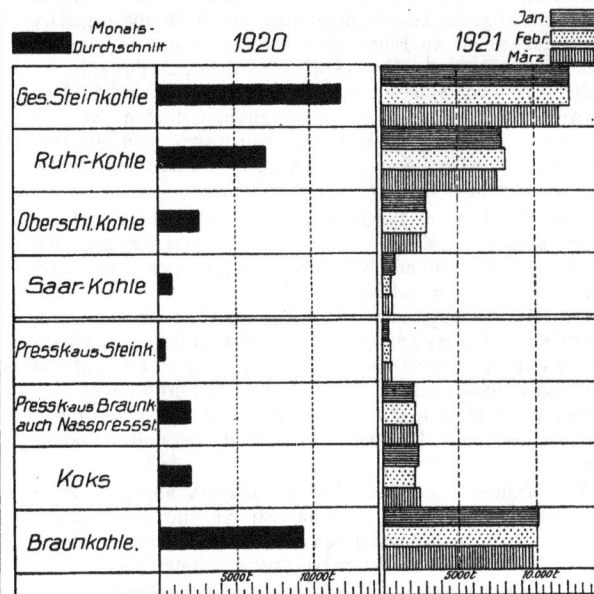

Abb. 1. Kohlenförderung und Herstellung von Preßkohle und Koks in Deutschland.

Monaten des Jahres 1921 gibt eine graphische Tafel Auskunft, die nach den Veröffentlichungen des Statistischen Reichsamtes vom Mai zusammengestellt ist (siehe Abb. 1).

Auf der linken Seite ist die durchschnittliche Monatsförderung bzw. Erzeugung im Jahre 1920 in 1000 t aufgetragen, rechts die tatsächliche Monatsleistung je für die drei ersten Monate des Jahres 1921. Diese ergeben zwar eine Zunahme gegenüber dem Monatsdurchschnitt von 1920, der März fällt aber mit rd. 550 000 t gegen den Vormonat schon wieder ab, infolge der Kündigung des Überschichten-Abkommens an der Ruhr, der Abstimmung in Oberschlesien und der kommunistischen Unruhen. Für das zweite Vierteljahr 1921 muß mit weiterem Rückgang, namentlich infolge der ungeheuerlichen Zustände in Oberschlesien, gerechnet werden.

Durch die Zusammenfassung der Kohlenfrage für die ganze hinter uns liegende Periode ist eine zeitliche Voreilung entstanden, lassen Sie uns zurückkehren zur Zeit der Einstellung der Feindseligkeiten.

Die Einwirkung der Revolution und des sogenannten Friedenszustandes waren und sind auch für das Heizungsfach von schweren Folgen. Der Achtstundentag verkürzte die Arbeitszeit auf den Baustellen minderte damit natürlich die Leistung und ließ dem mit der achtstündigen Tätigkeit nicht völlig ausgenutzten, an die Alleinarbeit gewöhnten und von

Kraftmaschinen unabhängigen Arbeiter, Zeit zur Nebenbeschäftigung. Es scheint, als ob sich die Lust und Gelegenheit zu solcher Pfuscharbeit verringert hätte. Immerhin ist es bemerkenswert, daß sogar der Staat es für gegeben hält, gesetzgeberisch hiergegen einzuschreiten.

Die Festlegung der 48stündigen Arbeitswoche läßt Überstunden nur noch unter Abgeltung zu, also selbst der ausgeruhte, arbeitsfrohe Arbeiter muß soviel Stunden spazieren gehen, als er übergearbeitet hat. Auch die Akkordarbeit fiel wohl in den meisten Betrieben der Umwälzung zum Opfer, trotzdem gerade sie bei der von einer Zentralstelle losgelösten der Selbständigkeit nahekommenden Tätigkeit sicher in besonderem Maße Berechtigung hat. Nur zu natürlich war es, daß unter den geschilderten Verhältnissen die allgemein eingerissene, maßlose Überschätzung der Handarbeit sich in Ansprüchen der verschiedensten Art äußerte, und daß die Löhne um 1000 vH und mehr stiegen. Hierzu hat Professor Dr.-Ing. Hanemann die vorzüglichen Worte gefunden:

»Zum Leben der Volkswirtschaft gehören Arbeit und Gedanken. Arbeit allein tut es nicht. Nur der hat Erfolg, der den Dingen Sinn, neuen Sinn, zu verleihen vermag.«

Die Wiedereinstellung der Kriegsteilnehmer hat man als Selbstverständlichkeit betrachtet, wenngleich es ohne Härten dabei nicht abgehen konnte, denn auch hier hatte die Eigenart der Betriebe mehr an Einarbeit und Einsicht und an persönlicher Leistung von den Ersatzkräften verlangt, als das z. B. bei der Bedienung von Maschinen in der Massenfabrikation der Fall ist. Aus ähnlichen, wie den vorerwähnten Gründen, war die Aufnahme von Kriegsbeschädigten, namentlich von Schwerbeschädigten, in größerem, prozentualen Verhältnis, in die Heizungsbetriebe schwierig oder unmöglich.

Alle Unruhen der Revolutions- und der Nachrevolutionszeit machten sich bei der Dezentralisation der Betriebsstellen besonders schwer geltend. Nur zu oft gaben sie den Grund zum Verlassen der Arbeit, selbst unter Antritt weiter Reisen nach Hause. Daraus entstanden, im Zusammenhange mit fortwährenden Lohnbewegungen, Tarifverhandlungen, Tarifabschlüssen auf kürzeste Dauer, Forderungen für Bezahlung von Streiktagen, häufig schwer kontrollierbaren Forderungen von höheren Landzulagen, schier unglaubliche Ansprüche an den Verwaltungsapparat der Firmen und damit viele unproduktive Arbeiten.

Die Verhältnisse dieser Zeit werden am augenfälligsten gekennzeichnet durch die Zahl der Streiks und der Verluste an Streiktagen in der gesamten deutschen Industrie. Nach Angaben der Deutschen Techniker-Zeitung fanden statt:

im Jahre 1912 . . . . 2510 Streiks
«   «   1913 2127   «
«   «   1914 1115   «
«   «   1915 137   «
«   «   1916 240   «
«   «   1917 561   «
«   «   1918 772   «
«   «   1919 4932   «

Dabei waren die Angriffsstreiks in der Überzahl.

An Arbeitstagen gingen verloren:

	Durch Streik:	Durch Aussperrung:
Im Durchschnitt der Jahre 1909/1913	6 331 472	4 859 022
Im Durchschnitt der Jahre 1914/1918	1 815 981	227 299
Dagegen im Jahre 1919 allein	32 463 620	619 154

Die Zahl der politischen Streiks betrug:
1918   241;   1919   899.

Der Verlust an Arbeitstagen betrug hierbei:
1918   3 800 000;   1919   12 900 000.

Da die Reichsteuerungszahlen sinken, steht zu hoffen, daß auch die Unruhe auf dem Arbeitsmarkt zum Besten unseres Wirtschaftslebens bald der Ruhe und sichereren Verhältnissen Platz macht.

Der 4. Februar 1920 brachte Deutschland das Betriebsrätegesetz. Ihm folgten allein 5 Ausführungsgesetze und 1 Abänderungsgesetz. Während das Gesetz über den vaterländischen Hilfsdienst der Sache dienen sollte und tatsächlich diente — denn es stellte die Produktion sicher und steigerte sie zur Höchstleistung —, berührt das neue Gesetz, angeblich ebenfalls der Wirtschaft dienend, im wesentlichen die persönliche Seite. Es stärkt die Stellung des Arbeitnehmers und schwächt die des Arbeitgebers zum Schaden der Produktion. Es unterstreicht damit — und das entbehrt nicht einer gewissen Tragik — die Gegensätze, die es überbrücken soll, und auch der anders Gesonnene wird nicht behaupten wollen, daß dieses Gesetz Wirkungen im Sinne einer Höchstleistung habe.

Schablonisierung der Betriebe ist eine unerwünschte Folge des BRG. Das Anziehende, das Besondere, was sie haben konnten und hatten, wird ihnen genommen. Auch dieses Gesetz dient der öden Gleichmacherei, die diese ganze Zeit kennzeichnet und ihr Fluch ist, denn die Gleichheit als Dogma — so habe ich das einmal bei anderer Gelegenheit ausgesprochen — bedeutet Reizlosigkeit, und dieser folgt unweigerlich der Mangel an Befriedigung; sie bedeutet aber auch Anreizlosigkeit und damit die Ursache zur Minderung der Leistung. Wenn deshalb je, dann ist heute für Deutschlands Wiedererstehen das Dogma der Gleichheit eine schwere Gefahr.

Dieser Zustand wird gesteigert durch die Unfreiheit, unter der heute jedermann leidet, Arbeitgeber, wie Arbeitnehmer, durch Organisation, durch Tarife, Gesetze und Zwangswirtschaft in jeder Richtung. Dieses zwangsweise Gefüge, diese scheinbare Ordnung äußert sich leider aber in keiner Weise nach außen. Ungewißheit und Unruhe in Wirtschaft und Politik ergaben sich als Folge und fanden z. B. beredten Ausdruck in den Vorbehalten bei der Abgabe von Angeboten und der Übernahme von Aufträgen. Es gab beinahe nichts mehr, was nicht vorbehalten werden mußte, alles war offen, alles flüssig, und ein Angebot war ebensowenig mehr für die Bestellung verpflichtend als die Annahme eines Auftrages für dessen Ausführung.

Ein erfreuliches Zeichen ist es, daß der Wunsch und die Überzeugung durchdringt, diesem ungesunden Zustand, namentlich den gleitenden Preisen, ein Ende zu bereiten und Kauf und Verkauf wieder auf gesunde, feste Füße zu stellen. Eine wenig erfreuliche Erscheinung ist dagegen die Betonung und das Verlangen des Gegengeschäftes und eine Unmöglichkeit geradezu ist die in neuerer Zeit mehr und mehr auftretende Forderung der Kapitalbeteiligung.

Diese letztere Frage erfährt noch eine besondere Beleuchtung, wenn man der ungeheuren Steuerabgaben gedenkt, die die Betriebsmittel der Firmen derart schmälern, daß Verschärfung der Zahlungsbedingungen, Kapitalserhöhungen und Bankkredite helfen müssen. Steuern sind gewiß nötig, es müssen aber Überspannungen und Steuerauswüchse vermieden werden, die am Erwerb die Freude nehmen, also auch dem Erwerbsgedanken die Reizlosigkeit einimpfen, von der ich bereits in anderem Zusammenhange sprach.

In auffallendem Gegensatz zu der schlanken Hand, die man in der Gesetzgebung für Steuern, allerdings nur für direkte, hatte, steht die Niederhaltung der Mieten.

Das hierdurch entstandene Mißverhältnis zwischen Mieten und Baukosten ist für den ganzen Baumarkt verhängnisvoll und damit auch für die Heizungsindustrie, die wesentlich von ihm abhängt.

Alles, was möglich ist, muß geschehen, um den Baumarkt zu beleben. In dieser Richtung sind Maßnahmen zu begrüßen, die Neubauten von der Zwangseinquartierung befreien und Verkäufer von Grundstücken von den Lasten der Besteuerung entbinden, in dem Maße, wie sie den erzielten Erlös zu Neubauten wieder verwenden. Auch für die Gewährung von Baukrediten müssen Staat und Gemeinden eine offene Hand haben.

Ein Bild über die Bautätigkeit mag aus den graphischen Tafeln (Abb. 2 bis 4) gewonnen werden. Die Auftragungen sind nach Stückzahlen von Neubauten vorgenommen, die für Zentralheizungen in Frage kommen. Zum absoluten Vergleich können sie mit Sicherheit aber nur jeweils innerhalb ein und derselben Stadt herangezogen werden, da die Ermittlungen der statistischen Ämter nicht auf vollkommen einheitlicher Grundlage erfolgen. Die obersten drei Auftragungen sind jeweils Jahresdurchschnittszahlen für den Zeitraum von 1900 bis 1913. Die folgenden vom Jahre 1914 ab sind Jahres-Stückzahlen. Der prozentuale Anteil der einzelnen Jahre an der gesamten Bautätigkeit Deutschlands in 1900 bis 1920 ist aus einem weiteren Schaubild (Abb. 5) ersichtlich.

In verschiedenen Städten erscheint die Bautätigkeit im Jahre 1920 überraschend groß. Die Erklärung für die verhältnismäßig hohen Stückzahlen dürfte in der Verringerung des räumlichen Umfanges der einzelnen Bauobjekte liegen.

Im Sinne des Schlagwortes »Sozialisierung«, das, wie kürzlich ein Redner treffend sagte, ein Fremdwort in Deutschland bleiben wird, haben sich zum Zwecke der Verbilligung des Bauens immerhin zahlreiche Gründungen von Arbeitergenossenschaften vollzogen, und dieses Verfahren hat auch auf die Heizungsindustrie übergegriffen. Die Betriebsmittel dafür werden zum Teil von den mitarbeitenden Genossen aufgebracht, zum Teil stammen sie aber auch aus den Taschen der

deshalb für die Unternehmungen, denn die Kriegszeit mit ihrer einheitlichen großen Richtung, in der man im Gegensatz zu heute gesucht und verlangt wurde, liegt weit hinter uns. Deshalb verhallt hoffentlich auch der Ruf nach Verdingungsämtern mit parlamentarischem System und demzufolge mit Mehrheitsbeschlüssen, die nicht unter dem hohen Maße von Verantwortungsbewußtsein stehen, wie die Entscheidungen einer wohlberatenen, allein und persönlich verantwortlichen Stelle.

Die Aufgaben, die der Heizungsindustrie und den an ihr interessierten Kreisen aus und in der Vergangenheit schon erwachsen sind, deren Erfüllung die Zustände der Gegenwart gebieterisch fordern, lassen sich in dem Begriff »Brennstoffersparnis« zusammenfassen. Diese Aufgaben sind konstruktiver Wettbewerb brauchen wir für In- und Ausland und Freiheit und betriebstechnischer Natur.

Allem voran ist die Ausnutzung der Abwärme zu stellen und die Förderung der Erkenntnis, daß es wärmetechnisch nicht so sehr darauf ankommt, ein Glied einer Anlage mit einem möglichst hohen Nutzeffekt auszustatten, als vielmehr dem

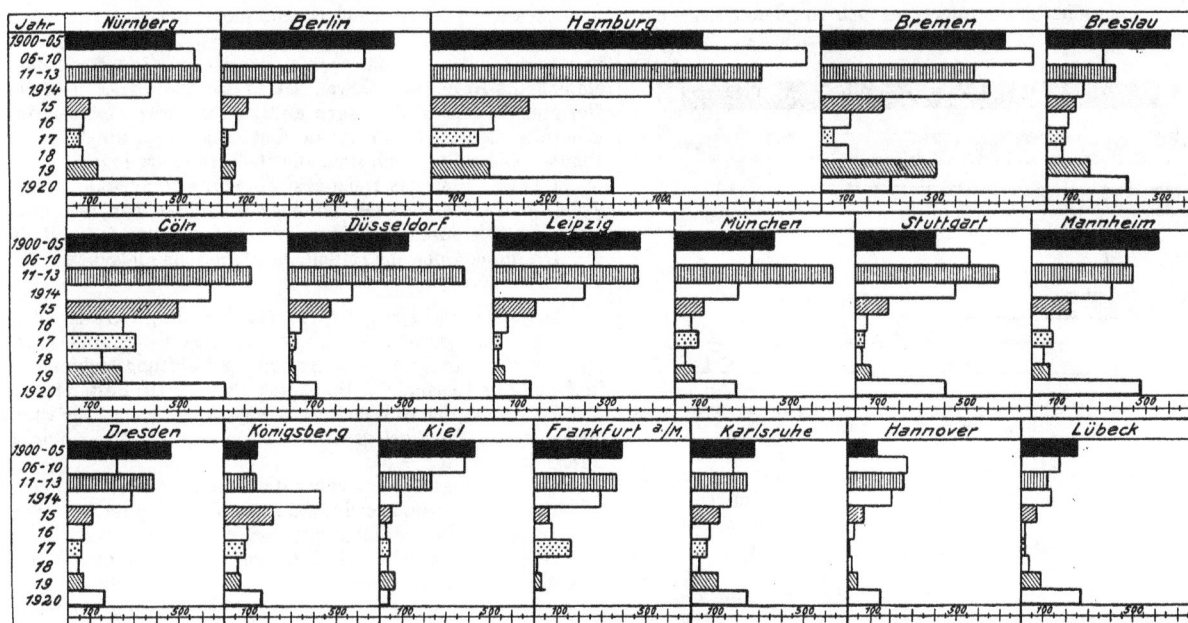

Abb. 2 bis 4. Die Bautätigkeit Deutschlands 1900 bis 1920.

anderweitig in der Heizungsindustrie beschäftigten Arbeiter. Dafür werden Anteilscheine ausgegeben, deren Inhaber dadurch in ein Verhältnis zu Konkurrenzunternehmungen getreten sind, wie das auf die Dauer unhaltbar ist bei dem nahen Verkehr der Arbeitnehmerschaft untereinander und bei dem Fehlen jeder diesbezüglichen, wettbewerblichen, durch Gesetz auferlegten Beschränkung.

Diese Gründungen auf sozialer Grundlage haben ihre Sporen erst noch zu verdienen. Die bis jetzt von ihnen und mit ihnen gemachten Erfahrungen weisen keineswegs einheitlich in derselben Richtung. Es ist ja auch zum Glücke unseres deutschen Wirtschaftslebens stiller geworden mit dem Ruf nach Sozialisierung. Auch die Versuche mit Regiearbeiten in den Gemeinden werden hoffentlich denselben Weg gehen, schon um ihrer Widersinnigkeit und Ungerechtigkeit willen, denn die Gemeinde tritt damit in unmittelbaren Wettbewerb mit ihren Steuerzahlern, die sie zufolge der veränderten Steuergesetzgebung so scharf anfassen muß, wie nur immer möglich.

Eine bemerkenswerte Erscheinung der allerletzten Zeit ist der im Baugewerbe auftretende Mangel an Facharbeitern; im wesentlichen Abwanderung, aber auch der Beginn einer Wiederbelebung des Baumarktes dürften die Ursachen sein.

Über Planwirtschaft und alle Industrie und Gewerbe unnötig beschränkende Zwangswirtschaft besteht wohl in dieser Versammlung nur eine Auffassung. Gesunden, freien

Wärmekreislauf der Gesamtanlage die höchste Wirtschaftlichkeit zu geben.

Einige Zahlen werden das Gesagte verdeutlichen:

Die Auspuff-Dampfmaschine arbeitet mit einem thermischen Wirkungsgrad von höchstens 15 vH; durch Anwendung von Kondensation ist eine Steigerung auf 20 vH möglich. Dabei erhöht sich der thermische Wirkungsgrad um 5 vH. Die Dampfturbine ergibt unter denselben Verhältnissen 10 und 20 vH und eine Erhöhung des thermischen Wirkungsgrades um 10 vH.

Schaltet man aber diese Maschinen mit einer Heizanlage und schafft damit einen Kraft-Heizbetrieb, so steigert sich die Wärmeausnutzung um 70 vH und darüber.

Die Erfassung aller sich bietenden Energiequellen weist ganz besonders auch auf die Wasserkräfte hin, die nach ihrer Umsetzung in elektrische Energie die Wärme als Abfallprodukt entweder unmittelbar oder mittelbar durch Speicher liefern. Der Förderung dieser Erkenntnis dient die hier in München stattfindende Ausstellung für Wasserstraßen und Energiewirtschaft.

In das Kapital der Wärmewirtschaft gehört auch die Wärmemessung, die den Einzelverbraucher an seinem Wärmeaufwand interessiert, indem sie ihn auf der einen Seite belastet, auf der anderen Seite aber schützt. Die Durchbildung brauchbarer, wohlfeiler Wärmemesser darf geradezu als Bedingung bezeichnet werden für die Weiterentwicklung und Verallgemeinerung der Verteilung und Abgabe von Wärme, sei sie nun zu diesem Zwecke erzeugt oder als Abwärme zur Verfügung.

Es war immer eine schlechte Praxis, bei einem Bauvorhaben oder bei einer Vergebung den Anschlagspreis allein entscheidend sein zu lassen, also nicht auf Güte von Planung und Material zu sehen, vielleicht die Betriebskosten überhaupt außer acht zu lassen. Versäumnisse in dieser Beziehung rächten sich in früherer Zeit im allgemeinen wohl nicht so schwer, denn der Brennstoff war ja billig. Das ist anders geworden. Die Betriebskosten haben ausschlaggebende Bedeutung erlangt. Diese Erkenntnis darf nun aber nicht etwa dazu führen, die Heizungsanlagen allein, also ohne Verbindung mit den Gebäuden oder Zwecken, denen sie dienen, zu betrachten. Auch hier muß das Ganze und nicht nur ein Teil der Beurteilung unterstellt werden.

Geht man so vor, so wird man ohne weiteres zu der Überzeugung kommen, daß es erstes betriebstechnisches Erfordernis ist, so wärmedicht wie möglich zu bauen. Das gilt sowohl für die äußeren Umfassungsflächen eines Gebäudes, wie für diejenigen des einzelnen Raumes, der sich von den anliegenden dauernd in seinem Erwärmungsgrad unterscheiden soll. Vor

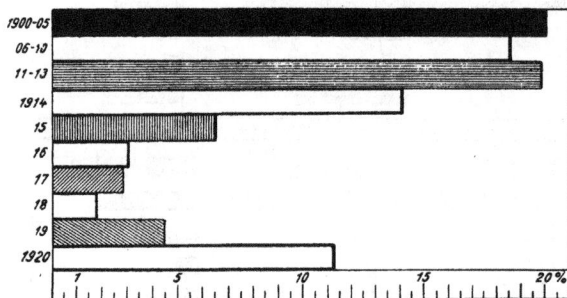

Abb. 5. **Prozentualer Anteil der einzelnen Jahre an der gesamten Bautätigkeit Deutschlands 1900 bis 1920.**

allem gehören dahin — und ich habe besonderen Grund, das zu betonen — an äußeren Umfassungsflächen die Fenster. Man hat in Teilen Deutschlands das einfache, nach außen schlagende und deshalb bei Windanfall selbstdichtende Fenster aus Gefahrgründen beseitigt, ohne es durch eine gleich wirkungsvolle Einrichtung zu ersetzen. Ersatz wäre das Doppelfenster gewesen, bestehend aus zwei vollkommen getrennten Fenstern mit dazwischenliegender, entsprechend tiefer Luftschicht. Wählt man auch die sonstigen Baumaterialien und die gesamte Bauweise entsprechend, so wird die Heizung nicht nur in der Anlage sondern auch im Betrieb wohlfeiler.

Im Zusammenhange hiermit ist des Auftrages zu gedenken, den der bayrische Minister für Volkswohlfahrt dem Privatdozenten Dr. H e n c k y, hier, erteilt hat, wärmetechnische Vergleiche der für München in Betracht kommenden Baustoffe anzustellen, und zwar bezüglich Erzeugung und Wärmedichtheit. Das ist ein vorbildliches Verfahren, vollkommen im Sinne der Stellungnahme des Geheimen Regierungsrates Dr. H a b e r, Berlin, der in der Notgemeinschaft der deutschen Wissenschaft äußerte:

»Aber so wahr für die Gegenwart Arbeitsfreudigkeit und Kraft der Bevölkerung unsere Fundamente sind, so wahr ist die Wissenschaft das Fundament der Zukunft.«

Mindert man seine Ansprüche an den Grad der Erwärmung der Räume oder begnügt man sich wenigstens mit dem in der Kriegs- und Nachkriegszeit gewohnt gewordenen, so liegt darin eine weitere Quelle für Ersparnisse. Nimmt man sich dazu selbst seiner Anlage an, so erzielt man weitere Vorteile, und hat man die Anlagekosten nicht gescheut und, je nach Größe des Hauses, zwei bis drei Zimmer mit Öfen versehen, so werden solche Einrichtungen der leichteren Überwindung der Übergangsjahreszeiten und damit dem Geldbeutel nutzen.

Für den Bau der Heizungsanlage liegt die Berechnungsmethode fest, doch ist trotz vieler verdienstvoller Arbeiten noch immer manche Frage bezüglich der Grundlagen offen.

Man denke nur an die Durchgangskoeffizienten, an die Erkenntnis der Einwirkungen der tausend Nebeneinflüsse, die auf den Wärmedurchgang unserer Baustoffe wirken. Zu diesen Berechnungsgrundlagen gehört auch die Temperaturdifferenz für die Bemessung der Anlage mit meist 40^0 C, also 20^0 C Innen- und 20^0 C Außentemperatur. Die Prüfung der Frage scheint berechtigt, ob es denn nicht in Ansehung unserer jetzigen Verhältnisse richtiger wäre, so zu rechnen, daß die Heizungskessel statt bei — 20^0 C bei — 5^0 C am wirtschaftlichsten arbeiten. Solches Vorgehen könnte Eisen- und Brennmaterialersparnis im Gefolge haben.

In der Kriegs- und Nachkriegszeit ist in der Richtung der Einschränkung des Brennstoffverbrauchs viel verordnet und geraten worden. Davon waren auch die Lüftungsanlagen betroffen. Ihr Betrieb erfolgte bestenfalls stark eingeschränkt, oder periodisch, oder er ruhte gänzlich. Das war Wasser auf die Mühle der Lüftungsgegner. Die verschiedenen Gründe dieser Gegnerschaft können hier unerörtert bleiben. Der Lüftungstechniker kann aber nicht ruhig zusehen, daß Lüftungsanlagen für Schulen, sogar für Krankenhäuser, einfach für unnötig erklärt werden, und er muß fordern, daß die Ärzte nun endlich zu einer Vereinheitlichung ihres Standpunktes kommen und damit helfen, Verhältnisse zu beseitigen, die schon früher einmal eine Regelung erfahren hatten, die heute aber mehr der Normung bedürfen als manch anderes, in dieser Zeit der Not genormte Material. Amerika hat sogar Lüftungsgesetze. Deutschland sollte wenigstens die Bedürfnisfrage regeln!

Das Bild über das Heizungsfach würde unvollständig sein, wollte man nicht auch sein Vereinsleben einbeziehen, das Interessen der Wissenschaft, Wirtschaft und des Berufes umfaßt.

Ich danke den betreffenden Stellen die folgenden Angaben:

Die »V e r e i n i g u n g   b e h ö r d l i c h e r   I n g e n i e u r e   d e s   M a s c h i n e n - u n d   H e i z u n g s w e s e n s« wurde im Jahre 1905 auf dem Kongreß der Heizungs- und Lüftungsfachmänner in Hamburg gegründet. Sie hatte 1914 einen Bestand von 48 Mitgliedern, der während des Krieges auf 44 sank. Die letzte Versammlung fand gelegentlich des Kongresses in Köln im Jahre 1913 statt.

Während des Krieges ruhte die Tätigkeit der Vereinigung zunächst. Sie wurde aber im Jahre 1917 bei Beginn der schärferen Brennstoffeinschränkung wieder kräftig aufgenommen mit zwei stark besuchten Kriegstagungen in Wiesbaden. Die wesentlichsten Gegenstände der Verhandlungen bildeten die Fragen der Rationierung und der Maßnahmen für Brennstoffersparnis sowie die Bearbeitung eines diesbezüglichen Merkblattes. Die politischen Verhältnisse der folgenden Jahre veranlaßten, daß erst jetzt wieder, nach achtjähriger Pause, eine ordentliche Jahresversammlung hier in München stattfindet, mit einem Programm, an dessen Spitze die Fragen der Brennstoffersparnis, der Abwärmewirtschaft und der Heizberatung stehen.

Der »V e r b a n d   d e r   A r b e i t g e b e r   d e r   T ö p f e r   u n d   O f e n s e t z e r   D e u t s c h l a n d s,   S i t z   D r e s d e n« hat, trotzdem rd. 45 vH seiner Mitglieder zum Heeresdienst eingezogen waren, Organisation und Fachorgan während des Krieges aufrecht erhalten können. Mit Beendigung des Krieges traten alle Heimgekehrten den Provinzial-Unterverbänden — 19 an der Zahl — wieder bei, und neu gegründete Geschäfte schlossen sich an, so daß der heutige Mitgliederbestand wieder an den der Vorkriegszeit heranreicht.

Zur Förderung der Technik des Gewerbes wurde vor 12 Jahren eine besondere »Technische Organisation des deutschen Ofensetzergewerbes« errichtet, die sich in heiztechnische Landes-, Bezirks- und Ortskommissionen gliedert und deren Leitung einer Zentrale in München untersteht. Auch diese neuen Gründungen konnten trotz aller Schwierigkeiten gehalten und ausgebaut werden.

Die Entwicklung der Technik des Gewerbes stand im wesentlichen unter dem Einfluß von zwei Faktoren: Einmal der ungeheuren Preissteigerung der Halbfabrikate, im wesentlichen der Kachelware und Eisenteile, die zu einer so bedeutenden Verteuerung des Kachelofens führte, daß der Absatz ins Stocken geriet, daß weiter die Ofengrößen entgegen den heiztechnischen Notwendigkeiten stark zurückgingen, und daß an die Stelle der Kachel-Rundöfen, kleinere, transportable Öfen und Kachelgestellöfen traten. Zum anderen hatte die Brennstoffnot eine Unmenge sogenannter »Sparerfindungen« an Öfen und Herden gebracht, deren Nutzen nur ein sehr bedingter, häufig auf Täuschung beruhender war. Die Zentrale war und ist bemüht, in dieser Beziehung öffentliche Aufklärungsarbeit durch Wort und Schrift zu leisten.

Der »Verein deutscher Heizungsingenieure« führt seine Entstehung auf zwanglose, fachliche Zusammenkünfte zurück, die am 14. Juni 1901 einige Berliner Heizungsingenieure beschlossen.

Das Interesse an diesen Veranstaltungen wuchs. 34 Herren hatten sich allmählich beteiligt, und man ging zu regelmäßigen Tagungen über. Im Mai 1903 ergab sich das Bedürfnis zu einem festen Zusammenschluß. Er wurde erreicht durch die Gründung der »Freien Vereinigung Berliner Heizungsingenieure« mit dem Zwecke der Förderung der Heizungs-Wissenschaft durch gegenseitige Belehrung und der Pflege der Geselligkeit unter Fachgenossen.

Die Arbeit der Vereinigung erfuhr durch den Ausbruch des Krieges eine jähe Unterbrechung. Doch bereits im November 1914 fand man sich wieder zusammen, und so gut es die Zeitumstände erlaubten, veranstaltete man Zusammenkünfte auch während des Krieges. Nach Friedensschluß wurden die Arbeiten in der früheren Form wieder aufgenommen.

Im Februar 1920 wurde in Hannover die »Freie Vereinigung Hannoverscher Heizungsingenieure« und im März 1920 in Dresden die »Freie Vereinigung Dresdner Heizungsingenieure« gegründet. Am 29. Januar 1921 wurden die drei Vereinigungen in den »Verein deutscher Heizungsingenieure« zusammengefaßt.

Die älteste, die Berliner Vereinigung, hat eine fruchtbringende Tätigkeit hinter sich. Die gesamten Vorträge und Berichte sind in 3 stattlichen Bänden im Verlag von Oldenbourg erschienen. Die gedeihliche Entwicklung der Vereinigung wird auch durch die Zunahme der Mitgliederzahl gekennzeichnet; diese stieg vom 15. Juni 1901 bis zum 10. Juni 1921 von 7 auf 233.

Die »Vereinigung deutscher Ofenfabrikanten«, Sitz Düsseldorf, hat 14 Interessenvertretungen in verschiedenen Landesteilen. Sie befaßt sich mit der Bearbeitung der wirtschaftlichen Fragen der von ihr vertretenen Industrie und mit der Lösung technischer Aufgaben.

Den letzteren Zwecken dient eine wärmetechnische Abteilung in Charlottenburg, die berufen ist, in dieser Zeit der Kohlennot und Teuerung durch Aufklärung der Allgemeinheit in wärmewirtschaftlicher Beziehung lindernd und helfend einzugreifen. Sie erteilt in Sachen eiserner Öfen und Herde unentgeltlich Rat und ist bestrebt, durch Wort und Schrift dem Publikum die Wege für sparsamere Wärmewirtschaft im Hausbrand zu zeigen.

Weiterhin ist es ihre Aufgabe, durch wissenschaftliche Erforschung noch ungeklärter wärmetechnischer Fragen die eisernen Öfen und Herde fortgesetzt zu vervollkommnen.

Der »Verband der Centralheizungs-Industrie e. V.« wurde am 12. August 1898 in München gelegentlich des 2. Kongresses von Heizungs- und Lüftungs-Fachmännern gegründet. Er hat während der Kriegsjahre seine Tätigkeit über das Maß der Vorjahre ausgedehnt und eine umfassende Reorganisation seines Aufbaues und seiner Geschäftsführung vorgenommen.

Die Organe des Verbandes sind der Vorstand, der Vorstandsrat, die Mitgliederversammlung und die Geschäftsstelle. Der Verband hat 20 Orts- oder Landesgruppen. Die Mitgliederversammlungen fanden auch während der Kriegszeit und nachher regelmäßig alljährlich statt, drei in Berlin, zwei in Wiesbaden, je eine in Hannover, Hamburg und Würzburg.

Neben der Behandlung der Verbandsangelegenheiten wiesen die Tagesordnungen Vorträge auf über:

»Garantie-Versuche bei Heizungsanlagen« von Prof. Dr.-Ing. G r a m b e r g, Höchst.

»Das Arbeitskammergesetz in seiner Beziehung zur Zentralheizungs-Industrie« von Dr. H o f f vom Zentralverband deutscher Industrieller, Berlin.

»Angestellten-Tarifverträge unter Einfluß des Betriebsrätegesetzes« von Justizrat B r a n d t von der Vereinigung deutscher Arbeitgeber-Verbände, Berlin.

»Die wissenschaftliche Grundlage für die Wärmeberechnung bei Gebäuden« von Dr.-Ing. H e n c k y vom Forschungsheim für Wärmewirtschaft, München.

»Der Einfluß der gegenwärtigen Heizungsverhältnisse auf die Gesundheit« von Prof. Dr. K i ß k a l t, Kiel.

»Brennstoffnot und Zentralheizungen« von Dipl.-Ing. z u r N e d d e n, Berlin.

Weiter sind durch den Verband während des Krieges zwei Versammlungen der gesamten deutschen Heizungsindustrie veranlaßt worden. Im Jahre 1916 eine Versammlung in Frankfurt a. M., die den Kupferausbau zum Gegenstand hatte, und im Jahre 1918 eine solche in Wiesbaden, die in erster Linie Brennstofffragen behandelte. Die Referate hatten übernommen die Herren:

Direktor G. D i e t e r i c h über »Allgemeine kriegswirtschaftliche Gesichtspunkte bei Einrichtung, Bau und Betrieb von Zentralheizungen«,

Wirkl. Geh. Oberbaurat Ministerialdirektor Dr.-Ing. U b e r und Dr.-Ing. E. S c h i e l e über »Bau- und heiztechnische Maßnahmen zur Verminderung des Brennstoffverbrauchs bei Zentralheizungsanlagen«,

Dipl.-Ing. H. R e c k n a g e l über »Bau- und heiztechnische Maßnahmen zur Verminderung des Brennstoffverbrauchs bei Warmwasserbereitungsanlagen«.

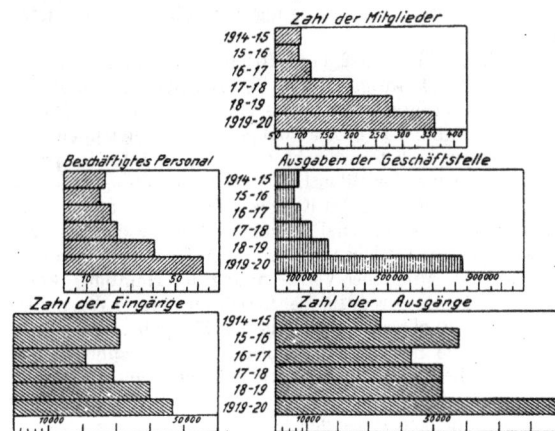

Abb. 6 bis 10. Verband der Centralheizungs-Industrie e. V.

Ein hier aufgehängtes Schaubild gibt über die Mitgliederbewegung bis 1920 Auskunft. Der Verband zählt heute in 20 Orts- oder Landesgruppen, nach dem Stand vom 30. Juni 1921, 416 Fachmitglieder, 37 Verbandsmitglieder und vertritt über 500 Firmen einschließlich Vertretungen und Niederlassungen (s. Abb. 6).

Vier weitere Schaubilder lassen den Personalbestand der Geschäftsstelle, deren Kosten einschließlich der wärmetechnischen Abteilung sowie die Zahl der Ein- und Ausgänge erkennen. (Abb. 7 bis 10.)

Der Verband besitzt eine Rechtsschutzstelle, eine sozialwirtschaftliche Abteilung in seiner Eigenschaft als Arbeitgeber-Verband und eine wärmetechnische Abteilung.

Er ist an die einschlägigen Spitzen-Verbände angeschlossen, so an den Reichsverband der deutschen Industrie, Vereinigung der Arbeitgeber-Verbände, Verein deutscher Maschinenbau-Anstalten.

Seine Publikationsorgane sind der »Gesundheitsingenieur«, die »Mitteilungen der Geschäftsstelle« und die »Mitteilungen der Wärmetechnischen Abteilung«.

Aus der Tätigkeit des Verbandes während des Krieges ist besonders hervorzuheben:

Die Bearbeitung einer Gebührenordnung mit der Vereinigung der Architekten- und Ingenieur-Vereine,

seine Tätigkeit als Mitglied der vom Verein deutscher Maschinenbauanstalten gegründeten Metall-Beratungsstelle,

seine Mitwirkung im sogenannten »Heizbetrieb« der Kriegs-Rohstoff-Abteilung des Kriegsministeriums, der seinem Direktor, Ingenieur Georg D i e t e r i c h, in dessen Eigenschaft als Referent im Kriegs-Ministerium unterstellt war.

Feste Ausschüsse und die Geschäftsstelle bearbeiteten zahlreiche Fragen der verschiedensten Art:

Bezahlung von Projekten — Bezahlung von Projektunterlagen — Sicherheitseinrichtungen für Warmwasserheizungen. — Normen für die Berechnung von Zentralheizanlagen, die, nach bewährten Grundsätzen aufgestellt, ausreichende Heizwirkung und Wirtschaftlichkeit sicherstellen. — Einwirkung auf Preisgestaltung, einerseits zur Erzielung von Preisen, die solide Ausführung gewährleisten, andererseits zur Verhinderung unbilliger Preisforderungen. — Dauer von Gewährleistungsfristen. — Allgemeine Lieferbedingungen. — Lieferungsbedingungen für Lohnarbeiten. — Brennstoffe und deren Zuteilung. — Gutachten an Behörden. — Bekämpfung unlauterer Reklame. — Normalisierung der Rohrleitungen.

Der Verband wurde herangezogen zur Ernennung von Sachverständigen. Er verfolgte unlautere Wettbewerbserscheinungen, erhob Einspruch gegen Patenterteilungen, behandelte die Fragen der Nachbewilligung auf Arbeiten, die vor Kriegsbeginn abgeschlossen waren, und wurde von dem preußischen Ministerium der öffentlichen Arbeiten hierzu als Stelle anerkannt für die Benennung diesbezüglich prüfungsbedürftiger Verträge. Er befaßte sich mit der Beschaffung von Heizkörpern und Kesseln für kriegswirtschaftliche Aufträge, nahm Stellung in Sachen der Stillegung von Firmen und anderes mehr.

Seit dem Jahre 1912 beschäftigte den Verband der Gedanke, die Beaufsichtigung von Zentralheizungen, und zwar auf Antrag des Nutznießers in die Hand zu nehmen. Die Anregung hierzu ging von dem damaligen Wirkl. Geheimen Oberbaurat, jetzigen Ministerialdirektor Dr.-Ing. U b e r im preußischen Ministerium für öffentliche Arbeiten, aus. Leider war es erst nach Beendigung des Krieges möglich, vor allem infolge des Mangels an geeigneten Persönlichkeiten für die Besetzung der recht verantwortlichen Stellen, den Gedanken weiter zu verfolgen. Die Mitglieder-Versammlung in Hamburg konnte aber am 6. Dezember 1919 die Errichtung einer Wärmetechnischen Abteilung beschließen mit der Maßgabe, daß die seit 1909 bestehende Beratungsstelle in der Wärmetechnischen Abteilung aufgehen solle. Diese hatte während einer Reihe von Jahren in der Hand des verstorbenen, in dieser Versammlung in bestem Andenken stehenden Dipl.-Ing. R e c k n a g e l gelegen. Mit der Leitung wurde Dipl.-Ing. A. P e t e r s e n betraut, und die Abteilung nahm ihre Tätigkeit am 1. April 1920 auf. In ihr Arbeitsgebiet fällt:

Dauernde Überwachung, Beaufsichtigung und Prüfung des Betriebes von Zentralheizungs-, Lüftungs- und Warmwasserbereitungs-Anlagen. — Untersuchung der Anlagen auf ihren Gebrauchszustand. — Vorschläge für die richtige Betriebseinschränkung. — Unparteiische Beratung für den Einbau von Spareinrichtungen. — Beratung über Brennstoffe und ihre Verteilung in Mietshäusern. — Unterweisung in der Bedienung. — Untersuchung im Betriebe auf richtige Ausnutzung des Brennstoffs. — Berichterstattung über den Befund der Untersuchung und Vorschläge zur Beseitigung der Mängel. — Begutachtung der Brennstoffmenge als neutrale Stelle in engster Anlehnung an die Reichs- und Landeskohlenstellen.

Die Verbände, über die ich Ihnen hiermit berichtet habe, entstanden aus inneren Notwendigkeiten heraus zur Wahrung und Förderung fachlicher und zum Schutze wirtschaftlicher Interessen. Folgt aus diesem Entstehungsvorgang allein schon ihre Daseinsberechtigung, so haben sie diese bewiesen durch ihre Entwicklung. Kein Gesetzgeber hat ihnen Pate gestanden, und die sind nicht Objekt des Kompromisses gewesen, wie so viele Schöpfungen dieser Zeit, durch die man den Ausgleich suchte mit Darangabe von Werten und unter Einengung oder

Ausschaltung des natürlichsten und besten Befruchtungsmittels, sowohl für Fortschritt, wie für Gütererzeugung — des gesunden Wettbewerbes.

Zuviel ist im sozialen Deutschland parlamentarisch körperschaftlich organisiert und eingeschränkt, was früher, nur beschirmt von den Fittichen des Staates, der freien Initiative gehörte, und gerade dieser dankte doch Deutschland seine Größe.

Die Verleugnung der Persönlichkeit und damit die Ausschaltung wertvollster menschlicher Eigenschaften gefährdet in Verbindung mit der niveausenkenden Gleichmacherei den deutschen Wiederaufstieg. Das kann niemand tiefer erkennen und schwerer empfinden als der in der Gütererzeugung und Güterverwertung Arbeitende, also der Techniker, im weitesten Sinne.

Aus diesem Recht an der Wirtschaft sollte er aber viel allgemeiner die Pflicht herleiten, sie im öffentlichen Leben und in den Parlamenten zu vertreten. Dazu bedarf er eines geweiteten über das Fach erhobenen Blickes, den ihm schon die Hochschule schärfen müßte und das um so mehr, als Technik und Wirtschaft eines sind.

Aber auch folgen sollte man seiner berufenen Stimme, wenn sie mahnt, die Schranken wieder einzureißen, die man der Fähigkeit, dem Erwerbssinn und der Arbeitsfreude errichtet hat, das Wirtschaftsleben vom Parlamentarismus zu befreien und aus den Klauen der Politik zu erlösen, die es zum Spielball von Kompromissen macht.

In hohem Maße trifft das alles auf den Wärmetechniker zu, in dessen Hand die Mitverwaltung der Kohle, des wertvollsten Gutes unseres Nationalvermögens ruht. In der Wärmewirtschaft kann wirklich greifbare, sofort erfolgreiche und deshalb so unerläßliche Arbeit geleistet werden. Ihr hohes Ziel ist Minderung der Produktionskosten und damit Hebung des Volkswohlstandes. Geistesarbeit gilt es! Sie kann und wird geleistet werden, denn sie ist frei und nicht versklavbar, wie einst im Frohndienst der rein körperliche Arbeit niederer Völker.

So können und sollen Wissenschaft und Technik, deutsche Gründlichkeit und deutscher Fleiß, verbunden durch deutsche Schaffensfreude, die starken Pfeiler des Wiederaufbaues sein, auf die gestützt auch unser Fach die Zeiten der Verelendung überwinden und mithelfen wird an der Wiedererstehung Deutschlands im Sinne des Trutzliedes:

> Du wächst dich eisern in der Not,
> Zur Kraft wird dir die Wunde!
> Und deine Sterne sind nicht tot,
> Sie harren deiner Stunde!

(Stürmischer Beifall der Versammlung.)

V o r s i t z e n d e r : Haben Sie herzlichen Dank, Herr Kollege Dr. S c h i e l e , für ihre Ausführungen, die uns so klar die Lage darstellten. Geschäftliche Mitteilungen sind nicht zu machen. Ich schließe die heutige Sitzung.

II. Tag.

(Verhandlungsbeginn 9 Uhr 30 Min.)

V o r s i t z e n d e r Ministerialrat H. H u b e r (München): Hochgebietender Herr Staatsminister, Exzellenzen, hochverehrte Vertreter der Reichs- und Landesbehörden, hochverehrte Teilnehmerinnen und Teilnehmer des X. Kongresses für Heizung und Lüftung! Wir haben gestern Feste gefeiert, aber wir haben auch hochwichtige Punkte in unsere Erörterungen eingefügt. Heute treten wir in die ernste Arbeit ein. Sie kennen die Tagesordnung der heutigen Sitzung; es sind 3 Vorträge vorgesehen. Der 1. Vortrag: Die Bedeutung der Heizung in gesundheitlicher Beziehung von Herrn Geheimen Regierungsrats Dr. A. W e b e r , Präsident des sächsischen Landesgesundheitsamtes Dresden; der 2. Vortrag: die Wirtschaftlichkeit der Zentralheizung von Herrn Ministerialdirektor Wirkl. Geheimer Oberbaurat Dr. ing. h. c. R. U b e r , Berlin; der 3. Vortrag: der Kachelofen in der Wärmewirtschaft des Hausbrandes von Herrn Stadtrat A. E c k e r , Vorsitzender der Zentrale für das Ofensetzergewerbe Deutschlands. München; als 4. Punkt steht auf der Tagesordnung die Besprechung dieser Vorträge.

Darf ich zum 4. Punkte der Tagesordnung darauf aufmerksam machen, daß die Besprechung der drei Vorträge zusammengefaßt ist. Wir werden also die Herren Vortragenden bitten, daß sie nacheinander ihre Themata behandeln ohne Unterbrechung mit Ausnahme kleiner Ruhepausen, und wir werden dann in die Besprechung der 3 Vorträge eintreten. Es wird das zur Verkürzung und Vermeidung von Wiederholungen beitragen. Für die Besprechung würde ich bitten, daß die Herren, die in die Besprechung eintreten wollen, ihren Namen auf Zettel schreiben und der Reihenfolge nach abgeben, weil es sonst nicht möglich ist, Ordnung zu halten und die Herren richtig aufzurufen.

Ich darf nun den ersten Vortragenden, Herrn Geheimen Regierungsrat Dr. W e b e r bitten, das Wort zu nehmen.

Geh. Regierungsrat Dr. W e b e r, Präsident des Sächsischen Landesgesundheitsamtes, Dresden:

Die Bedeutung der Heizung in gesundheitlicher Beziehung.

Wenn wir auch über die feineren Zusammenhänge zwischen dem Wetter und dem Befinden des Menschen noch sehr mangelhaft unterrichtet sind, so ergeben sich doch für unsere gemäßigte Zone mit aller Deutlichkeit zwei Einwirkungen der Witterung auf die menschliche Gesundheit: einmal eine regelmäßige Erhöhung der Sterblichkeit im Winter, ein Wintergipfel, der fast stets mit der höchsten Sterblichkeit des ganzen Jahres zusammenfällt, und dann ein zweiter Anstieg der Sterb-

krankheiten der oberen Luftwege und die Summe der Infektionskrankheiten.

Bei Frostschäden, Muskelrheumatismus, Schleimhautkatarrhen, Neuralgien kommt die Erkältung als direktes ätiologisches Moment, bei den Infektionskrankheiten als disponierende und auslösende Ursache in Betracht, daher die zeitliche Verschiebung in Abb. 3 und 4.

Die Erkältungsschädigung ist nicht eine Wirkung der Temperatur allein, Feuchtigkeit und Wind, vielleicht auch noch andere bisher unbekannte Faktoren sind vielmehr als gleichwertige Größen mit zu berücksichtigen.

Ich habe Ihnen diese Verhältnisse dargelegt, da sie von jeher den Techniker ebenso wie den Hygieniker reizen mußten und gereizt haben, den Versuch zu machen, durch geeignete Maßnahmen auf dem Gebiete der Wohnung, insbesondere der Heizung und Lüftung, sowie der Kleidung und Ernährung diese Gesetzmäßigkeit zu beeinflussen und die Gipfel in der Mortalitäts- und Morbiditätskurve herabzudrücken oder ganz zum Verschwinden zu bringen.

In den Kriegsjahren, und zwar zum erstenmal im Winter 1916/17, zeigte sich nun leider eine Beeinflussung im entgegengesetzten Sinne, nämlich eine über den Durchschnitt der Friedensjahre hinausgehende bedeutende Erhöhung des Winter-

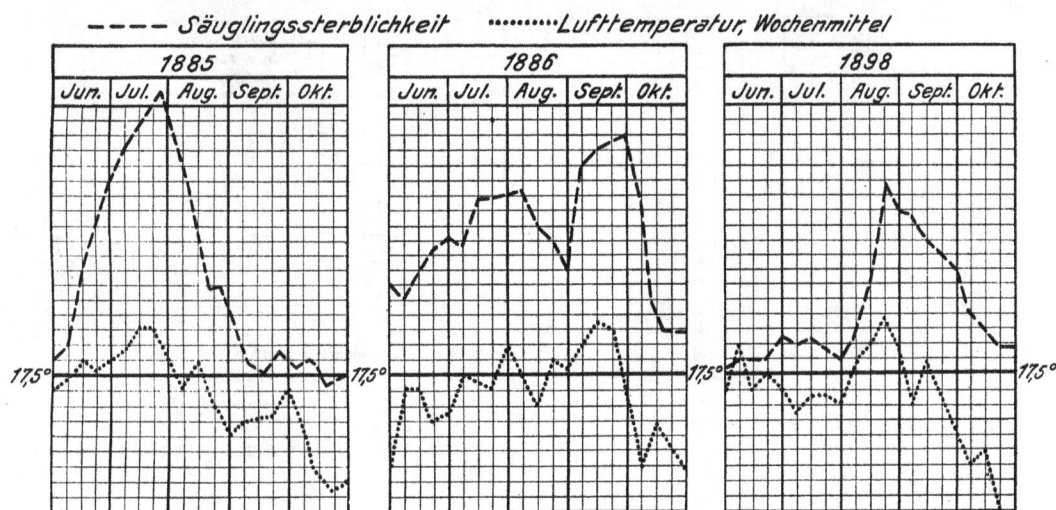

---- Säuglingssterblichkeit ....Lufttemperatur, Wochenmittel

Nach Flügge, Grundriß d. Hyg., 9. Aufl., S. 443.
Abb. 1. Lufttemperatur und Säuglingssterblichkeit in Berlin.

lichkeit im Sommer, ein Sommergipfel, deutlich ausgesprochen, wenn das Wochenmittel der Temperatur sich über 17,5° C erhebt (Abb. 1), ganz fehlend in kühlen Sommern.

Die Sommerhitze wird, wie Sie wissen, dem Säugling verhängnisvoll, Winter und Frühjahr sind die Feinde der alten Leute und solcher auch jüngerer Personen, deren Gesundheitszustand durch chronische Leiden, z. B. Tuberkulose, erschüttert ist.

Für den Sommeranstieg sind ausschlaggebend die Magen-Darmerkrankungen, für den Winteranstieg die Erkrankungen der Atmungsorgane, vor allem Lungentuberkulose und Lungenentzündung.

Deutlicher noch als in den Sterblichkeitszahlen, in der Mortalitätsstatistik kommt der Winteranstieg — denn nur mit diesem haben wir uns im folgenden weiter zu beschäftigen — in den Erkrankungszahlen, in der Morbiditätsstatistik zum Ausdruck, wie sie z. B. S c h a d e auf Grund der Heeressanitätsstatistik — dem einzigen in dieser Beziehung brauchbaren Material, das uns bisher zur Verfügung steht — für die Jahre 1900 bis 1912 aufgestellt hat. So zeigt Abb. 2 deutlich den regelmäßigen Winteranstieg der Erkrankungen der ersten Atmungswege, des akuten Muskelrheumatismus und der Frostschäden in den einzelnen Jahren, Abb. 3 den Gang der Erkrankungen an Erkältungskatarrhen der oberen Luftwege, sowie die Erkrankungen an Scharlach, Masern, Mumps, epidemischer Genickstarre im Durchschnitt der 12 Jahre 1900 bis 1912, Abb. 4 nach derselben Berechnung die Erkältungs-

anstiegs der Sterblichkeitskurve, wie Abb. 5, betreffend die Sterblichkeit in der Stadt Berlin, zeigt. Dieses Mehr an Todesfällen entfällt auf die bereits erwähnten Erkältungskrankheiten (Erkrankungen der Atmungsorgane, insbesondere Tuberkulose und Lungenentzündung sowie die Alters- oder Aufbrauchkrankheiten (Erkrankungen des Herzens und der Gefäße), es ist verursacht durch Mangel an Nahrungsmitteln, Mangel an Kohlen, Mangel an Kleidung.

Welcher Anteil an der Übersterblichkeit von rd. 1 Mill. Zivilpersonen während der Kriegszeit und Nachkriegszeit jedem dieser 3 Faktoren im einzelnen zuzuschreiben ist, ist schwer zu entscheiden. Da sie aber alle drei der Wärmeregulierung des menschlichen Körpers dienen, indem sie Wärme erzeugen, wie die dem Körper zugeführten Nahrungsstoffe, oder die Wärmeabgabe von seiten des Körpers in den richtigen Grenzen halten, wie Heizung und Kleidung, so ist der gleichzeitige Mangel an allen dreien ganz besonders verhängnisvoll. Auch ist zur Erhaltung der Gesundheit und höchsten Leistungsfähigkeit des Menschen nach R u b n e r ein bestimmtes Verhältnis der Wärmeproduktion und der Wärmeabgabe erforderlich.

Außer Heizung, Nahrungsaufnahme und Kleidung besitzen wir in der körperlichen Bewegung noch ein weiteres Wärmeregulierungsmittel, vorzüglich geeignet, durch gleichmäßige Verteilung des Blutes im Körper den schädlichen Einfluß von Kälte und Nässe wieder aufzuheben. Dies hat uns die Erfahrung des Krieges erneut gelehrt, in dem, solange es sich nicht um exzessive Verhältnisse handelte, Gelenkrheumatismen, Lungenentzündungen und andere Erkältungskrankheiten selten waren. Von diesem Regulierungsmittel können wir aber in unsern Wohnräumen, in Bureaus, Versammlungsräumen, geschlossenen Anstalten usw. keinen Gebrauch machen, eine Benachteiligung freiwilliger und unfreiwilliger Stubenhocker gegenüber den im Freien sich Bewegenden.

Ein besonders hohes Wärmebedürfnis und wegen Einbuße der Elastizität mehr oder weniger mangelnde Fähigkeit, sich veränderten Verhältnissen anzupassen, kommt dem Alter zu,

vorhanden war. Und in der Tat haben die Säuglinge bis vor kurzem als die einzige Altersklasse gegolten, die von den nachteiligen Einflüssen der Kriegsverhältnisse so gut wie unberührt geblieben sind. Nun hat in letzter Zeit S i l b e r g l e i t durch ein besonders sorgfältiges Verfahren, durch Berechnung von Sterblichkeitstafeln für die Stadt Berlin nachgewiesen, daß die Sterblichkeit der Säuglinge, ausgedrückt in Promilleziffern der Lebendgeborenen der Sterblichkeitstafel im Jahre 1918 eine hohe und 1919 eine noch höhere war, und zwar nicht, wie

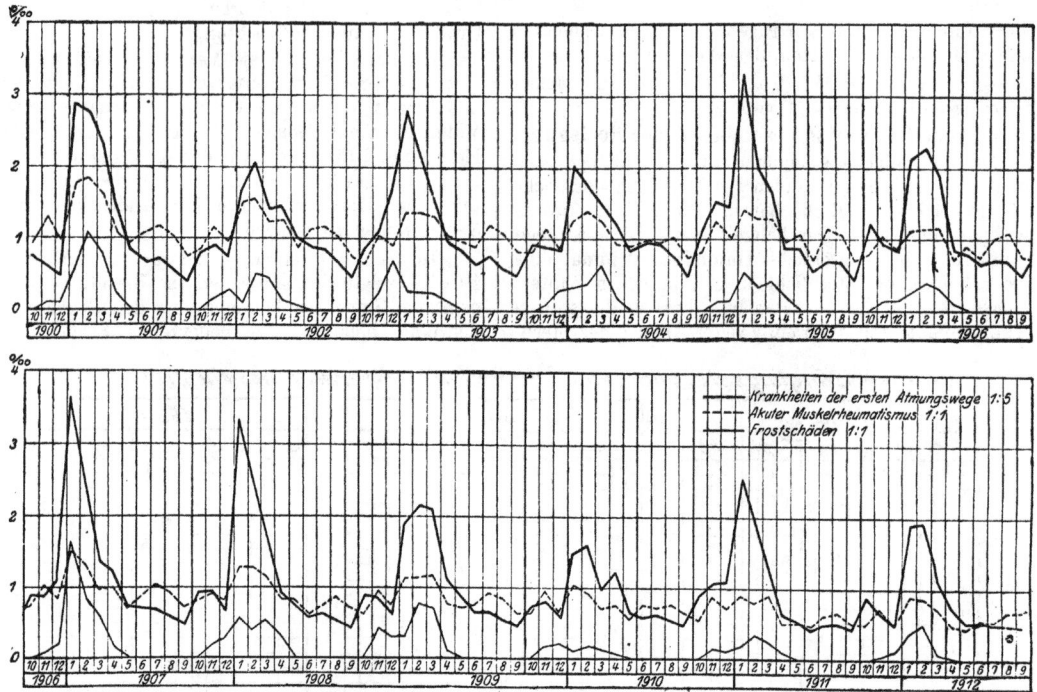

Nach Schade, aus Münch. med. Wochenschr., 66. Jahrg., Nr. 36, u. Zeitschr. f. d. gesamte experimentelle Medizin. Bd. 7, 1919.
Abb. 2. Schwankungen der Erkältungskrankheiten in den verschiedenen Jahreszeiten.

und unter diesem haben der verhängnisvolle Winter 1916/17 und seine Nachfolger erbarmungslos aufgeräumt. Aber noch ein anderes Lebensalter bedarf bei kalter Witterung ganz besonders der Wärme, nämlich die Säuglinge. Bei ihnen läßt

es die Regel ist, und wie es auch in den Jahren 1914 und 1917 der Fall war, bedingt durch einen Sommergipfel, sondern in beiden Jahren durch einen bei Säuglingen ungewöhnlichen Wintergipfel. Der Wintergipfel des 1. Vierteljahres 1920 geht

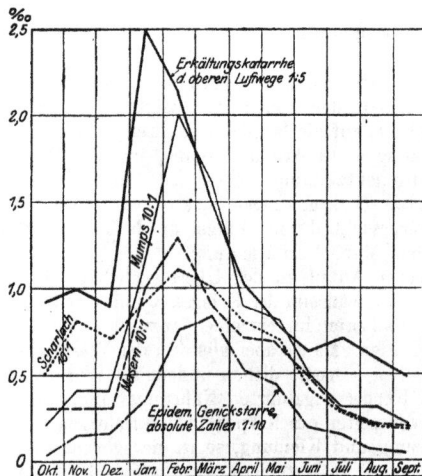

Nach Schade, aus Münch. med. Wochenschr., 66. Jahrg., Nr. 36, u. Zeitschr. f. d. gesamte experimentelle Medizin, Bd. 7, 1919.
Abb. 3. Schwankungen der Erkältungs- und ansteckenden Krankheiten im Durchschnitt der Jahre 1900 bis 1912.

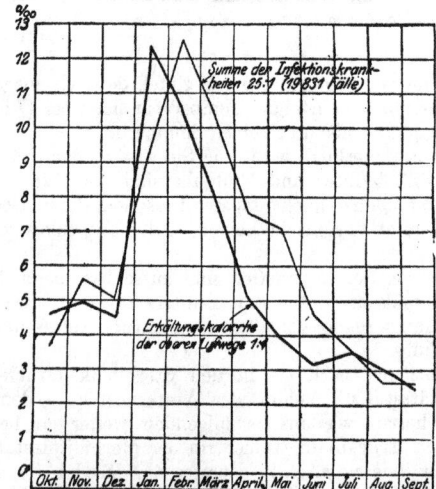

Nach Schade, aus Münch. med. Wochenschr., 66. Jahrg., Nr. 36, u. Zeitschr. f. d. gesamte experimentelle Medizin, Bd. 7, 1919.
Abb. 4. Schwankungen der Erkältungs- und ansteckenden Krankheiten. (Auf die Summe aller Infektionskrankheiten berechnet.)

sich auch der Einfluß der ungenügenden Ernährung so gut wie ausschließen, denn sie sind während des Krieges zu einem höheren Prozentsatz gestillt worden als vorher, auch zu ihrer genügenden Bekleidung dürften sich immer noch die nötigen Mittel gefunden haben, wenn auch vielfach Mangel an Säuglingswäsche

sogar noch über die Sommergipfel der Jahre 1914 und 1917 hinaus, so daß das 1. Vierteljahr 1920 unter allen 30 auf diese Weise berechneten Quartalen von 1913 bis 1. Juli 1920 von der höchsten Säuglingssterblichkeit betroffen war. Diese hohe Sterblichkeit führt S i l b e r g l e i t auf die Schwierigkeiten der gerade für die Erhaltung der schwächlichsten Neugeborenen unentbehrlichen Temperierung der Wohnräume zurück, er meint, daß die Kohlennot Hekatomben von Kindern gefordert habe.

Und wenn man in Betracht zieht, daß der Brennstoffmangel nicht nur mangelhafte Heizung und unvollkommene oder vollkommen fehlende Lüftung des Zimmers, sondern auch Ausfall oder äußerste Beschränkung der Warmwasserbereitung und damit mangelhafte Pflege des Säuglings, mangelhafte Reinigung der Säuglingswäsche, Verschmutzung der Wohnung, ferner Zusammendrängung der ganzen, vielleicht vielköpfigen Familie in einem Raum und damit erhöhte Infektionsgefahr bedeutet, so hat die Annahme Silbergleits sehr viel für sich. Denn in eine solche Atmosphäre hineingeborene Säuglinge können unmöglich gedeihen, sie werden, falls sie nicht akuten Krankheiten, vor allem Erkältungskrankheiten der Atmungsorgane zum Opfer fallen, in der Mortalitätsstatistik in der Gruppe der an Lebensschwäche Gestorbenen erscheinen, wie es in der Silbergleitschen Statistik auch der Fall ist. Die unzureichende Heizung hat also in den letzten Wintern bei uns Verhältnisse geschaffen wie in Oberitalien, Polen, Kleinrußland, Nordchina u. a., wo nach Sticker die Säuglinge vor Kälte nicht genügend bewahrt werden können, und wo daher immer eine erhöhte Wintersterblichkeit der Säuglinge bestand.

Außer den Säuglingen und den alten Leuten sind aber auch Personen jeden Alters mit schon vorher geschwächter Gesundheit, vor allem Tuberkulöse, der Kohlennot in Verbindung mit den anderen oben erwähnten Schädlichkeiten in großer Anzahl zum Opfer gefallen.

Daß während der Hungerblockade die Bedeutung der Kohlennot gegenüber dem Nahrungsmittelmangel fast ganz in den Hintergrund gedrängt wurde, ist leicht begreiflich.

Die Ernährungsverhältnisse haben sich aber jetzt, abgesehen von den hohen Preisen, wesentlich gebessert, die Rationierung für Nahrungsmittel ist zum größten Teil, für Kleidung ganz aufgehoben. Die unzureichende Zuteilung von Kohlen auf dem Wege der Rationierung dauert jedoch an, und die Kohlennot in quantitativer und qualitativer Beziehung besteht unverändert fort und wird, dank dem Versailler Vertrag und dem Abkommen von Spa, noch lange auf uns lasten. Es dürfte daher an der Zeit sein, ihre nachteilige Wirkung auf die menschliche Gesundheit richtig einzuschätzen.

Dies kann am besten geschehen, indem die Forderungen der Heizungshygiene, wie sie vor allem von Pettenkofer, Rubner, Flügge und ihren Schülern im Einvernehmen mit führenden Männern aus Ihren Reihen, insbesondere Ihrem Altmeister Rietschel, aufgestellt worden sind, den Verhältnissen, wie sie sich infolge des Mangels an Brennstoffmaterial in den letzten Jahren wirklich gestaltet haben und wie sie zurzeit noch fortdauern, gegenübergestellt werden.

Die Hygiene fordert, daß die Temperatur im Wohnraum 17°C nicht unter- und 19°C nicht überschreitet, daß sie im ganzen Zimmer gleichmäßig verteilt ist und außerdem einigermaßen sich kontinuierlich vollzieht, so daß auch nachts eine vollständige Auskühlung der Wohnräume nicht stattfindet. Es kann ohne weiteres gesagt werden, daß diese Forderungen bei der derzeitigen Rationierung der Kohlen und Teuerung der Brennstoffe nicht erfüllt werden können. Über 13 bis 15°C kann an kalten Tagen die Temperatur häufig nicht gebracht werden. Bei Zentralheizung, bei der die Hauswände durchwärmt sind, lassen sich niedrigere Temperatur zur Not ertragen, nicht dagegen bei der gewöhnlichen Ofenheizung, bei der der Körper reichlich Wärme an die kalten Wände durch Strahlung abgibt. Und es kann z. B. zu gesundheitlichen Schädigungen führen, wenn jemand aus einer Wohnung mit

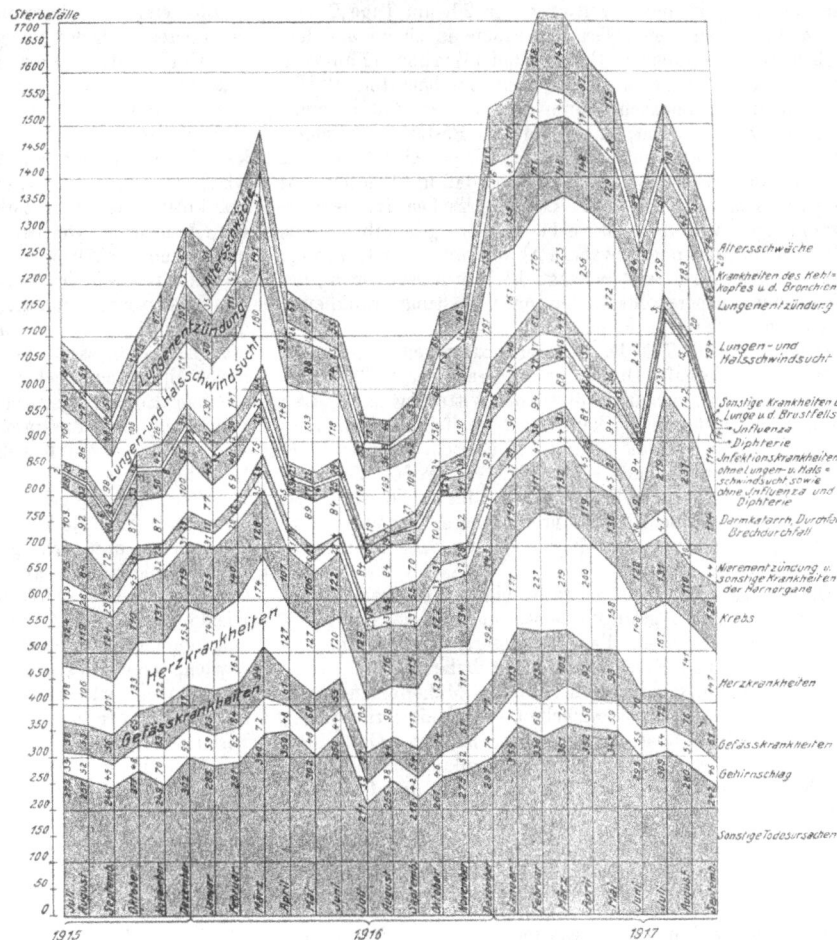

Abb. 5. Die Sterbefälle Berlins (weiblichen Geschlechts) nach Todesursachen und Kalendermonaten.
Berlin, im Oktober 1917. Statistisches Amt der Stadt Berlin (gez.) Silbergleit.

gut funktionierender Zentralheizung in eine Wohnung mit Ofenheizung verzieht, die er aus Mangel an Brennmaterialien nicht genügend heizen kann.

Die Temperatur soll ferner im ganzen Zimmer gleichmäßig verteilt sein. Dieser Forderung, die sich vollständig nur durch gleichzeitige künstliche Lüftung erfüllen läßt, war schon in Friedenszeiten nur selten Genüge getan. Die Heizungsnot hat aber geradezu unhaltbare Zustände gebracht. Um Brennstoff zu sparen, hütet man sich überhaupt vor jeder Lüftung und schaltet damit jede genügende Luftzirkulation aus, von der nach Flügge in erster Linie das Befinden und Behagen der im geschlossenen Raume befindlichen Menschen abhängt. Die warme Luft sammelt sich in den oberen Schichten an, der Fußboden und die Fußbodenluft bleiben kalt. Damit sündigt man gegen den alten Grundsatz: »Den Kopf halt kühl, die Füße warm, das macht den reichsten Doktor arm.« Die Hydrotherapie zeigt uns, daß wir auch bei empfindlichen Personen den übrigen Körper der Einwirkung von Kältereizen ohne Schaden aussetzen können, sobald die Füße im warmen Wasser stehen. Dies spricht für die Forderung der Fußbodenerwärmung, der von seiten der Technik etwas mehr Aufmerksamkeit zuzuwenden wäre. In neuester Zeit haben vor allem wieder U n n a und K u h n auf die Leidensgeschichte der Kaltfüßer hingewiesen.

Die Forderung, daß die Heizung sich kontinuierlich vollziehen und auch über Nacht keine vollständige Auskühlung der Wohnräume eintreten soll, damit es nicht im Anfang der Beheizung zu ungleichmäßiger Entwärmung des Körpers unter dem Einfluß der erkalteten Wandflächen kommt, mag für die jetzigen Verhältnisse etwas weitgehend erscheinen, was uns aber in bezug auf die Diskontinuierlichkeit der Heizung in den letzten Jahren zugemutet worden ist und noch zugemutet wird, übersteigt jedes Maß. Es sind mir große Krankenhäuser bekannt, in denen zeitweise nur 2 h am Tage Dampf gegeben wurde, ich kenne Geschäftsräume in einem aus dem 18. Jahrhundert stammenden Gebäude mit 5 ½ m hohen Zimmern, angeschlossen an ein Fernheizwerk; von 8 bis höchstens 12 Uhr mittags wird hier reichlich Dampf gegeben, so daß es meist zur Überhitzung kommt, zumal da das Bestreben herrscht, möglichst viel Hitze aufzuspeichern. Nach Abstellung des Dampfes sinkt die Temperatur rapide, so daß in kürzester Zeit Frost- und Kältegefühl eintritt. Derartig raschen Temperaturschwankungen von 10 und mehr Graden gegenüber, ohne die Möglichkeit, das oben erwähnte Abwehrmittel der Bewegung in Kraft treten zu lassen, versagt die Wärmeregulierung des menschlichen Körpers vollkommen, und Erkältungskrankheiten sind die unvermeidliche Folge.

Daß ein großer Teil der Erkältungskrankheiten auf mehr oder weniger fehlerhafte Durchführung gerade der Maßnahmen, mit denen wir uns gegen die Einflüsse der Witterung zu schützen suchen, zurückzuführen ist, kann nicht zweifelhaft sein. Zum Teil liegt es daran, daß die technischen Einrichtungen zu kompliziert sind. Die Technik würde sich ein großes Verdienst erwerben, wenn es ihr gelingen würde, durch ein einfaches, leicht und ohne große Kosten durchführbares Verfahren eine gleichmäßige Verteilung der Wärme in den Wohnräumen zu erzielen.

Die Heizung soll keine gasförmigen Verunreinigungen in die Wohnungsluft gelangen lassen und ihr so wenig wie möglich Staub zuführen, die Luft unserer Wohnräume soll einen bekömmlichen Feuchtigkeitsgehalt haben.

Die Hygiene hat es nicht an Fleiß und Mühe fehlen lassen, um Licht in diese etwas verwickelten Verhältnisse zu bringen und praktisch brauchbare Vorschläge zu machen. Die Untersuchungen erstreckten sich auf die Schwankungen des Sauerstoffgehaltes, auf die Wirkung des Ozons, auf den Gehalt an Kohlensäure, Kohlenoxydgas, Kohlenwasserstoffen, schwefliger und salpetriger Säure, Schwefelwasserstoff, Schwefelammonium, Merkaptanen, auf die durch Zersetzungsvorgänge auf der Haut und den Schleimhäuten des Menschen entstehenden übelriechenden Gase, auf alkaloidartige Substanzen, die einige Beobachter im Kondenswasser der menschlichen Ausatmungsluft nachgewiesen haben wollten, auf das Ermüdungsgift (Kenotoxin) W e i c h a r d t s. F l ü g g e, der sich mit seinen Schülern immer wieder mit dieser Frage beschäftigt hat, kommt zu dem Schluß, daß die vielfach in Räumen mit zahlreichen Menschen beobachteten Gesundheitsstörungen in erster Linie auf ungünstige Entwärmungsverhältnisse des Körpers, im wesentlichen auf Wärmestauung zurückzuführen sind. Die thermischen Einflüsse sind seiner Ansicht nach ungleich wichtiger für unser Empfinden als chemische Unterschiede in der Zusammensetzung der Luft. Dies gilt selbstverständlich nicht für hochgradig giftige Gase wie Kohlenoxyd. Vergiftungen mit diesem Gase infolge fehlerhafter Ofenheizung, insbesondere Wiedereinführung der alten Ofenklappen aus Sparsamkeitsrücksichten, sollen nach S e l t e r in neuester Zeit wieder eine größere Rolle spielen.

Was die Feuchtigkeit betrifft, so ist als obere Grenze für die Luft beheizter Räume eine solche von 30 bis höchstens 50 vH zu bezeichnen; schon eine 60 vH übersteigende Feuchtigkeit ruft, namentlich sobald etwas Überhitzung vorliegt, ein Gefühl von Bangigkeit und Beklemmung hervor.

Diesen Bestrebungen der Hygiene gegenüber muß leider darauf hingewiesen werden, daß die herrschende Wohnungsnot Zustände gezeitigt hat, die jeder Beschreibung spotten, und diese Zustände werden noch erheblich verschlechtert dadurch,

daß infolge der Kohlennot und der hohen Kohlenpreise auch diejenigen, die über eine ausreichende Anzahl von Zimmern verfügen, genötigt sind, sich im Winter in 1 oder 2 Zimmern zusammenzudrängen.

Geradezu erschütternd lauten die Schilderungen der Ärzte über die Zusammenpferchung der Menschen in ein und denselben Raum, der gleichzeitig als Wohn-, Schlaf-, Küchen- und Waschraum dient. Um Kohlen zu sparen, wird auf jede Lüftung verzichtet, es kommt zu Anhäufung von Wasserdampf in der Wohnung, zu Schimmelbildung an Wänden und Möbeln. Häufig sind die Klagen über den Verfall der Wohnungen und über schadhafte Heizanlagen, die vergebens der Wiederherstellung harren, da wegen der hohen Preise weder der Mieter noch der Vormieter die Kosten tragen will.

Um Kohlen zu sparen, werden die Speisen mangelhaft gekocht, ferner wird von der Warmwasserbereitung abgesehen, dazu kommt der Mangel an Seife, die Folge ist ungenügende Körperpflege, wodurch wiederum die Wärmeregulierfähigkeit der Haut und damit des ganzen Körpers beeinträchtigt wird, das Überhandnehmen der Unreinlichkeit, von Hautkrankheiten, der Ungezieferplage, die ständige erhöhte Gefahr des Ausbruchs von ansteckenden akuten Infektionskrankheiten und der Ausbreitung chronischer heimlich schleichender Krankheiten, wie der Tuberkulose.

Erschwerend kommt hinzu, daß auch eine große Anzahl der öffentlichen Bade- und Waschanstalten wegen Kohlenmangels geschlossen werden mußten, so daß die Reinigungsbäder allmählich auch in den bemittelteren Kreisen zu einem seltenen Ereignis geworden sind. Ferner gehört hierher die Schließung und Zusammenlegung von Schulen und die Zusammenlegung von Kranken in Krankenanstalten infolge des Kohlenmangels.

Auch der Mangel an Kleidung und Schuhwerk spielt eine verhängnisvolle Rolle. Durchnäßte Kleidung und feuchtes Schuhwerk kann nicht gewechselt werden. Feuchte Kleidung und Schuhe wirken aber befördernd auf die Wärmeabgabe, denn sie sind bessere Wärmeleiter als die trockenen lufthaltigen Kleidungsstücke und entziehen auch durch Verdunstung des aufgenommenen Wassers dem Körper Wärme. Es ist berechnet worden, daß die in einer völlig durchnäßten Kleidung enthaltene Wassermenge zu ihrer Verdunstung die gesamte Wärme verbraucht, die der menschliche Körper innerhalb 24 h zu produzieren vermag.

Daß unter den oben geschilderten Wohnungs- und Heizungs-Verhältnissen Behaglichkeitsgefühl und zufriedene Stimmung nicht Platz greifen können, daß häusliche **Arbeit**, vor allem geistige Arbeit nicht geleistet werden **kann, daß** die Sittlichkeit aufs bedenklichste gefährdet ist, — es sei nur an die erschreckende Zunahme der Geschlechtskrankheiten erinnert — liegt auf der Hand.

Bedauerlich ist auch das vielfach **zutage** tretende mangelhafte Verständnis für die richtige **Technik** des Heizens. Die zur Verfügung stehende geringe Menge teuern Brennstoffs wird infolgedessen nicht ausgenutzt, sondern vergeudet. Um diesem Mißstand zu steuern, ist die Errichtung von Heizberatungsstellen für die Bevölkerung, wie sie sich an verschiedenen Orten, z. B. in Dresden, bewährt haben, sowie die Verbreitung belehrender Schriften, wie eine solche in mustergültiger Form von der Brennstofftechnischen Abteilung der Bayerischen Landeskohlenstelle München herausgegeben worden ist, warm zu empfehlen. Hier ist ein Punkt, an dem unsere Hausfrauen eingreifen und segensreich wirken können.

P f ü t z n e r glaubte in seinem auf dem Kongreß für Heizung und Lüftung in Dresden am 12. Juni 1911 gehaltenen Vortrag über »Die moderne Heizungs- und Lüftungstechnik in ihren Beziehungen zur Hygiene« mit Recht sagen zu dürfen, daß unbeschadet der Wünsche nach weiteren Vervollkommnungen bezüglich der Heizung in der Hauptsache die denkbar beste Harmonie zwischen hygienischer Forderung und technischem Können bestehe.

Dieses harmonische Verhältnis zwischen Hygiene und Heizungstechnik ist gefährdet. Weder die Hygiene noch die Heizungstechnik an sich trägt daran die Schuld, sondern vielmehr der Umstand, daß nicht die nötige Menge von Brennstoffmaterialien zu angemessenem Preis zur Verfügung gestellt wird, um die vorhandenen Heizvorrichtungen sachgemäß in Betrieb setzen zu können, daß wegen der Teuerung schadhafte Heizanlagen nicht wieder instand gesetzt, neue Heizanlagen, auch wenn sie dringend notwendig sind, entweder überhaupt nicht, oder wenn man sich dazu entschließt, häufig in billiger und wenig wirksamer Ausführung angelegt werden. Auch der Mangel an guten Fabrikaten, Kesseln, Öfen, Heizkörpern spielt eine Rolle.

Wir haben seinerzeit bei der Hungerblockade den Fehler gemacht, daß wir uns auf den Standpunkt stellten, wir hätten in der Vorkriegszeit Luxusernährung getrieben, wir könnten unsern Nahrungsbedarf herabmindern und in eine Revision der Lehren der Ernährungsphysiologie eintreten. Das hat sich bitter gerächt. Wir haben nachträglich eingesehen, daß an diesen Lehren nicht gerüttelt werden darf, ohne die Volksgesundheit aufs schwerste zu schädigen.

Es ist höchste Zeit, daß wir auch in bezug auf die Heizungs- und Lüftungs-Hygiene zu derselben Erkenntnis kommen. Selbstverständlich ist es mehr denn je unsere Pflicht, danach zu trachten, durch möglichst gute Ausnutzung der Brennstoffe bei möglichster Sparsamkeit einen möglichst größen Heizeffekt zu erzielen, aber an den bewährten Lehren der Hygiene müssen wir festhalten, wir dürfen sie nicht in den Wind schlagen, wir dürfen von ihnen auch unter dem Druck der Not der Zeit nichts nachlassen und nichts abhandeln lassen, wenn wir nicht die Volksgesundheit noch mehr schädigen wollen, als dies bereits geschehen ist.

Daß die Heizungsnot mit ihren direkten und indirekten Folgen der menschlichen Gesundheit bereits schwere Schäden geschlagen hat, dafür ist der Beweis im vorstehenden erbracht. Und es ist zu bedauern, daß ihr nicht mit demselben Ernst und demselben Nachdruck begegnet worden ist wie der Nahrungsmittelnot.

Schwere Bedenken aber muß ein Blick auf das erwecken, was uns bevorsteht. Am 27. Juni ds. Js. hat der preußische Handelsminister im Hauptausschuß des Landtages erklärt, daß wir vor einer schweren Kohlenknappheit stehen, und in den Berichten über die Verhandlungen parlamentarischer Körperschaften lesen wir immer wieder von Erhöhung der Kohlensteuer.

Stellen wir demgegenüber den derzeitigen Gesundheitszustand unseres Volkes. Wohl ist die Sterblichkeitsziffer seit 1919 gesunken, aber ich glaube nicht fehlzugehen in der Annahme, daß es sich dabei nur um eine Reaktion auf die vorhergehende Übersterblichkeit handelt. Denn ein ganz anderes Bild ergeben die Erkrankungsziffern der neuesten Berichte der großen Krankenkassen, denen jetzt etwa 80 vH der gesamten Bevölkerung als Mitglieder angehören. So heißt es in dem Bericht der Allgemeinen Ortskrankenkasse der Stadt Berlin für das Jahr 1920: die Krankenziffer ist, ohne daß eine Epidemie zu verzeichnen war, bedeutend gestiegen, und bei den Frauen nur wenig geringer als 1918, in dem zweimal die Grippe sehr stark aufgetreten war. Die Tuberkulose nimmt an Ausdehnung und Hartnäckigkeit zu, die Gefährdung der Säuglinge ist gestiegen. Die wirtschaftlichen Folgen des Krieges werden künftig noch mehr in die Erscheinung treten; Wohnungs- und Nahrungsnot werden nicht schwinden, und die immer größer werdende Arbeitslosigkeit wird den Mangel an Kleidung und Kohlen noch weiter steigern.

Da ist es für den Gesundheitsbeamten und Hygieniker ein Gebot der Stunde, auf diesem Kongreß für Heizung und Lüftung warnend die Stimme zu erheben, und den verantwortlichen Stellen zuzurufen:

Ebenso dringend wie ausreichender Ernährung und ausreichender Kleidung bedarf das deutsche Volk für die 7 bis 8 Monate dauernde Heizperiode des Jahres der ausreichenden Heizung. Die Volksgesundheit verlangt, daß der Heizungsnot ebenso energisch zu Leibe gegangen wird, wie dies bei der Nahrungsmittelnot geschehen ist.

Engelmann, Gefahren und Verhütung der Erkältungskrankheiten, insbesondere bei Kleidungs-, Schuh- und Kohlenknappheit. München (Verl. d. Ärztl. Rundschau) 1918.

Flügge, Grundriß der Hygiene. 9. Aufl. Berlin und Leipzig. (Vereinigung wissenschaftlicher Verleger.) 1921.

Ginsberg, Wärmeerfordernis und Wärmeaufwand. Gesundh.-Ing. 1921, Nr. 7, S. 73.

Kißkalt, Der Einfluß der gegenwärtigen Heizungsverhältnisse auf die Gesundheit. Bericht über die öffentliche Hauptversammlung des Verbandes der Zentralheizungsindustrie E. V. vom 23. September 1920.

Krieger, Der Wert der Ventilation, Gutachten des Straßburger Gesundheitsrates. Straßburg (Ludolf Beuth) 1899.

Kuhn, Beitrag zur Frage der Vermeidung kalter Füße. Mediz. Klinik 1917. S. 207.

Lode, Das Klima. Handbuch der Hygiene von Rubner, v. Gruber, Ficker, Bd. I, 1911, S. 687.

Pfützner, Die moderne Heizungs- und Lüftungstechnik in ihren Beziehungen zur Hygiene. Gesundh.-Ing. 1911, Nr. 34.

Rubner, Die Wärme. Handbuch der Hygiene von Rubner, v. Gruber, Ficker, Bd. I, 1911, S. 565.

Rubner, Die Lehre vom Kraft- und Stoffwechsel und von der Ernährung. Ebenda. S. 41.

Rubner, Die Kleidung. Ebenda. S. 583.

Ruhemann, Ist Erkältung eine Krankheitsursache und inwiefern? Leipzig (Georg Thieme) 1898.

Schade, Beiträge zur Umgrenzung einer Lehre von der Erkältung. Zeitschr. f. d. gesamte experimentelle Medizin. Bd. 7, 1919, S. 275.

Schade, Untersuchungen in der Erkältungsfrage. Münch. mediz. Wochenschr. 1919, S. 1021 und 1920, S. 449.

Selter, Die Gefahr der Kohlenoxydvergiftungen durch Heizvorrichtungen. Gesundh.-Ing. 1921, S. 334.

Silbergleit, Die Säuglingssterblichkeit in Berlin im Kriege und später. Groß-Berlin, Statistische Monatsberichte, 5. Jahrg., Heft XII. Berlin (Puttkammer und Mühlbrecht) 1920.

Sticker, Erkältungskrankheiten und Kälteschäden, ihre Verhütung und Heilung. Berlin (Julius Springer) 1916.

Unna, Ursachen und Verhütung der kalten Füße. Hyg. Rundschau, 1. Juni 1915. S. 393.

Allgemeine Ortskrankenkasse der Stadt Berlin. Bericht für das Geschäftsjahr 1920.

Vorsitzender: Ich danke Herrn Präsidenten Dr. Weber für seine Ausführungen. Sie haben durch Ihren Beifall auch Ihren Dank zum Ausdruck gebracht. Wir haben soeben aufs neue die Beziehungen kennen gelernt, die zwischen dem höchsten Gut, das wir besitzen, zwischen der Gesundheit einerseits und der Wärme andererseits, bestehen, und da wir hier gerade in einem Landstrich wohnen, wo die Wärme nichts Selbstverständliches, nichts von der Natur Gegebenes ist, sind wir vorzugsweise auf künstliche Erwärmung angewiesen. Der Krieg hat uns neue Wege gewiesen, er hat unsere Kenntnisse in mancher Hinsicht vertieft, und wir sehen die enge Beziehung zwischen Wissenschaft, Technik und Verwaltung; diese Faktoren müssen zusammenhelfen, um die Schwierigkeiten, die bestehen, zu überwinden. Das ist der Vorteil, den Kongresse freier Körperschaften bieten, daß sie unabhängig von Eigengewinn diese Fragen wissenschaftlich durch ernste Untersuchungen zu klären suchen und die Ergebnisse der Allgemeinheit nahebringen.

Ich darf wohl den Vorschlag machen, jetzt eine kleine Pause von 5 Minuten eintreten zu lassen, damit wir in Meinungsaustausch treten können, insbesondere die Herren, die bei Punkt 4 zu diesem Vortrag sprechen wollen. Ich werde mir dann erlauben, das Zeichen zu dem 2. Vortrag zu geben.

Vorsitzender: Ich gebe Herrn Ministerialdirektor Dr. Uber das Wort zu dem 2. Vortrag über die Wirtschaftlichkeit der Zentralheizung.

Ministerialdirektor Dr. Uber:

Die Wirtschaftlichkeit der Zentralheizungen.

Seit unserem letzten Heizkongresse sind 8 Jahre ins Land gegangen, und was für Jahre! Der wahrhaft glänzende Verlauf unseres Kongresses in Köln im Sommer 1913 ließ uns damals nicht ahnen, welchen Schrecknissen des Krieges, welchen Störungen des wirtschaftlichen Lebens wir entgegengingen. Auch die Heizungsindustrien sind durch jene Störungen empfindlich getroffen worden, teils durch den Mangel an Metallen, die Notwendigkeit der Verwendung von Ersatzmetallen, teils durch die außerordentliche Steigerung der Arbeitslöhne.

Die Industrie für Einzelheizungen lag und liegt noch schwer darnieder. Die große Mehrzahl der Kachelofenfabriken mußte während der Kriegsjahre ihre Betriebe einstellen und wird sie nur allmählich wieder aufnehmen können oder aufgenommen haben. Die Schwierigkeiten, die unleugbar auch der Zentralheizungsindustrie erwachsen sind, unter anderem auch durch die Rationierung der Brennstoffe, haben vielfach der Bevölkerung die Erwägung nahegelegt, ob es nicht zweckmäßiger wäre, zu der früher allgemein üblichen Einzelheizung durch Kachelöfen oder eiserne Öfen zurückzukehren.

Vergegenwärtigen wir uns jene sog. gute alte Zeit! Sie war in vieler Beziehung gewiß gut und besser als die Jetztzeit.

Ich erinnere mich aus meinem elterlichen Hause an 5 Kachelöfen: In jedem Frühjahr oder Sommer war eins unserer 5 Zimmer eine Woche lang unbenutzbar, denn in jedem Jahre mußte einer der Öfen umgesetzt werden. Der Zugang zu dem Opferzimmer wurde naturgemäß auch verunreinigt durch den Transport des Schuttes und der neuen Baustoffe. Der Staub drang durch die Türen auch in die benachbarten Räume. Großreinemachen erfreute nicht nur die Hausfrau sondern auch, und zwar ganz besonders, den Hausherrn.

Die Öfen wurden in der Heizperiode spät abends für die Kampagne des nächsten Tages gereinigt, indem die Asche vermittelst eiserner Schaufeln vom Rost gekratzt und aus dem Aschenfall in bereit gehaltene Eimer gelöffelt wurde. Die dabei verursachte, trotz aller Vorsicht unvermeidliche Staubentwicklung war ebenso unhygienisch, wie die kratzenden Geräusche unmelodisch.

Dann wurden die Öfen noch abends neu beschickt, und da wir am nächsten Morgen gern warme Zimmer haben wollten, stieg mein Vater frühzeitig aus dem warmen Bett, wanderte im Schlafrock durch die Zimmer und entzündete die Brennstoffe, denn das Dienstpersonal war schon damals, d. i. vor etwa 50 Jahren, nicht zu bewegen, so zeitig aufzustehen; das stand erst zur zweiten Beschickung der Öfen zur Verfügung. Die schwarzen Kohlenkasten in den Wohn- und Schlafzimmern waren, selbst wenn sie teilweise Nickelbeschlag hatten, keine Zierde. Jedenfalls wurde bei jeder neuen Beschickung Kohlenstaub erzeugt, der gleich dem Aschenstaube von allen Möbelstücken und Stoffen ablagerte und von den Bewohnern natürlich auch eingeatmet wurde, ganz zu schweigen von dem sog. Rauchen der Öfen. Bei kalt liegenden Rauchrohren und Rauchrohren, denen nicht dauernd die heißen Verbrennungsgase aus Einzelöfen zugeführt werden, ist bekanntlich die kalte, im Rauchrohr befindliche Luftsäule zu schwer, um durch eine anschließende Ofenfeuerung schnell in Bewegung gesetzt zu werden. Bis sie genügend erwärmt ist, sucht sich der Rauch den Weg geringeren Widerstandes durch das Zimmer. Ein wenig erfreulicher Zustand!

Zweifellos wird auch durch die vielen Einzelfeuerungen und die erforderlichen Rauchrohre die Feuersgefahr durch undichte Ofenfundamente oder Schornsteinwangen erhöht, und bei vorzeitigem Schließen von Ofentüren sind Vergiftungserscheinungen bei den Bewohnern nicht ausgeschlossen.

Aus der bereits erwähnten Verstaubung der Räume infolge von Ofenheizung ergibt sich ferner die Notwendigkeit, die Räume häufiger instand zu setzen.

Die Heizverhältnisse, die ich später in Oberschlesien vorfand, waren sachlich nicht besser aber insofern erträglich, als es bei der Niedrigkeit der damaligen Löhne möglich war, ein zweites Dienstmädchen zu halten.

Geradezu schreckenerregend waren dann die Heizverhältnisse, denen ich in den Jahren 1889 bis 92 mit den eisernen Öfen am Rhein ausgesetzt war. Sog. Amerikaner für Anthrazit zu beschaffen und zu beheizen, war einem Beamten mit nur bescheidenen Einkünften nicht möglich. Man war auf die

marktgängigen gußeisernen Öfen für Koksbrand mit den fast unvermeidlichen glühenden Eisenteilen und der damit zusammenhängenden Staubversengung angewiesen. Bei unausgesetzter Aufmerksamkeit gelang es ja, mehr oder minder langen Dauerbrand zu erzielen, aber die Staubentwickelung beim Abschlacken und Neufüllen der Öfen war doch unvermeidlich. Manche der uns befreundeten Familien hatten im oder auf dem eisernen Ofen eine Schale mit Wasser stehen, um der angeblichen Trockenheit der Luft vorzubeugen, in Verkennung des Umstandes, daß der auf die Schleimhäute der Atmungsorgane ausgeübte Reiz nicht von Trockenheit der Luft, sondern von dem in der Zimmerluft verteilten Staube herrührte. Bei reichlicher Wasserverdunstung hatte man beim Betreten solcher Räume übrigens vielfach den Eindruck von dumpfer Kellerluft. Reichliches Dienstpersonal zu halten, war damals auch schon schwierig und kostspielig, so daß die Bedienung der Öfen meist den Familienmitgliedern zufiel.

Nicht viel besser und bequemer waren die Öfen, die ich dann 1894 bis 98 in Berlin genießen mußte; meine Frau und ich empfanden es als eine Erlösung, als wir 1898 eine Wohnung mit Warmwasserheizung bezogen. Das war ein geradezu idealer Zustand. Keine Staubentwicklung, keine lästigen Geräusche. Die Gardinen hingen doppelt so lange als in der Zeit der Einzelofenheizung. Die Temperatur des Heizwassers wurde von dem die Heizung bedienenden Portier den Außentemperaturen angemessen gehalten. Kein Schleppen von Holz und Kohle vom Keller zum zweiten Stock, kein Hinabtragen von Asche. Wie gesagt, ein wunschloser Zustand! Da kam der Weltkrieg und mit ihm die Einschränkung in Belieferung mit Brennstoffen. Um mit den zur Verfügung gestellten Mengen auszukommen, wurde es erforderlich, mit der durch die Zentralheizungsanlage gelieferten Wärme haushälterisch umzugehen.

Und es gelang!

Die natürliche Lüftung wurde tunlichst eingeschränkt durch Dichtung der Tür und Fensteranschlüsse, und die sonstigen, diesem Kreise ja genügend bekannten Mittel.

Das Abflanschen ganzer Rohrstränge behufs vollständiger Ausschaltung übereinander gelegener Wohnräume wird zwar nicht in großem Umfange erfolgt sein, weil die Verschiedenheit in der Benutzung der Wohnräume bei Miethäusern in den einzelnen Stockwerken zu verschieden war. Da hat man sich vielfach durch dichte Heizkörperverkleidungen unter Verwendung von Holz oder Decken geholfen.

In einzelnen, wenig gebrauchten Wohnräumen konnten wir auch die Heizkörperventile solange geschlossen halten, als die Außentemperatur nicht dauernd unter ± 0 sank.

Kurz, man konnte sich, nach meinen eigenen Erfahrungen und den Beobachtungen in anderen Wohnungen helfen.

Die Fälle, in denen durch Kohlenmangel ein zeitweises vollständiges Einstellen der Heizung notwendig wurde, konnten in den meisten Fällen auf Verständnislosigkeit teils der Heizer, teils der Mieter zurückgeführt werden, Verständnislosigkeit für einen den Verhältnissen anzupassenden Betrieb.

Es ist aber zuzugeben, daß selbst bei einwandfreiem Betriebe Störungen recht empfindlicher Natur vorkommen können.

Nehmen wir den Fall, es sei nur ein gußeiserner Kessel vorhanden, der während der Heizperiode leck wird. Dann kann und wird es meist tagelang dauern, ehe er wieder instand gesetzt ist. Man kann aber darum noch nicht sagen, daß man besser getan hätte, statt der Zentralheizung Einzelheizung für das betreffende Gebäude zu wählen, sondern es ist dann höchstens festzustellen, daß bei der Anlage insofern Fehler gemacht sind, als man statt eines besser zwei gußeiserne Kessel beschafft hätte, von denen jeder imstande ist, den Wärmebedarf bis zu etwa ± 0 oder $+5^{\circ}$ zu decken; oder man hätte vielleicht besser daran getan, statt eines gußeisernen Kessels einen schmiedeeisernen Kessel zu wählen, der, auch wenn er während der Heizperiode leck werden sollte, nur in seltenen Fällen eine sofortige Betriebsaufgabe erfordert, vielmehr wird es in der Regel möglich sein, den Betrieb bis zum Schluß der Heizperiode durchzuführen.

Bei Betriebsunterbrechungen von Zentralheizungen ist es selbstverständlich angenehm, wenigstens in einem Wohnraume eine Einzelheizung durch einen Kachelofen oder eisernen Ofen zu haben, und es wäre sehr zu wünschen, daß bei allen Wohnhäusern, für die Zentralheizung vorgesehen wird, bereits beim Neubau die für Aufstellung wenigstens eines Einzelofens in jeder Wohnung nötigen Rauchrohre angelegt werden. Dann kann man bei Betriebsunterbrechungen keinen wesentlichen Störungen ausgesetzt werden. Diese Umstände sprechen aber keineswegs gegen die Ausführung von Zentralheizungen in Wohnungen überhaupt, vielmehr drängen sie eben nur dahin, neben derselben für die Erwärmung wenigstens e i n e s Wohnraumes durch einen Einzelofen zu sorgen. Warum sollte man auch auf die Annehmlichkeit der Zentralheizung an etwa 195 von 200 Heiztagen verzichten, weil die Möglichkeit besteht, vielleicht an 5 Tagen einen Einzelofen aushilfsweise benutzen zu müssen. Nun muß allerdings in jedem einzelnen Falle geprüft werden, ob die Gesamtkosten eines Neubaues durch den Einbau einer Zentralheizung nicht übermäßig erhöht werden. — Gewiß! — Wenn die Zentralheizung für die niedrigste Ortstemperatur, die überhaupt vorkommen kann, angelegt werden soll, dann werden die Kosten unter den j e t z i g e n Verhältnissen sehr hoch werden; aber das wäre eben, wenigstens soweit Einzelhäuser oder Häuser mit nur wenigen Wohnungen in Betracht kommen, u n k l u g. Für solche Fälle sollte man die Zentralheizungen im Osten für etwa —15⁰ statt —25⁰, in Mitteldeutschland für etwa —10⁰ und im Westen für etwa ±0⁰ Außentemperatur bemessen und den Mehrbedarf an Wärme durch einen oder zwei Einzelöfen decken. Das wäre auch im Betriebe das Wirtschaftlichste, und die Bedienung des Einzelofens kann in den wenigen Tagen mit niedrigerer als ±0⁰ Außentemperatur unschwer durch Familienmitglieder erfolgen, wenn das Dienstpersonal dazu nicht gewillt oder nicht vorhanden sein sollte.

Wir wollen uns doch keiner Täuschung hingeben. Die Frage der Erwärmung unserer Wohnräume ist, wenigstens bei größeren Wohnungen, eine Frage der sog. Hausangestellten. Die hohen Kosten, die durch letztere erwachsen, veranlassen bekanntlich schon jetzt viele Haushalte, auf Hausangestellte überhaupt zu verzichten. Die Hausfrauen übernehmen, der Not gehorchend, auch die untergeordneten Arbeiten im Haushalte. Das wird aber in den meisten Fällen nur möglich sein, und in allen Fällen erleichtert, wenn keine Einzelöfen zu bedienen sind, wenn also keine Kohlen vom Keller nach den oft doch mehrere Stockwerke hoch gelegenen Wohnungen zu tragen, keine Öfen zu reinigen und zu beschicken sind und keine Asche in den Hof zu tragen ist.

Mir sind gerade in den letzten Monaten wiederholt Fälle mitgeteilt worden, in denen sonst sehr brave und tüchtige Dienstmädchen den Dienst verlassen haben wegen der mit den Einzelheizungen verbundenen Mehrarbeiten. Bei den großen Kosten, die schon jetzt den Arbeitgebern an Versicherungs- und Krankenkassenbeiträgen für Dienstpersonal erwachsen und der in Aussicht stehenden besonderen Abgabe für jeden Hausangestellten, ist es begreiflich, daß sehr viele Haushalte sich ohne Dienstboten behelfen. Das wird aber, wie gesagt, wenigstens bei größeren Wohnungen nur beim Vorhandensein von Zentralheizungsanlagen möglich sein.

Die Frage der Beheizung unserer Wohnräume ist also wesentlich auch eine Dienstbotenfrage.

Die Kurzsichtigkeit, mit der vereinzelt den Wohnungen mit Ofenheizung der Vorzug gegeben wird, dürfte sich bei der unvermeidlichen Entwicklung unserer sozialen Verhältnisse schwer rächen.

S o w e i t die Heizung unserer Wohnräume! Betrachten wir nun die Heizanlagen für andere Zwecke, abgesehen von industriellen Anlagen, von Räumen, die nicht zum Bewohnen bei Tag und Nacht, sondern nur zum dauernden Aufenthalte bei Tage bestimmt sind, z. B. Unterrichtsanstalten, Geschäftsgebäude, wissenschaftliche Institute und dgl., sowie Gebäude größeren Umfangs, die, wie z. B. Gefängnisse, auch zum Aufenthalte bei Nacht dienen.

Wohl hat man sich früher, als wir noch keine Zentralheizungen bauen konnten, auch bei diesen Gebäuden mit Einzelöfen behelfen müssen, aber in jener Zeit lagen die Verhältnisse sowohl bezüglich der Kohlenbeschaffung als auch bezüglich der Bedienung wesentlich anders als jetzt. Kohlen und Bedienung waren leicht und billig zu haben.

Trotzdem haben wir schon in den fünfziger Jahren des vorigen Jahrhunderts in größeren Staats und Kommunalgebäuden Zentralheizungen angelegt, weil sich eben schon damals die Erkenntnis Bahn gebrochen hatte, daß sie nicht nur im Betriebe bequemer und hygienisch günstiger, sondern auch wirtschaftlicher sind.

Seitdem mehrten sich bei preußischen Staatsgebäuden die Anträge auf Ersatz vorhandener Einzelheizungen durch Zentralheizungen ganz ungemein. — Begründet waren jene Anträge stets mit den Schwierigkeiten der Bedienung und mit der unhygienischen Staubentwickelung. Die preußische Finanzverwaltung, die wohl über die Grenzen Preußens hinaus als sparsam bekannt ist, hat sich überzeugt, daß der Ersatz der Einzelheizungen durch Zentralheizungen wirtschaftlich ist und hat demgemäß auch ihre Zustimmung gegeben zum Einbau von Zentralheizungen, selbst in Neubauten geringen Umfangs. Diesen Standpunkt wird sie auch in der jetzigen geldknappen Zeit nicht aufgeben; sie wird nur, noch mehr als bisher schon, dahin wirken, daß der Wärmebedarf durch bauliche Maßnahmen gemindert und der Betrieb in den Staatsgebäuden auf größtmögliche Sparsamkeit im Wärmeverbrauch eingestellt wird.

Bei Gebäuden mit einer größeren Anzahl von zu erwärmenden Räumen ist gar nicht daran zu denken, wieder zur Heizart früherer Jahrhunderte zurückzukehren; aber selbst bei Gebäuden geringen Umfangs werden oft die Verhältnisse zu Zentralheizungen zwingen. Ich erwähne nur als Beispiel kleine Krankenhäuser, Sanatorien und dgl. Der Betrieb von Einzelheizungen würde dort doch außerordentlich stören, denn Kranke sind für alle unangenehmen Geräusche und Hantierungen, die nicht unmittelbar aus ihrem Zustande sich ergeben, sehr empfindlich. Die Bedienung von Einzelöfen würde auch das Betreten der Krankenräume durch Personen bedingen, die mit der Krankenpflege nichts zu tun haben, und das ist zu vermeiden. Daran wird auch durch Heizung der Öfen vom Flur aus nichts geändert, denn die Flure werden vielfach von Kranken als Tagesräume benutzt.

Bei größeren Krankenhäusern, Kliniken und dgl. würden sich jene Mängel zur Unerträglichkeit steigern. Da muß der Kohlen- und Aschetransport, der doch zu erheblichen Störungen führt, aufs äußerste beschränkt werden und darf daher tunlichst nur an einer Stelle stattfinden. Diese Forderung hat bekanntlich schon frühzeitig zur Anlage von Fernheizungen geführt. Aber abgesehen von den angedeuteten Betriebs- und hygienischen Rücksichten, spielen auch die Kosten eine wesentliche Rolle. Sie würden bei Einzelheizungen wegen der Aufwendungen zur Bedienung ganz unerschwinglich sein, zumal jetzt nach Einführung der achtstündigen Arbeitszeit. Einzelheizungen kommen hiernach bei großen Gebäuden und bei Gebäudegruppen gar nicht in Betracht. Wir sind und bleiben da auf Zentralheizungen angewiesen, und es ist nur Aufgabe der Heizungsingenieure, sie für tunlichst wirtschaftlichen Betrieb zu bauen. Sache der Verwaltungen ist es, mit der gelieferten Wärme haushälterisch umzugehen.

Welche Mittel und Wege einzuschlagen sind, um letzteren beiden Forderungen gerecht zu werden, würde den Rahmen dieses Vortrages überschreiten.

Wenn ich vorhin auf die unvermeidliche Verstaubung der durch Einzelöfen beheizten Räume hingewiesen habe, so muß ich demgegenüber auf die größere Sauberkeit der durch Zentralheizung erwärmten Räume hinweisen. Es wird zuweilen behauptet, daß z. B. bei Anordnung der Heizkörper an den Fenstern die Gardinen schneller verstauben. Zunächst würde das überhaupt nur bei Wohnräumen mit Gardinen geschehen, es kann aber eine solche Verstaubung nur eintreten,

7

wenn die Räume selbst und die Heizkörper unsauber gehalten werden, wenn insbesondere der Fußboden unter den Heizkörpern nicht rein gehalten wird.

Bei Einzelheizung kann der Ofen nur an einer Stelle der Rückwand oder Zwischenwand aufgestellt werden. Dabei sind Zugerscheinungen an den Fenstern unvermeidlich. Die kalte, an den Fenstern herabsinkende Luft streicht auf dem Wege zum Ofen am Fußboden entlang und veranlaßt kalte Füße der Bewohner, jedenfalls ungleichmäßige Erwärmung des Raumes.

Kann man dagegen die Heizkörper, wie es bei Zentralheizungen möglich und jetzt auch üblich ist, an den Stellen größter Abkühlung, insbesondere an den Fenstern verteilt anordnen, dann erzielt man nicht nur eine gleichmäßigere Erwärmung der einzelnen Räume, sondern man ist auch bei gleichmäßiger Beheizung aller dauernd benutzten Räume sicherer vor Erkältung.

Große Räume suchte man ja früher auch durch zwei oder mehr Öfen zu erwärmen, es gelang aber nur höchst mangelhaft. Die vorbezeichneten Übelstände traten in verstärktem Umfange auf. Gleichmäßige Erwärmung großer Räume kann eben nur durch Zentralheizung erzielt werden.

Zu alledem kommt der Umstand, daß die Ausnutzung des Brennstoffes in Zentralheizungen günstiger ist als bei Ofenfeuerungen, und daß eine Fernleitung der Wärme überhaupt nur bei Zentralheizungsanlagen erfolgen kann. Das fällt insbesondere ins Gewicht, wenn es sich um Abwärmeverwertung handelt, z. B. Abwärme aus Gasanstalten oder Elektrizitätswerken. Größte Wirtschaftlichkeit kann dabei lediglich durch Fernleitungen für die Wärmeträger, Dampf oder Wasser, erzielt werden.

Auf Einzelheiten zur Erzielung größter Wirtschaftlichkeit der Zentralheizungsanlagen näher einzugehen, glaube ich, mir in diesem Kreise versagen zu können, zumal schon vor jetzt zehn Jahren Baurat de Grahl in seinem bei R. Oldenbourg erschienenen Buche »Wirtschaftlichkeit der Zentralheizung« alle dafür in Betracht kommenden Bedingungen erörtert hat.

Es kommt für die Wirtschaftlichkeit bekanntlich nicht allein der Nutzeffekt einer Anlage in Betracht. Auf diesen hat der Ingenieur durch richtige Bemessung, der Nutznießer durch zweckentsprechenden Betrieb bestimmenden Einfluß. Was sich aber dem Einfluß leider so gut wie ganz entzieht, das sind die Kosten der Brennstoffe und somit die Kosten für 1000 WE. Sie sind wesentlich von der Höhe der Arbeitslöhne abhängig, und es ist Sache des Ingenieurs und des Betriebsleiters, bereits vor Erstellung der Anlage zu prüfen, welcher Brennstoff am wirtschaftlichsten im Betriebe sein wird, und für diesen dann die Anlage einzurichten.

Hier spielen neben den Arbeitslöhnen zur Förderung der Brennstoffe natürlich auch die Transportkosten eine große Rolle. Je größer der Heizwert, desto eher kann der Brennstoff größere Transporte vertragen, ohne daß die Kosten der Wärmemengen sich ins unwirtschaftliche steigern.

Die Wirtschaftlichkeit einer Anlage, sei es Warmwasser- oder Niederdruckdampfheizung, leidet ebenso wie die zentraler Warmwasserversorgungsanlagen sehr oft unter zu geringer Pflege. Darunter verstehe ich nicht allein die Anpassung an den zeitlich verschiedenen Wärmebedarf durch Anwendung von Reglern für Zufuhr der Verbrennungsluft und, wo es angebracht ist, auch für Heizkörperventile, sondern auch die Beobachtung des Kesselzustandes und der Temperatur der Rauchgase. In dieser Beziehung wird viel durch Unterlassung gesündigt, nicht von seiten der Zentralheizungsindustriellen, sondern der Zentralheizungsbesitzer, von denen so mancher leider denkt, eine solche Anlage müsse nun, sozusagen von selbst wirtschaftlich laufen. Er klagt über hohen Brennstoffverbrauch und will nicht glauben, daß regelmäßige Überwachung durch einen Sachverständigen die Wirtschaftlichkeit erhöhen kann, also den Bedarf an Brennstoff vermindert.

Ich kann in diesem Kreise verzichten darauf hinzuweisen, wie durch Undichtheit des Mauerwerks bei eingemauerten Kesseln, durch Ablagerung von Flugasche in Feuerröhren

und auf Siederöhren, durch Außerachtlassung von Verbrennungsschäden die Wirtschaftlichkeit leidet. Brennen z. B. bei gußeisernen Gliederkesseln die Stege zwischen dem Feuerraum und den zwischen den wasserhaltenden Gliederteilen liegenden Rauchzügen weg, dann nehmen die Verbrennungsgase natürlich den bequemen Weg unmittelbar seitlich in diese Rauchzüge und gelangen, ohne genügend ausgenutzt zu sein, mit viel zu hoher Temperatur in den Schornstein. Derartige Schäden sind aber bei einiger Aufmerksamkeit leicht festzustellen.

Ich möchte bei dieser Gelegenheit etwas, und zwar recht eindringlich, zum Fenster hinausreden an alle Besitzer von Zentralheizungsanlagen:

Wenn ihr über eure Anlagen klagt, dann seid ihr meist selbst schuld daran. Zu großer Brennstoffverbrauch ist sehr oft zurückzuführen auf die angedeuteten Unterlassungssünden, auf die Sucht, an falscher Stelle, zu unrechter Zeit zu sparen.

Wendet euch an eine vertrauenswürdige Firma, laßt jährlich im Sommer eure Anlagen von ihr untersuchen, reinigen und instand setzen. Laßt eure Warmwasseranlagen, denn auch sie gehören zu den Zentralheizungen, auf Ablagerung von Kesselstein untersuchen. Bei Kesselsteinbildung wird viel mehr Brennstoff verbraucht als ohne solche.

Bildet euch doch nicht ein, schon deshalb etwas von Zentralheizungsanlagen zu verstehen, weil ihr eine besitzt. Laßt euch auch während des Betriebes von der Heizfirma beraten, dann werdet ihr Brennstoff sparen, dem Allgemeinwohl dadurch nutzen und euern Geldbeutel schonen.

Die Kosten der regelmäßigen Prüfung der Anlagen und der alljährigen kleineren Instandsetzungen werden vielfach eingebracht durch die Ersparnis an Brennstoff und durch die Vermeidung großer Instandsetzungen und Erneuerungen. Mir sind Anlagen bekannt, bei denen unter pfleglicher Behandlung der jährliche Brennstoffverbrauch nahezu halb so groß ist wie bei anderen gleichgroßen, aber stiefmütterlich behandelten Anlagen.

Wären alle Zentralheizungsanlagen ordnungsmäßig unterhalten und betrieben worden, dann würde die stellenweise Unzufriedenheit mit ihnen sicher nicht aufgetreten sein.

Das will ich keineswegs als eine Verurteilung der Einzelfeuerungen im allgemeinen aufgefaßt wissen. Für so manche Fälle werden sie durchaus zweckmäßig sein. — Jedem das Seine!

Die Wirtschaftlichkeit beim Bau und im Betriebe wird neben der Berücksichtigung der sozialen Verhältnisse bezüglich der Bedienung unserer Heizanlagen stets maßgebend bleiben für die Wahl des Heizsystems. Je mehr man über jene Fragen nachdenkt, desto überzeugter wird man, daß wir besser, d. h. mehr nach wärmewirtschaftlichen Grundsätzen bauen sollten als bisher.

Der Heizingenieur sollte größeren Einfluß auf Bauart der Gebäude und Wahl der Baustoffe zu gewinnen suchen, und der Baumeister muß mehr als bisher die wärmewirtschaftlichen Forderungen beachten. Hoffen wir, daß die Erkenntnis der Notwendigkeit, mit unsern schwarzen und braunen Diamanten zu sparen, zu einem innigeren Zusammenarbeiten von Baumeistern und Heizingenieuren führen möge. Beide werden durch Entwickelung der wirtschaftlichen und sozialen Verhältnisse vor immer neue Aufgaben gestellt werden bei industriellen Anlagen, insbesondere bei der Verwertung der Abwärme. Bei Hochbauten für Geschäfts- und Wohnzwecke möchte ich nur hinweisen auf die Erwärmung der für Großstädte wohl unvermeidlichen sog. Turmhäuser.

Man wird vom Standpunkte des Architekten gewiß nicht allgemein für die Ausführung von »Turmhäusern« oder milder ausgedrückt von »Hochhäusern« schwärmen, aber sie können an richtiger Stelle doch durchaus angebracht sein, und sie sind auch geeignet, zur Milderung der Wohnungsnot beizutragen, insofern dadurch vorhandene, für Wohnzwecke erbaute, aber zurzeit als Geschäftsgebäude benutzte Häuser ihrer ursprünglichen Bestimmung wieder zugeführt werden können. Man wird in modernen Großstädten nicht viele geeignete Bauplätze finden. Jedenfalls dürfte es sich empfehlen, die Höhenentwickelung nicht soweit wie in amerikanischen Städten zu treiben. Dem Vernehmen nach kommt man auch dort von den großen Höhen wieder ab.

Mit der Höhe wachsen nicht nur die bautechnischen Schwierigkeiten, sondern auch die Betriebsschwierigkeiten. Ganz wesentlich werden hierbei auch die Zentralheizungsanlagen betroffen. Sie, in Verbindung mit den anderen technischen Anlagen in einem Hochhause tunlichst wirtschaftlich zu gestalten, wird eine unserer Aufgaben in der Zukunft sein.

Jedenfalls harren der Zentralheizungswissenschaft und Industrie noch große Aufgaben.

Ich hege zu Ihnen, meine Herren Ingenieure, das feste Vertrauen, daß Sie denselben gewachsen sein werden!

Vorsitzender: Ich darf wohl Ihren Beifall in dem Sinne auffassen, daß ich in Ihrem Namen und im Namen des Ausschusses dem Herrn Vortragenden den Dank abstatte für die Darlegungen, die Sie soeben gehört haben. Die Frage: hie Zentralheizung, hie Einzelheizung steht im Mittelpunkt unserer heutigen Erörterung und nicht ohne Absicht ist als dritter Vortrag ein Vortragender gewonnen worden, der sich mit der Einzelheizung befaßt. Ich nehme an, daß Sie mit Spannung diesem dritten Vortrage entgegensehen, da er ein Gegenstück zu dem eben gehörten Vortrage ist. Die Pflicht, daß wir unsere schwarzen Diamanten wirtschaftlich richtig nutzen, ist mehr denn je eine heilige Pflicht, und ich möchte gerade hier das wiederholen, was Herr Geheimrat Dr. U b e r soeben gesagt hat: Die Wirtschaftlichkeit soll insbesondere durch ein solides Bauwesen in den Vordergrund gestellt werden. Die Gefahr, daß mit unsern hunderterlei Versuchen, altbewährte Baumethoden durch neue zu ersetzen, unglückliche Versuche herbeigeführt und schlechte Erfahrungen gemacht werden, ist überaus groß, und es wird ein großes Verdienst des Heizungsingenieurs und des Hafnergewerbetreibenden sein, daß sie in enger Zusammenarbeit mit den Baufachleuten hier das Richtige finden, und daß sie das Unsinnige vermeiden.

Ich darf wieder eine Pause von 5 Minuten einschalten, nach der wir dann in den 3. Vortrag eintreten können.

Vorsitzender: Wir wollen in die weitere Erörterung eintreten.

Ich möchte Sie auch bitten, bei dem 4. Punkt der Tagesordnung, bei der Besprechung hier zu bleiben; es liegen bereits sehr wichtige Wortmeldungen vor.

Ich darf nun Herrn Stadtrat E c k e r zu seinem Vortrage: der Kachelofen in der Wärmewirtschaft des Hausbrandes das Wort erteilen.

Herr Stadtrat E c k e r , München:

Der Kachelofen in der Wärmewirtschaft.

Die Erkenntnis der Notwendigkeit, alle Brennstoffe bestens auszunutzen, muß uns auch auf dem Gebiete der häuslichen Feuerungen zu planmäßigen Maßnahmen Veranlassung sein. Dies um so mehr, als einerseits der Gesamtverbrauch an Brennstoffen in den Einzelöfen und Herden der Haushaltungen wesentlich höher ist, als allgemein angenommen wird, und anderseits der praktische Nutzeffekt im Durchschnitt noch stark hinter dem Grad zurückbleibt, der nach dem heutigen Stand der Technik bei einer wärmewirtschaftlichen Erfassung auch dieser Erzeugnisse und ihrer Nutznießer ohne weiteres erreichbar wäre.

In der Einzelheizung nimmt der Kachelofen den weitaus größten Raum ein. Es ist dies in seinen natürlichen Vorzügen begründet, die wiederum fußen:

In dem wärmespeichernden Material, aus dem er in der Hauptsache besteht;

in seiner Bodenständigkeit auf Grund der ihm kulturelle Bedeutung zukommt;

in seiner Anpassungsfähigkeit an die Brennstoffe und die Anforderungen der Gebrauchsnehmer; und

in seinen unbegrenzten künstlerischen Gestaltungsmöglichkeiten.

Die Schwierigkeiten bei der Durchführung wärmewirtschaftlicher Maßnahmen im Hausbrand liegen vor allem in der großen Zahl der Einzelfeuerungen. Diese Maßnahmen erstrecken sich einerseits auf die Erzeuger, anderseits auf die Nutznießer.

Die Erzeugerkreise industrieller und gewerblicher Feuerungsanlagen sind in der Regel Großbetriebe industrieller Art. Sie arbeiten mit einem Stab gut geschulter Techniker und Ingenieure nach wissenschaftlichen Grundsätzen und können neue Forschungs- und Erfahrungskenntnisse rasch und wirksam in die Tat umsetzen. Ähnlich günstig liegen die Verhältnisse auch in der Zentralheizungsindustrie. Demgegenüber haben wir es bei den Erzeugern unserer Kachelöfen mit vielen tausenden, handwerksmäßiger Betriebe zu tun, die bei ihrem technischen Wirken zunächst nur an die reichen technischen und praktischen Erfahrungen anknüpfen, bei denen aber die Übertragung neuer technischer Notwendigkeiten nur auf dem Wege über eigene für diesen Zweck geschaffene Organisationen möglich ist.

Bei einer Betrachtung der Nutznießerkreise entrollt sich dasselbe Bild. Die Brennstoffverbraucher der industriellen und gewerblichen Feuerungen lassen sich schon durch ihre Verbände in Gattungsindustrien und Gewerbe gliedern und demzufolge auch unter Beachtung ihrer besonderen Bedürfnisse wärmewirtschaftlich einheitlich beraten. Anders aber liegen auch hier wieder die Verhältnisse bei den Hausbrandverbrauchern. Hier hat schon die Zentralheizung trotz ihrer günstigeren einheitlichen Technik mit großen Schwierigkeiten zu kämpfen, so vervielfachen sich diese Schwierigkeiten bei der Ofenheizung und den Herdfeuerungen noch infolge der Millionen von Feuerstätten verschiedenster, in den Brennstoffverhältnissen und mannigfach gearteten Bedürfnissen begründeten Konstruktionen.

Das zu erreichende Ziel einer besten Ausnutzung aller Brennstoffe im Hausbrand ist an die Erfüllung dreier Grundforderungen geknüpft:

1. möglichst vollkommene Verbrennung;
2. möglichst hohe Abgabe der Heizgaswärme;
3. möglichst günstige Wärmeabgabe der Heizflächen.

Die Erfüllung dieser drei Grundforderungen beim Kachelofen ist gebunden einerseits an die technische Leistungsfähigkeit des deutschen Ofensetzergewerbes, anderseits an die richtige Bedienung und Instandhaltung der Öfen.

Die Grundlagen der technischen Leistungen des Ofensetzergewerbes sind zunächst verankert in der Erfahrungspraxis des Gewerbes. Zu allen Zeiten, in allen Ländern und in allen Schichten der Bevölkerung ist das Gewerbe vor die Aufgabe gestellt worden, mit den einfachsten, besten und billigsten Mitteln den berechtigten aber auch vielfältigen, oft weitgehenden Wünschen der Gebrauchsnehmer gerecht zu werden. In der strengen Zunft des Mittelalters wie im freien Wettbewerb der neuen Zeit hat das Gewerbe Leistungen vollbracht, die deutsches Können und deutschen Gewerbefleiß unvergänglich ehren und von denen unsere Sammlungen sowie die gegenwärtige wärmewirtschaftliche Ausstellung ein beredtes Zeugnis ablegen.

Den heutigen Stand der Technik des Kachelofenbaues zu schildern, würde im Rahmen dieses Vortrages zu weit führen. Keinesfalls aber gewinnen wir ein zutreffendes Bild, wenn wir einen Kachelofen, wie er vor 50 Jahren gebaut wurde, mit einer modernen Zentralheizung vergleichen, was leider häufig geschieht. In diesem Falle wird das Urteil immer zuungunsten des Kachelofens ausfallen. Unterziehen wir aber die heutigen Leistungen des Ofensetzergewerbes auf feuerungs- und wärmetechnischen Gebiet einer sachlichen Betrachtung, so wird das Bild ein wesentlich anderes sein. Wir halten vor allem fest an der individuellen Anpassung unserer Erzeugnisse, die notwendig ist mit Rücksicht auf die Brennstoffe und die besonderen Wünsche und Bedürfnisse der Gebrauchsnehmer. Aus diesem Grunde lehnen wir Einheitskonstruktionen und eine Uniformierung der Technik des Kachelofens grundsätzlich ab. Es gibt keinen Brennstoff, der im Haushalt nicht Verwendung fände, und hieraus ergibt sich feuerungstechnisch schon die Notwendigkeit einer verschiedenartigen Gestaltung der Feuerungen, insbesondere der Rostflächen, in bezug auf die freie Rostfläche. Zur Wirtschaftlichkeit unserer Öfen und Herde trägt es auch wesentlich bei, wenn wir mit einer Feuerstelle die Erfüllung verschiedener Zwecke verbinden. So sorgen wir für Verbindungen von Heiz- und Kochzweck in Wohnstubenöfen und Wohnküchenherden, für Mittemperierung nebean liegender und oberer Schlafräume. Auf letzterem Gebiete wissen wir sehr genau, daß uns die Technik natürliche Grenzen zieht und daß wir mit einem Ofen nicht ganze Häuser in unbegrenztem Ausmaße mit Wärme versorgen können. Allein das praktisch Mögliche auf diesem Gebiete ist so wertvoll und beachtenswert, daß es Erwägung und Anwendung verdient. Ferner hat das Gewerbe bei der Erstellung seiner Erzeugnisse Rücksicht zu nehmen auf die Lebensgewohnheiten und sonstige besonderen Bedürfnisse Bedürfnisse der Gebrauchsnehmer, die grundverschieden sind in den einzelnen Ländern, in Stadt und Land, in Fabrikorten und auf Dörfern sowie innerhalb der sozialen Schichten der Bevölkerung. Mit welchem Geschick und welchem hingebendem Fleiß das deutsche Ofensetzergewerbe alle diese Aufgaben in der heutigen Zeit löst, davon kann jeder sachlich Urteilende sich in der gegenwärtigen, wärmewirtschaftlichen Ausstellung überzeugen.

Zu dem Zeitpunkt aber, da der Fortschritt der Technik uns die Zentralheizung brachte, da die Ansprüche an Bequemlichkeit, Reinlichkeit und Komfort neue Anforderungen stellten, gab das deutsche Ofensetzergewerbe sich nicht auf. Nicht mit blindem Sturm gegen den Fortschritt der Zeit vergeudete es etwa zwecklos Zeit und Kraft, sondern es erkannte mit klarem Blick, daß auch die neue Zeit ein Recht zum Fordern habe, woraus sich für das Gewerbe nur eine Pflicht ableitete, die Pflicht, mit neuer Kraft und neuem Mut bessernd die Hand an die eigenen Erzeugnisse zu legen. Das Gewerbe erkannte, daß auch die Technik des Kachelofenbaues bedingt ist durch den Stand der allgemeinen Feuerungs- und Heizungstechnik, daß die Erfahrungspraxis allein nicht mehr ausreichend ist zu jener Vervollkommnung seiner Produkte, die von der neuen Zeit mit Recht verlangt werden.

Und als die Brennstoffnot die Frage der Wirtschaftlichkeit unserer Hausbrandstätten erneut in den Vordergrund stellte, gewann diese Erkenntnis neue Nahrung. So nahm denn auch das Gewerbe regen, und man darf ohne Überhebung sagen, verdienstvollen Anteil an allen Beratungen des Reiches, der Länder und Kommunen, die auf eine Hebung der Wirtschaftlichkeit unserer Heiz- und Kochanlagen gerichtet waren und sind. An den bisherigen Erfolgen dieses Strebens auf dem Gebiete der öffentlichen Heizberatung hat daher auch das Ofensetzergewerbe sein Verdienst, das jetzt und immer zu mehren sein ernster und fester Wille ist. In der auf diesem Gebiete zusammen mit der Zentralheizungsindustrie geleisteten sachlichen, auf das Gemeinwohl eingestellten Arbeit ist in immer steigendem Maße alles Trennende zurückgetreten und das Gemeinsame zu einem einheitlichen Wollen verankert worden. So fühlen wir uns eins, wenn wir fordern, daß der Staat in Verbindung mit den beteiligten Berufsverbänden auch nach Aufhebung der Brennstoffzwangsbewirtschaftung durch arbeitsfähig ausgebaute Zentralstellen die Förderung der Wärmewirtschaft sichert.

Die Erfüllung dieser wichtigen völks- und privatwirtschaftlichen Aufgabe trifft das deutsche Ofensetzergewerbe nicht unvorbereitet. Vor mehr als 12 Jahren hat das Gewerbe eine besondere technische Organisation geschaffen, die sich in heiztechnische' Landes-, Bezirks- und Ortskommissionen gliedert, unter Leitung einer Zentrale steht und sich paritätisch aus Meistern und Gesellen sowie aus sachverständigen Mitarbeitern zusammensetzt. Ihre Aufgaben sind:

Förderung der Technik des Ofen- und Herdbaues;
Auskunfterteilung an Gewerbeangehörige, Behörden und und andere Interessenten;
Vertretung der technischen Interessen des deutschen Ofensetzergewerbes.

Zur Förderung der Technik des Ofen- und Herdbaues wird die Organisation Verbindungen mit den staatlichen Versuchsanstalten und Lehrstühlen pflegen, die Ergebnisse der wissenschaftlichen Forschung auf dem Gebiete des Feuerungs-, Heizungs- und Lüftungswesens dem Gewerbe nutzbar machen und in den eigenen Versuchsanstalten Versuche und Prüfungen durchführen.

Ferner wird die Organisation die praktische und theoretische Ausbildung der Lehrlinge unterstützen durch Ausbau der Meisterlehre und Mithilfe an den Lehrlingsfachschulen, die theoretische Ausbildung der Gesellen und Meister heben durch Veranstaltung von kurz- und langfristigen Kursen an den Fachschulen, Einrichtung von Heiztechnischen Vereinigungen, Ab-

halten von Vorträgen, Unterstützung der Fachzeitschrift »Der Kachelofen« und Schaffung guter Fachliteratur.

Die Auskunfterteilung, die an Gewerbeangehörige und Behörden kostenlos ist, erfolgt in erster Linie durch die Bezirkskommissionen, welche die Erledigung auch den Landeskommissionen und durch diese der Zentrale überweisen können. Angesichts der privat- und volkswirtschaftlichen Bedeutung der Beheizungsfrage stellt die Organisation ihre Einrichtungen in den Dienst der staatlichen Brennstoffwirtschaft, der öffentlichen Gesundheitspflege und der gemeinnützigen Baubestrebungen.

Zur Vertretung der technischen Interessen des Ofensetzergewerbes wird die Organisation durch Beteiligung an Ausstellungen und Kongressen und durch die Tages- und Fachpresse Aufklärung schaffen über die Bestrebungen des Gewerbes und den Stand der Technik des Ofen- und Herdbaues.

Was wir aber von den staatlichen Wärmewirtschaftsstellen im besonderen verlangen müssen, ist vor allem, daß Maßnahmen getroffen werden, die in den Auftraggeberkreisen die Einsicht verbreiten, daß die Qualitätsarbeit auch bei höheren Preisen aus volks- und privatwirtschaftlichen Gründen den billigen und daher minderwertigen Heizanlagen überlegen ist. Gewiß ist es in erster Linie Aufgabe der Wärmewirtschaft, an den bestehenden Anlagen unter Berücksichtigung der heutigen Preis- und Mietverhältnisse mit den einfachsten und doch wirksamsten Mitteln zu bessern, was nötig und erreichbar ist; aber auch hier wie bei jeder fürsorglichen Tätigkeit muß vorbeugend gewirkt werden. Wir kommen niemals zu einer Gesundung der Wärmewirtschaft, wenn wir dulden, daß zu den alten Fehlern immer wieder neue begangen werden. So müssen wir täglich bei fast allen mit großem Kostenaufwand aus öffentlichen Mitteln hergestellten Siedlungsbauten die Wahrnehmung machen, daß d.e technischen Gesetze der Wärmewirtschaft keine oder nur ungenügende Beachtung finden. Nicht nur daß die Grundlagen der Wärmeökonomie des Hauses in der Berücksichtigung der Lage und Gestalt des Hauses, der Grundrißlösung, der Baustoffverwendung und Verarbeitungsmethoden viel zu wenig beachtet werden, auch die Auswahl der Heiz- und Kochanlagen selbst erfolgt fast ausschließlich unter dem Gesichtspunkte der Herabdrückung der Anlagekosten. Das ist bei Einrichtungen, die zur Erfüllung ihres Zweckes mit teurem Brennstoff in Betrieb gesetzt werden müssen, nicht Sparsamkeit, sondern Verschwendung. Diese Einsicht in den Kreisen der Erbauer zu verbreiten ist wichtig, genügt aber deshalb nicht, weil Erbauer und Bewohner in vielen Fällen nicht ein und dieselbe Person sind. Die Erkenntnis der Wichtigkeit der Betriebskosten muß daher aus diesen und anderen naheliegenden Gründen Gemeingut aller werden. Neben der Erziehungsarbeit zur Einsicht und freiwilligen Beachtung erscheint es aber als dringend erwünscht, daß die maßgebenden Stellen die Hingabe öffentlicher Mittel als Zuschüsse zur Deckung des verlorenen Bauaufwandes von der Einhaltung der wärmewirtschaftlichen Notwendigkeit, wozu nicht in letzter Linie auch brennstoffsparende Heiz- und Kocheinrichtungen gehören, abhängig gemacht wird, und zwar nach fachkundiger Prüfung des Bauvorhabens. Mit gedruckten Merkblättern und Richtlinien allein, so verdienstvoll auch diese sind, wird in vielen Fällen wenig oder nichts erreicht.

Die Erfüllung der eingangs erwähnten drei Grundforderungen ist nicht allein von der richtig angewandten Technik abhängig, sie setzt auch eine richtige Bedienung und Instandhaltung der Öfen voraus. Hier dürfen wir uns nicht damit begnügen, daß der Gebrauchsnehmer unseren Rat erst sucht, wenn Betriebsstörungen vorliegen oder der Brennstoffaufwand ein ungewöhnlich auffallend großer ist. Beim weitaus größten Teil, man kann sagen in 80 vH aller Haushaltungen, weiß man eben nicht, daß bei Befolgung bestimmter Ratschläge hinsichtlich der Bedienung und Instandhaltung Brennstoffersparnisse erzielt werden können.

Schon zu einer Zeit, da man in Deutschland noch nicht an die Möglichkeit einer Brennstoffnot dachte, hat das deutsche Ofensetzergewerbe Anstrengungen gemacht, um die Bevölkerung über die rechte Bedienung der Öfen und Herde aufzuklären. Das Gewerbe ging dabei von der Erkenntnis aus, daß der bestkonstruierte Ofen und Herd seinen Zweck nicht erfüllen kann, wenn er nicht auch richtig bedient und instand gehalten wird. Man bediente sich bei dieser Aufklärungsarbeit der Tagespresse, der Herausgabe von Merkbüchlein und Merkblättern sowie öffentlicher Lichtbildervorträge. Die dabei erzielten Erfolge standen jedoch leider in keinem richtigen Verhältnis zu den aufgewandten Mitteln und Kräften. Es mag dies wohl in erster Linie darauf zurückzuführen sein, daß wir ja Brennstoffe in beliebigen Mengen und zu erschwinglichen Preisen hatten. Unter den heutigen Verhältnissen dagegen darf angenommen werden, daß das Interesse der Bevölkerung an dieser Aufklärungsarbeit ein wesentlich stärkeres ist. Es muß aber auch heute ausgesprochen werden, daß eine gründliche und durchgreifende Besserung nur dann eintreten wird, wenn am ganzen Volke unter Mitwirkung aller Schulen eine planmäßige Erziehungsarbeit geleistet wird. Was unsere Brennstoffe vom volkswirtschaftlichen Standpunkte aus für das deutsche Volk bedeuten, muß dem gesamten Nachwuchs klar gemacht werden. Auch ohne besondere Umstellung der Lehrpläne oder Einschaltung neuer Fächer ist es möglich, bei allen Lehrfächern Beispiele der Brennstoff- und Wärmewirtschaft einzuschalten. Daß dabei im hauswirtschaftlichen Unterricht der Mädchen- und Frauenschulen eine besondere Unterweisung in der rechten Bedienung und Instandhaltung der häuslichen Feuerstätten aufzunehmen ist, erscheint wohl als ein Gebot der Selbstverständlichkeit. Worauf es aber im Schulunterricht besonders ankommt, ist, daß wir nicht nur das Wie, sondern vor allem das Warum lehren. Würde die gesamte Bevölkerung auf Grund einer entsprechenden Schulbildung wissen, wie der Schornsteinzug entsteht, welche Bedeutung er für das Zustandekommen einer guten Verbrennung hat, wie die einzelnen Brennstoffe zusammengesetzt und welche Vorgänge sich infolgedessen bei ihrer Verbrennung abspielen, so würden auch unsere häuslichen Feuerstätten ohne besondere Vorschriften von selbst richtig bedient und instand gehalten werden. So wie der Fachmann praktisches Können mit theoretischem Wissen vereinigen muß, um einwandfreie Leistungen hervorbringen zu können, so muß auch derjenige, der Brennstoffe verbrennen will, sich nicht nur über das Wie, sondern auch über das Warum im klaren sein.

Die Notwendigkeiten, die zur Förderung der Wärmewirtschaft des Kachelofens in die Tat umgesetzt werden müssen, lassen sich von den allgemeinen wärmewirtschaftlichen Aufgaben nicht trennen. Sie sind zum größten Teil dieselben wie bei der Zentralheizung und hinsichtlich der besseren Auswertung des Gases. Das Ofensetzergewerbe will daher ebenso wie die übrigen an der Wärmewirtschaft des Hausbrandes beteiligten Industrien seine Einrichtungen wie bisher auch fürderhin in den Dienst der Allgemeinheit stellen. Allerdings muß das Gewerbe hierbei unter den heutigen schwierigen finanziellen Verhältnissen die materielle Beihilfe der staatlichen Stellen in Anspruch nehmen, da es infolge seiner mittelständischen, handwerklichen Zusammensetzung trotz der größten Anstrengungen nicht mehr in der Lage ist, die erforderlichen Geldmittel aus eigenen Kräften vollständig aufzubringen.

Der aufrichtige Wunsch des Gewerbes aber ist es, die ihm zufallenden Aufgaben in gemeinsamer Arbeit mit den übrigen beteiligten Berufsverbänden lösen zu können. So geben wir unserer Befriedigung darüber Ausdruck, daß uns der gegenwärtige Kongreß Gelegenheit zur Darlegung unserer Wünsche und unseres Strebens gab, worin wir an sich schon eine Anerkennung der von uns bisher geleisteten praktischen Arbeit erblicken. In fleißiger und friedlicher Arbeit wollen auch wir unseren Anteil nehmen an den Fortschritten der Technik, um im freien Wettbewerb unsere eigenen Leistungen ebenso wie die Zentralheizung zu vervollkommnen. Dabei werden wir das Trennende bannen und das Gemeinsame pflegen. Weil wir wissen, daß die Qualitätsleistung jeglichen Heizungssystemes seine wirtschaftliche Berechtigung hat und der sachlich und gerecht Denkende der Zentralheizung, was der Zentralheizung, und dem Ofen, was dem Ofen ist, geben wird!

Vorsitzender: Sehr verehrte Herren! Ich danke Ihnen für den überaus lebhaften Beifall, durch den Sie den besonderen Wert des soeben gehörten Vortrages richtig bewertet haben.

Die beiden Vorträge zu 2) und 3) haben sich in manchen Punkten volle Übereinstimmung gezeigt. Ich möchte besonders den sehr richtigen Appell an die Bauleute und an die Hausfrauen hervorheben. Meine Herren! Ich selbst habe die Ehre, der Vorsitzende der Reichshochbaunormung zu sein, und ich möchte unterstreichen, was der Herr Vortragende gesagt hat: Öfen zu normieren fällt uns nicht ein, hier muß individuell vorgegangen werden. Wir können nur für einzelne Teile Normen aufstellen. Niemand möchte in unseren Museen die Kunstwerke des alten Gewerbefleißes missen und wer sein Heim liebt, wird, sei es bei Zentralheizung oder Ofenheizung, ebenfalls nicht den Schmuck des Ofens, der Seele des Hauses, entbehren wollen. Gewiß, meine Herren, das Gewerbe des Hafners ist leider wie die Mehrzahl der Gewerbe einige Jahrzehnte lang zurückgegangen; aber die letzten Jahrzehnte haben einen bedeutenden Ruck nach aufwärts gemacht, und es ist ein besonderes Verdienst der Zentrale für das Ofensetzergewerbe Deutschlands und des Herrn Vortragenden, der z. Zt. Vorsitzende dieser Zentrale ist, daß hier ganz Bedeutsames geleistet worden ist. Es ist sehr richtig hervorgehoben worden, daß gerade im Einzelofen die Fehler sich verdundertfachen; denn der Einzelofen ist und wird immer wieder sein ein überaus notwendiger Gegenstand in unseren Behausungen. Und die Fehler, die da gemacht werden, vervielfältigen sich ins ungemessene.

Die bayerische Staatsregierung hat für die Beratung in heiztechnischer Hinsicht eine großzügige Organisation durch geführt und hat die öffentlichen Baubehörden in den Dienst dieser Sache gestellt; wir arbeiten hier in vollständiger Übereinstimmung mit dem Hafnergewerbe.

Ich darf nunmehr wiederum eine Pause eintreten lassen; wir haben dann noch Zeit zur Besprechung der Vorträge. Es haben sich 4 Herren zur Besprechung gemeldet.

Diskussion.

Vorsitzender: Sehr verehrte Herren! Wir treten in Punkt 4 der Tagesordnung »Besprechung« ein. Es haben sich inzwischen insgesamt 9 Redner zum Wort gemeldet. Ich darf mir die Bitte gestatten, in möglichster Kürze, Sachlichkeit und unter Vermeidung aller Wiederholungen die einzelnen Gegenstände zu behandeln; dabei sollen selbstverständlich der Redefreiheit keinerlei Schranken auferlegt werden.

Ich ersuche Herrn Prött das Wort zu nehmen; nach ihm spricht Herr zur Nedden.

C. H. Prött, Rheydt: Meine Herren! Der Vortragende, Herr Dr. A. Weber hat darauf hingewiesen, daß jährlich an Lungenentzündung viele Menschen sterben. Nach meinen Feststellungen kommen die Lungenentzündungen hauptsächlich bei der Lufttemperatur von 8⁰ und 100 vH Feuchtigkeit vor. Ich habe gefunden, daß sie sich beben lassen, und zwar habe ich damit sehr viele Lungenkranke von Lungenentzündungen befreit. Ich bin z. B. auch nach Davos und nach St. Moritz gefahren und habe dort den zweijährigen Durchschnitt der Temperatur der Luft und ihres Feuchtigkeitsgehaltes festgestellt. Der zweijährige Durchschnitt war 0⁰ C und 80 vH Luftfeuchtigkeit. Dabei wird dem Menschen wenig Feuchtigkeit entzogen. Ich baue einen kleinen Luftbefeuchter und habe mit demselben Versuche angestellt und es fertig gebracht, daß in mit Salzwasser befeuchteter Luft die Lungenentzündungen fast behoben sind. Es tritt kein Fieber mehr auf. So ist es erklärlich und auch jedem bekannt, daß man sich an der See, wo hohe Luftfeuchtigkeit besteht, fast nie erkältet. Das kommt daher, daß die Salzluft den Schleim löst, daß die Lungen auf diese Weise frei werden und die höhere Feuchtigkeit das Fieber behebt.

Zur Nedden, Diplomingenieur, Geschäftsführer des Sachverständigenausschusses für Brennstoffverwendung beim Reichskohlenrat, Berlin: Meine Herren! Ich habe zunächst die angenehme Aufgabe, Ihnen die Grüße des Reichskohlenrates zu übermitteln. Ich möchte gleich hier bemerken, daß der Reichskohlenrat keinerlei Zwangswirtschaftstendenzen verfolgt. Er stellt dar die Vereinigung der Interessen der an der Kohlenwirtschaft beteiligten Kreise, der Kohlenerzeugung und des Kohlenverbrauchs. In Bezug auf den Kohlenverbrauch ist gemäß dem Kohlenwirtschaftsgesetz beim Reichskohlenrat eine Abteilung oder ein besonderer ständiger Ausschuß, der Sachverständigenausschuß für Brennstoffverwendung gebildet worden. Dieser Ausschuß hat wiederum für die einzelnen Zweige der Brennstoffverwendung Sonderausschüsse gebildet. Von den Beratungen des Sonderausschusses für Hausbrandfragen will ich ein paar Worte sprechen, die zu dem heutigen Thema beitragen.

Es ist von allen drei Rednern darauf aufmerksam gemacht worden, wie außerordentlich wichtig die zweckmäßige Beratung des Publikums in der Verwertung der Heizeinrichtungen sei. Auch der Sonderausschuß für Hausbrandfragen hat sich stets auf den Standpunkt gestellt, daß in der Verbreitung des notwendigen Verständnisses für sachgemäßes Heizen die Haupttätigkeit von seiner Seite aus zu bestehen hat. Nun bietet sich neuerdings eine Möglichkeit, auf die ich hier besonders aufmerksam machen möchte, und zwar in dem Entwurf des Reichsmietengesetzes, der z. Zt. dem Reichstag zur Beratung vorliegt. In diesem Entwurf ist vorgesehen (§ 6), daß die Notwendigkeit und der Umfang von Instansetzungsarbeiten zu entscheiden sei von einer von der obersten Landesbehörde einzusetzenden Stelle, und daß die Kosten dann zwischen den Mietern und dem Vermieter verteilt werden müssen je nach dem, ob es sich um kleine oder große Instandsetzungsarbeiten handelt. Diese außerordentlich wichtige Funktion, die die von der obersten Landesbehörde einzusetzende Stelle nach dem Reichsmietergesetz haben wird, möchte ich für Bau und Instandhaltung von Heiz- und Kochanlagen noch unterstreichen dadurch, daß ich Ihnen einen prinzipiellen Punkt hervorhebe, der heute hier nicht in aller Klarheit zum Ausdruck gekommen ist, der aber die Ursache dafür ist, daß gerade auf dem Gebiet des Hausbrandes so außerordentlich viel gesündigt wird. Bei den gewerblichen und industriellen Heizungs- und Feuerungsanlagen wird nämlich die Anlage von derselben Person erbaut, die sie nachher benutzt, so daß sie höhere Anlagekosten evtl. durch niedrigere Betriebskosten wieder hereinbringen kann. Beim Hausbrande dagegen sind Erbauer und Nutzgießer in der Mehrzahl der Fälle zwei verschiedene Wirtschaftspersönlichkeiten, so daß ohne weiteres kein Anreiz besteht, daß der Ersteller etwaige höhere erstmalige Gestehungskosten in Kauf nimmt, damit der Nutznießer die Anlage billiger betreibe. Dieser wichtige wirtschaftliche Unterschied wirkt automatisch dahin, daß unsere Hausbrandfeuerungsanlagen vielfach in einem so kläglichen und minderwertigen Zustande sind. Es ist deshalb besonders wichtig, daß zwischen Vermieter und Mieter, zwischen Ersteller der Anlage und Benutzer der Anlage, eine vermittelnde Tätigkeit einsetzt. Indem das Reichsmietengesetz nun, aus ganz anderen Gesichtspunkten heraus, für die Bemessung und Befristung von Instandsetzungsarbeiten eine besondere Stelle vorsieht, bietet sich Gelegenheit, hier ausgleichend zu wirken. Der Sonderausschuß für Hausbrandfragen hat die Stellung eingenommen, daß bezüglich der Heiz- und Kochanlagen diese von der obersten Landesbehörde einzusetzenden Stellen vor allen Dingen aus den Mitgliedern der heiztechnischen Berufsorganisationen selbst bestehen sollen. Es würde dadurch erreicht, daß das Schwergewicht solcher Stellen neben den baupolizeilichen Gesichtspunkten vor allem in der Richtung heiztechnischer Beratung, der Schlichtung von Streitfällen, der friedlichen und schiedlichen Einwirkung auf Mieter und Vermieter und der immer wieder erneuten Verbreitung des Verständnisses für bessere Ausnutzung der Hausbrand-Brennstoffe wirken würde. Aus diesem Grunde hat der Sonderausschuß für Hausbrandfragen beschlossen, den Reichstag zu ersuchen, in das Reichsmietengesetz eine Ergänzungsbestimmung aufzunehmen, die vorsieht, daß, soweit es sich bei diesen Instandsetzungsarbeiten um heiztechnische Probleme handelt, diese gelöst werden sollen im engsten Einvernehmen und mit der Unterstützung durch die heiztechnischen Berufsorganisationen. Auf diese Weise wird auch gewährleistet, daß die spezifisch örtlichen Bedingungen überall in der genügenden Weise zum Austrag kommen, und es wird weiter gewährleistet — und ich sehe darin nicht den geringsten Vorteil dieses Verschlages, — daß alle Zweige des Heizwesens auf diese Weise zusammenarbeiten in den gleichen Sachverständigen-Körpern und friedlich und schiedlich auch untereinander zu arbeiten sich gewöhnen.

Indem ich diese Ausführungen hier mache, möchte ich an Sie alle, die Sie hier versammelt sind, die Bitte richten, diese Bestrebungen des Sonderausschusses für Hausbrandfragen auch in der Öffentlichkeit unterstützen zu wollen, damit bei den Beratungen im Reichstag die notwendige Resonanz vorhanden und eine »Atmosphäre« geschaffen ist, die dazu verhelfen soll, daß hier das heiztechnische Sachverständnis zum Segen der Gesamtheit zwanglos in Form der Selbsthilfe eingeschaltet wird. (Beifall).

Vorsitzender: Ich darf im Namen der Versammlung für die übermittelten Grüße des Reichskohlenrats meinen Dank aussprechen, und ich möchte jetzt das Wort Herrn Ingenieur Knuth geben.

C. Knuth, Budapest: Es war in meinem Vaterlande nicht geglaubt worden, daß die Verhältnisse bezüglich der Kohlennot in Deutschland so arge sind, wie sie in den Zeitungen der damaligen Zeit geschildert worden sind. Ich selber habe mich erst auf meinen Reisen durch Deutschland davon überzeugt, daß die Verhältnisse wirklich sehr schwere waren. Das berühmte Nürnberger Theater, welches bei Kongressen hier schon wegen seiner luftzugfreien Heizung eine große Rolle gespielt hat und dadurch allgemein bekannt wurde, hatte im Verlaufe dieses Winters den stärksten Luftzug, den ich in meinem Leben je erlebt habe, und wir saßen dort in Pelzmänteln, weil die Zentralheizung nicht in Betrieb genommen werden konnte. Die Verhältnisse sind sehr schlecht, und es ist durch den Vortragenden, Herrn Geheimrat Uber, bekannt geworden, daß nicht nur in einigen Gegenden, sondern im ganzen Reich die Verhältnisse sehr traurig sind. Diese Verhältnisse können aber jedenfalls nicht überboten werden durch die traurigen Verhältnisse in meiner Heimat.

Ich glaube, die Herren werden sich dafür interessieren, was für Methoden wir gesucht haben, anzuwenden, um die verschiedenen Zentralheizungen in Betrieb zu setzen, die wegen des vollständigen Mangels an Brennmaterial ganz außer Betrieb waren. Wir suchten solche Brennmaterialien zu verwenden, die bisher verschüttet waren, verachtet waren oder nicht vorhanden waren. Tausende von Waggons Schlacke waren bei den Müllbeseitigungs-Anlagen aufgestapelt, und nun eröffneten Tausende von Arbeitern hier ein Bergwerk. Sie schaufelten die Schlacke heraus und nahmen zuerst eine Separierung der brennbaren und nicht brennbaren Bestandteile vor. Man hat jedoch in letzter Zeit mechanische Methoden zur Separation in Anwendung gebracht. Durch diese Arbeiten sind große Mengen von Brennmaterial der Zentralheizung wieder zugeführt worden.

Ein zweites Brennmaterial, welches nicht vorhanden war, war der Grudekoks. Die Gaswerke waren früher mit hochwertigen Kohlen aus Deutschland oder Böhmen versorgt worden. Der Koks, welcher entstanden war — ich meine den Gaskoks — hat dieselbe Qualität, wie er hier auch vorhanden ist. Durch das Unterbinden der Zufuhren aus dem Auslande waren wir nun gezwungen, zu einheimischer minderwertiger Braunkohle überzugehen. Das Nebenprodukt der Braunkohle ist bekanntlich der Grudekoks. Es ist ein Brennmaterial in Korngröße von 2 bis 10 mm Durchm., das in den vorhandenen gußeisernen Kesseln mit den gewöhnlichen Rosten nicht verbrannt werden konnte, weil die Entzündung des Brennmaterials ohne Gebläse nicht gelang. Vor 2 Jahren wurden die ersten Grudekoksfeuerungen bei den Zentralheizungskesseln eingerichtet, und zwar dadurch, daß wir dieselben Methoden, die in der Maschinenindustrie bei Unterwindgebläsen bekannt sind, auch in die Zentralheizungstechnik übernahmen. Die Anlagen funktionierten in so einwandfreier Weise, daß der Bedarf an Grudekoks so stieg, daß ihm die Gaswerke nicht mehr nachkommen konnten.

Es mußte weiter Umschau gepflogen werden nach Brennmaterialien. Da bot sich die Lokomotivlösche als dritter Helfer. Es ist unglaublich, was für große Mengen von dem Material zutage treten. Ich weiß nur eine Anlage, die im Frieden mit Lokomotivlösche geheizt wurde, und jetzt sind es hunderte. Die Anlagen, die für Grudekoks geändert waren, gingen auch mit Lokomotivlösche zu heizen. Die Methode ist dieselbe, welche für die Industriefeuerung verwendet wird, nur mußten besondere Formen geschaffen werden. Es ist nötig, ein Unterwindgebläse zu schaffen, welches von einem Motor getrieben wird. Es ist weiter nötig, Einlegroste zu geben und bei schmiedeeisernen Kesseln die alten Roste herauszunehmen und neue einzubauen. Da haben wir die Wahl zwischen Rosten aus Guß- oder Schmiedeeisen. Beide haben ihre Vorteile und Nachteile. Jeder Rost verbiegt sich mit der Zeit und in überwiegender Menge hat sich der schmiedeeiserne praktisch erwiesen, wenn er in einer Wandstärke von 12 mm und mit einer Lochweite von 7 mm verwendet wird. Nach einem Betrieb von 2 bis 4 Monaten waren die Roste verbogen; aber es war möglich, durch Hammerschläge die Platte wieder gerade zu machen und die Kontinuität der Rostfläche wieder herzustellen. Es sind in meiner Tätigkeit 40 Anlagen mit 130 Feuerungen im vorigen Jahre ausgeführt worden, welche mit Lokomotivlösche in Betrieb waren. Der Betrieb mit Lokomotivlösche gibt schnell eine Betriebsbereitschaft, indem es in 20 Minuten gelingt, die Zentralheizung von 0 auf Vollbetrieb zu bringen. Bei gußeisernem Kessel war es kaum möglich, mehr als 12 h auszusetzen, ohne Holz anzufeuern; aber bei 3 bis 4 h Pause war es nur nötig, den Motor in Betrieb zu setzen und die Anlagen konnten ohne neues Feuermachen weiter funktionieren. Bei eingemauerten Kesseln waren die Verhältnisse noch besser, indem die aufgespeicherten Wärmemengen der Wände hinreichten, um eine 12stündige Pause auszugleichen. In den Anlagen, welche im Oktober in Betrieb gesetzt sind, wird kein Kilogramm Holz mehr verfeuert.

Die Heizverhältnisse sind folgende: Wenn man Gaskoks mit 7000 cal annimmt, hat sich gezeigt, daß Grudekoks 5000 cal per kg hat und Lokomotivlösche 4200 cal per kg.

Wie jede Unterwindfeuerung hat diese auch ihre Nachteile, und zwar dieselben wie die Industriefeuerungen. Ich möchte die Nachteile in 4 Punkten aufzählen.

1. Der erste Nachteil ist, daß die Magazinfüllung, welche wir bei den gußeisernen Kesseln als Vorteil für den Betrieb schätzen und lieben lernen, ganz verschwindet. Sie ist nicht mehr möglich, da die Höhen der Brennmaterialschichten nur 8 cm betragen. Damit hängt auch zusammen, daß die ständige Bedienung von einer Person nötig ist, die diese Schichthöhe tatsächlich aufrecht erhält.

2. Ein weiterer Nachteil ist, daß der elektrische Strom fortwährend zum Betrieb nötig ist.

3. Ein anderer Nachteil ist, daß Unrichtigkeiten im Mauerwerk oder zwischen den Gliedern entstehen, welche sich bei den gewöhnlichen Zugverhältnissen dadurch äußern, daß sie die Ökonomie verschlechtern; in diesem Falle durch Ausblasen der Gase die Kesselraumluft verschlechtern und dadurch Kopfweh usw. erzeugen.

4. Der letzte Nachteil ist der, daß die Flugaschenmenge sehr groß ist. Das bedingt also einen bedeutenden Aufwand von Arbeit zur Reinigung der Züge und der Rauchfuchsanlagen. Den Nachteil bezüglich der Undichtigkeit und des Staubes können wir durch Maßnahmen bekämpfen, indem wir die Mauerungen dicht herstellen und die Kesselglieder, deren Ausschmierung sonst nicht im Programm der jährlichen Instandsetzungarbeiten lag, nunmehr regelmäßig ausschmieren. Diese Arbeiten werden jetzt jährlich unbedingt durchgeführt werden müssen mit Mangankitt oder, wenn der schwer zu erhalten ist, mit Chamottelehm. Dadurch sind besondere Verbesserungen in der Kesselraumatmosphäre erreicht worden. Die Staubplage war in einigen Fällen so groß, daß die Regenrinnen verstopft wurden, und es unmöglich war, den Staub durch mechanische Mittel zu beseitigen. Die Regenrinnen mußten durch neue ausgewechselt werden. Hier ist das Bekanntwerden des Nachteils genügend gewesen, daß man Abhilfe dadurch schaffte, indem man Entstaubungsanlagen durch Zyklone oder große Beruhigungskammern schuf, die die Staubwirkung vollständig beseitigten.

Ich will keine Ziffern geben bezüglich der Kosten der Anlage, da die Ziffern gar kein gutes Bild geben. Nur das will ich bemerken, daß viele Anlagen durchgerechnet wurden und sich gezeigt hat, daß sich die Anlage in einem Jahr schon amortisierte. Die Brennmaterialkosten für diese Materialien, die verfeuert werden — Lokomotivlösche und Grudekoks — sind so billig im Verhältnis zu Koks, daß sich die Einrichtung der Anlage unbedingt lohnt, auch wenn die Brennmaterial-

kosten in den nächsten Jahren herunter gehen würden. Es ist also in den meisten Fällen eine kleine Aktiengesellschaft gegründet worden von den Bewohnern eines Hauses, welche die Kosten zusammen tragen und das Resultat war, daß die Kosten des Kostenanschlages nicht überschritten wurden im Vergleich zu der Beschaffung des teuren Koks oder der Kohlenmenge.

Es ist also wahrscheinlich, daß die Brennmaterialien, Grudekoks und Lokomotivlösche, auch in späteren Jahren eine Brennmaterialqualität bilden werden, welche bei Betrieb von Zentralheizungen mit berücksichtigt werden müssen. Ich habe den Eindruck, daß wir nicht nur aus der Not eine Tugend machten, sondern indem wir die Methode in der Industrie auf die Zentralheizung anwendeten, haben wir die Wirtschaftlichkeit der Zentralheizung in einem günstigen Sinne beeinflußt. Die Einrichtung zur Verwendung von bisher nicht allgemein verwendeten Brennmaterialien beeinflußt die Sparmaßnahmen in dem Sinne, daß die erwähnten Sparmaßnahmen auch in Zukunft einen bleibenden Fortschritt in der Technik bedeuten werden. (Beifall).

Vorsitzender (nach einigen geschäftlichen Mitteilungen): Darf ich jetzt Herrn Geheimrat Fischer vom preußischen Wohlfahrtsministerium das Wort erteilen.

Ministerialrat und Geh. Baurat Fischer, Berlin (Preußisches Ministerium für Volkswohlfahrt): Ich stelle mich als Vertreter des preußischen Ministeriums für Volkswohlfahrt vor, welches das Wohnungswesen in seiner besonderen Fürsorge hat.

Aus den Darlegungen des ersten Herrn Redners, des Herrn Geheimrat Weber, ist das erschütternde Bild der großen Wohnungsnot und Kohlennot hinreichend klar geworden. Ich muß gestehen, daß ich, da ich mit der Wohnungsnot dauernd zu tun habe, mit einer ziemlichen Spannung auf Ihren Kongreß gereist bin, weil ich erwartete, daß hier die Frage der Wohnungsnot, die ja an jeden von uns in irgend einer Form herantritt und von der man auf Schritt und Tritt die lebendigste Anschauung erhält, auch hier der Gegenstand einer breiten Erörterung werden würde. Leider ist das bis jetzt nicht in dem erwartetem Maße der Fall gewesen. Es ist diese schwerwiegende Frage in Ihrem Kreise wohl aus verschiedenen Gründen nicht so lebendig zur Erörterung gekommen, u. a. vielleicht deshalb, weil das Zentralheizungswesen, welches hauptsächlich hier vertreten ist, in der Überfülle von Arbeit, die ihm andere Aufgaben, besonders aus der Industrie, bieten, durch die Art des Wohnungsbaus, die jetzt allein in Frage kommt, nämlich den Kleinwohnungsbau nicht recht berührt und in Anspruch genommen wird: Ich meine das eigentliche Kleinwohnungswesen, nicht die Bedürfnisse des wohlhabenden Mittelstandes, nicht die des Luxusbaues, sondern das Wohnungswesen der großen Masse des Volkes, derjenigen Bevölkerung, die sich mit ein bis zwei Stuben begnügen muß. Und Sie wissen alle, daß in den Städten schon vor dem Kriege der größere Teil der Einwohnerschaft war, der hierauf angewiesen ist.

Für diesen Teil unseres Volkes, für seine Wohnungsnot und für seine Heizungsnöte müssen wir sorgen, nicht aus bloßem Mitleid, sondern weil es eine Forderung der Zeit ist und weil der Bolschewismus an unsere Türe klopft und wir, wenn wir diese Not nicht hören, selber zu Grunde gehen. Wir dürfen uns nicht darauf beschränken, auf die dünne Oberschicht, die es unangenehm empfindet, daß sie ihre Ansprüche an Wohnungsannehmlichkeiten gegen früher etwas herabsetzen und womöglich manchmal auch ein bißchen frieren muß. Sondern das Zentralheizungswesen, das den Komfort der großen Wohnungen so außerordentlich gefördert hat, sollte sich jetzt vorwiegend des Kleinwohnungswesens annehmen. Aber leider kommt es vorläufig hierfür so gut wie garnicht in Betracht, weil die Anlage nach der bisherigen Art der Konstruktion zu teuer geworden ist. Wir haben in Preußen einen ziemlichen Überblick über das, was im Wohnungsbau geschehen ist und geschehen kann. Meine Herren! Die Kräfte der Staaten, weitere Zuschüsse zu leisten, sind bald am Ende. Darum gilt als Aufgabe des Kleinwohnungsbaus: das Allerbescheidenste nicht bloß in Größe und Bauart, sondern auch in Heizanlage und Heizbetrieb herauszubilden.

Diese Aufgabe dünkt mir interessant und schwierig genug, daß die ganze Wissenschaft und Technik sich daran wenden und darüber nachdenken sollte, welche Wege zu gehen sind, um auch für das Kleinwohnungswesen die Zentralheizung nutzbar und rentabel zu machen. Es müssen Mittel gefunden werden, um die Wohnung, die mit den billigsten Mitteln hergestellt werden muß, auch durch Zentralheizung billigst heizen zu können und sie so wirtschaftlich sparsam einzurichten, wie es irgend möglich ist. Der erste Herr Redner hat schon beiläufig eine solche Forderung erwähnt, nämlich die Verbesserung der Fußbodenerwärmung. Die Vereinfachung und Verbilligung des Baues von Zentralheizungen für Kleinwohnungen ist eine Aufgabe, die auf jeden Fall in der nächsten Zukunft gelöst werden muß. Wenn die bisherige Ausführungsart der Zentralheizung sich zu teuer stellt, warum passen wir die Konstruktion nicht den einfacheren Verhältnissen des Kleinhauses an? Darüber nachzudenken ist eine dankbare Aufgabe. Auch andere schwerwiegende Fragen stehen damit in Zusammenhang. Die Kohlenbewirtschaftungsstelle wird bestätigen, daß es von größter Wichtigkeit ist, einzelne Räume in zentral geheizten Wohnungen in vollkommener Weise als bisher absperren zu können. Nicht blos die Zentralheizung, auch der Ofenbau, der des eisernen und des Kachelofens, muß sich immer mehr in den Dienst des Kleinwohnungswesens stellen. Alle drei Industrien haben diese Aufgabe zu pflegen, sie als wichtigste der nächsten Zukunft zu behandeln. Diesen Aufruf richte ich an alle Vertreter der Industrien, die heute hier versammelt sind. Die Bedeutung der Wärmewirtschaft kommt auch darin zum Ausdruck, daß die Zuschüsse des Staates abhängig gemacht werden von der richtigen Einrichtung der Öfen- und Heizanlagen. Diese Forderung ist bereits bei der Gewährung der preußischen Zuschüsse ausgesprochen worden. Nach den dort geltenden Bestimmungen darf kein Zuschuß gewährt werden, wenn nicht in den Entwürfen eine sparsame Wärmewirtschaft sichergestellt ist. Es wäre zu wünschen, daß auch die übrigen Länder, Bayern, Sachsen usw. dem Beispiele Preußens auf diesem Gebiet folgen würden. Wir alle aber müssen an dem Hauptziel arbeiten, daß nicht nur Wohnungen geschaffen, sondern auch die zweckmäßigsten und sparsamsten Heizeinrichtungen für sie gefunden werden. (Beifall).

Vorsitzender: Ich erteile nunmehr Herrn Ingenieur Uhrmeister das Wort.

Ingenieur und gerichtl. Sachverst. H. F. Uhrmeister, Inhaber der Zentralheizungsfabrik Kaufmann & Co. m. b. H., Berlin: Meine Herren! Es ist zwar nicht der Zweck und die Aufgabe des derzeitig hier tagenden Kongresses, über die Grenzen seiner Beteiligung aufklärend zu wirken; aber dennoch wird der Architekt und Baufachmann nach den ihm schon teilweise von den Herren Vortragenden gegebenen Hinweisen mit Spannung die Kongreßberichte lesen, um Neues für sich zu erfahren, was er zweckmäßig für seine Baulichkeiten verwenden kann. In den sehr interessanten Ausführungen der Herren Vortragenden ist unbedingt ein Hinweis darauf zu vermissen, wie heute am zweckmäßigsten ein Siedelungshaus beheizt wird. Wir dürfen nicht übersehen, daß es eine unbedingt soziale Forderung ist, für die richtige Beheizung des Siedelungshauses Sorge zu tragen. Das Siedelungshaus wird, wie Herr Geheimrat Fischer vorhin andeutete, vom kleinen Mann, vom Arbeiter und dergl. bewohnt. Die Leute gehen morgens zur Arbeit, womöglich noch die Frauen, in irgend eine Fabrik und sie haben nicht Zeit, drei oder vier Räume für sich zu heizen; denn wenn sie selbst von der Arbeit zurückkommen oder ihre Kinder aus der Schule, dann müssen ihre Räume warm sein. Es ist nicht zu verkennen, daß die Zentralheizungsindustrie Anlagen schaffen muß, die in Bezug auf Wirtschaftlichkeit und Billigkeit der Anlagen das bieten, was das Siedelungshaus erfordert. Es ist möglich, daß eine Einzelzentralheizung für ein Siedelungshaus wenigstens mit denselben Kosten wie eine Ofenheizung hergestellt werden kann; es bedarf dazu nur einigen Nachdenkens und einer zweckentsprechenden Anordnung. Ich kann Ihnen aus meiner Praxis sagen, daß ich in der Lage war, für ein Siedelungshaus mit vier beheizten Räumen eine Zentralheizung um M. 80 billiger herzustellen, als eine Ofenheizung gekostet hätte. Es muß von der Zentralheizungsindustrie darauf hingewiesen werden, daß die

Verwendung von Herdkesseln für die Beheizung derartig kleiner Räume nicht zweckmäßig ist. Ich gebe die Anregung, daß aus den Kreisen der Zentral-Heizungsindustrie mehr darauf gehalten werden muß, daß auch ein Siedelungshaus, sei es als Fernheizung durch die Verwendung vorhandener Abwärme oder durch geschickt angeordnete Einzel-Zentralheizungen, deren preiswerte Herstellung an Güte nicht hinter anderen Einzelanlagen zurückstehen darf, erwärmt wird. (Beifall).

Vorsitzender: Ich erteile nun Herrn Oberingenieur Gott das Wort.

Oberingenieur Wilhelm Gott, Berlin, von der Fa. Strebelwerk, Mannheim: Herr Ministerialdirektor Uber wies in seinem Vortrage auf die Möglichkeit des Abbrandes der Zugtrennungsrippen bei gußeisernen Kesseln hin. Ich möchte hierzu erklärend bemerken, daß dieser Vorgang nur möglich ist, wenn in den Kesseln feuchter Gaskoks gefeuert wird, niemals bei der Verfeuerung von trockenem Gaskoks, und auch nicht bei Schmelzkoks.

In meiner langjährigen Praxis in der Beobachtung von Heizungskesseln ist mir kein Fall bekannt geworden, wo die Zugtrennungsrippen bei Verfeuerung von trockenem Gaskoks oder Schmelzkoks von dem Feuer angegriffen worden sind.

Wird feuchter Gaskoks in Zentralheizungskesseln verfeuert, so findet eine Anreicherung von schwefliger Säure aus dem Brennstoff an das Gußeisen statt, die das Eisen chemisch zersetzt. Dieser Zersetzungsprozeß macht aber keineswegs vor dem Schmiedeeisen halt. Mir ist eine große Zahl von Fällen bekannt geworden, wo schmiedeeiserne Kessel schon nach 4 Betriebswintern gegen gußeiserne ausgewechselt werden mußten, weil sie durch chemische Einwirkungen derart zerstört waren, daß sie nicht mehr gedichtet werden konnten.

Hieraus geht hervor, daß es dringend notwendig ist, mit allen Mitteln darauf hinzuwirken, daß für Zentralheizungskessel nur trockener Koks eingekauft wird und daß, wenn infolge der bestehenden Notlage feuchter Koks bezogen werden muß, dieser nur vorgetrocknet zur Verwendung kommt. (Beifall).

Vorsitzender: Ich erteile nun Herrn Baurat Dr. Arnoldt das Wort.

Magistratsbaurat Dr.-Ing. Arnoldt, Dortmund: Meine Herren! Herr Ministerialdirektor Uber hat in seinem Referat die Frage aufgeworfen, ob die Gesamtkosten der Gebäude nicht durch den Einbau einer Zentralheizung übermäßig verteuert würden, und er hat als Abhilfsmittel, ebenso wie Herr Dr. Schiele das gestern getan hat, vorzuschlagen geglaubt, daß die Zentralheizungen für eine geringere Außentemperatur berechnet werden müßten und daß man — so habe ich die Herren verstanden — daneben Einzelöfen aufstellen soll, die die Spitzenbelastung decken, die bei Temperaturen von unter ± 0° die genügende Erwärmung der Räume garantieren sollen.

Meine Herren! Gegen diese Anschauungen in der allgemeinen Form möchte ich Verwahrung einlegen, und zwar auf Grund meiner 19jährigen Betriebserfahrung, die ich als Betriebsingenieur von Zentralheizungen in den verschiedenen Städten gesammelt habe, in denen mir die Überwachung des Betriebes der Zentralheizung übertragen war und wo ich festzustellen hatte, wie sich im Wärmeverbrauch die einzelnen Gebäude stellen, wenn größere oder kleinere Heizflächen in die Räume eingebaut werden. Meine Herren! Wenn das zuträfe, was die beiden Herren Vortragenden gesagt haben, so würde all das falsch sein, was wir bisher auf dem Gebiet gemacht haben; denn wir haben bisher die Raum-Heizflächen und Kesselgröße für eine Außentemperatur von — 20° berechnet und im Betriebe gefunden, daß auch diese Raumheizfläche, wenn wir nicht gewisse Zuschläge zu derselben gemacht haben, nicht ausreichte, um die Erwärmung der Räume bei gewissen Betriebsunterbrechungen, wie sie bei Verwaltungsgebäuden und Schulen erforderlich sind, zu gewährleisten. Oft waren wir nur auf Kosten einer übermäßig langen Anheizzeit, deren schädliche Wirkungen Ihnen durch die hohen Abgastemperaturen und den unwirtschaftlichen hohen Koksverbrauch bekannt sind.

Der Herr Vertreter des Reichskohlenkommissars hat darauf hingewiesen, daß oft dadurch Fehler gemacht worden sind, daß den Anlagekosten eine übermäßige Bedeutung zugesprochen ist und daß Anlagen ausgeführt worden sind — auch bei der Zentralheizung — die wenig Kosten verursacht haben, aber durch ihren hohen Koksverbrauch dem Besitzer keine Freude bereiten. Und jetzt wollen wir wieder in einen ähnlichen Fehler verfallen und die Raumheizflächen auf Kosten der Wirtschaftlichkeit verkleinern?

Wie liegen denn die Sachen?. Es tut mir leid, daß ich keine Tafel zur Verfügung habe, um den Nachweis an der Hand von Kurven zu führen, daß die Frage der Bemessung der Heizfläche sich herausspielen läßt auf eine wirtschaftliche Frage. Kleine Raumheizflächen geben geringe Anlagekosten, aber einen großen Koksverbrauch wegen der übermäßig langen Anheizzeit. Große Raumheizflächen geben höhere Anlagekosten; aber einen geringeren Koksverbrauch, und so sehen wir hier zwei Einflüsse, die sich gegenüberstehen. Auf der einen Seite haben wir die Kurve der Anlagekosten, die zuerst — bei kleinen Heizflächen — niedrig ist und allmählich bei größeren Raumheizflächen ansteigt, und auf der andern Seite haben wir die Kurve der — bei kleinen Raumheizflächen — großen Kokskosten, die allmählich — bei größeren Heizflächen — abfällt. Wenn wir die beiden Kurven nehmen, also die Summe der Brennstoffkosten und der Verzinsung und Tilgung der Anlagekosten und die auftragen, so bekommen Sie eine Kurve, die zuerst abfällt, dann ansteigt und auf diese Weise einen tiefsten Punkt hat, was man ja als Minimum — mathematisch gesprochen — bezeichnet. Dieser tiefste Punkt deutet die Heizfläche an, die am wirtschaftlichsten ist. Ich bin erfreut, daß in der Festnummer des »Gesundheitsingenieurs« sich ein Artikel von Direktor S p a l e k befindet, in welchem er über die Gasheizung spricht. Dort hat S p a l e k auf dieselben Verhältnisse, die ich eben erläutert habe, und die ich auf der heiztechnischen Tagung in Hannover, November 1920, schärfer zum Ausdruck gebracht habe, in treffendster Weise hingewiesen.

Das wären alles nur theoretische Ausführungen, wenn man nicht etwas andeuten könnte, wie sich die Sache in der Praxis stellt und welche Zuschläge nach den bisherigen Untersuchungen sich als zweckmäßig im Sinne dieser wirtschaftlichsten Heizfläche erwiesen haben. Die außerordentlich dankenswerten Ausführungen von Herrn Direktor S p a l e k kommen — glaube ich — darauf hinaus, daß Heizflächen empfohlen werden mit einem Zuschlag zur Transmission bei — 20° vom 1,5 bis zum 2fachen, und unsere Erfahrungen, die wir bei unseren städtischen Anlagen mit größerer Betriebsunterbrechung (Schulen usw.) gesammelt haben, bestätigen das ohne weiteres. Es dürfte nach den bisherigen rohen Beobachtungen ein Anheizzuschlag von etwa 60 vH zur reinen Transmissionsheizfläche bei —20° C die wirtschaftlichste Anlageheizfläche — bei den Preisen der Vorkriegszeit — ergeben haben. Aber auch aus einem andern Grunde sind diese reichlichen Heizflächen erforderlich, nämlich deshalb, weil es sich in den Kriegsjahren als am wirtschaftlichsten herausgestellt hat, bei Dampfheizung und auch bei Warmwasserheizungen, über die die Städte in großem Maße verfügen, bei milderem Wetter die stoßweise Heizung einzuführen. Reichliche Heizflächen sind aber erforderlich, um eine stoßweise Heizung zu ermöglichen, die bezweckt:

1. eine generelle Regelung der Raumtemperaturen vom Kesselraume aus,

2. die Ausschaltung der Rohrleitungs- usw. Verluste in den Heizpausen.

Diese stoßweise Heizung ist es, die in vielen Fällen 30 vH und mehr an Brennstoff gespart hat.

Nun möchte ich mir noch gestatten, auf einen 2. Punkt aus dem Referat des Herrn Geheimrat U b e r, einzugehen. Er sagte, die Frage des event. Einbaues der Zentralheizung ist eine Frage der Hausangestellten. Ich meine, es ist mehr eine Frage der Einschränkung. Wir können es uns als

verarmtes Volk nicht mehr leisten — auch der Mittelstand kann es sich nicht mehr leisten — alle Zimmer zu heizen. Er kann höchstens 1 Zimmer heizen neben der Wohnküche; aber weitere Kreise wird es geben, die nicht einmal das machen können und die nur die Wohnküche heizen können. Da möchte ich auf den Vorschlag aufmerksam machen, der im »Gesundheitsingenieur« — ich glaube 1913 — gemacht ist von einem Dresdener Ingenieur, der dahin geht, die Zentralheizungen nicht für a l l e Räume anzulegen, sondern sogenannte Wohnzimmerheizungen zu bauen, bei denen nur das eine benutzte Wohnzimmer beheizt wird oder eine Wohnküche. Die Dienstbotenfrage ist auch damit gelöst. Dann haben wir eine Zentralheizung, die diese beiden Räume allein beheizt und dazu wird nur eine geringe Bedienung notwendig sein, ebenso entstehen auch nur geringe Kosten, und es ist auch nur ein geringes Anlagekapital erforderlich. Dieser Gedanke müßte wieder aufgegriffen werden.

Nun möchte ich noch ein letztes Wort sagen über die Ausbildung unserer Heizer. Diese Ausbildung ist bisher nicht gut. Was kann man dagegen tun? Die Stadt Dortmund hat sich veranlaßt gesehen, Kurse abzuhalten — und zwar nicht nur für die Ausbildung von Heizern — sondern besonders für die Ausbildung von sog. Heizungsprüfern, die das wechselnde Personal anzulernen haben und es zu einem richtigen Betrieb und zu wirtschaftlichem Arbeiten zu erziehen haben. Aber es ist nicht nur die Ausbildung zu Heizern und Heizungsprüfern erforderlich, sondern auch die Heizungsingenieure müssen gehalten werden, die Heizer wirtschaftlich zu erziehen und ihre Heizungen wirtschaftlich zu bauen, und darum läßt die Stadt Dortmund für ihre Heizungsingenieure 14tägige Kurse von täglich etwa 2 bis 3stünd. Dauer i n n e r h a l b d e r D i e n s t z e i t abhalten, weil der Arbeitgeber nicht nur zu den Angestellten zu sagen hat: gib her, was du hast, das übrige kannst du behalten, sondern nach dem Taylorschen System verfahren muß, durch ein gutes Beispiel den Arbeitnehmern voranzugehen und als Betriebsleiter auch für die Ausbildung und Weiterbildung der Angestellten zu sorgen hat, um hierdurch die höchste Wirtschaftlichkeit zu erzielen. (Beifall).

V o r s i t z e n d e r: Ich erteile nun Herrn Landesoberingenieur O s l e n d e r das Wort.

Landesoberingenieur Oslender, Düsseldorf: Nach den ausführlichen Darlegungen von Herrn Baurat Dr. Arnoldt glaube ich mich ganz kurz fassen zu können.

Es ist von Herrn Geheimrat Uber der Vorschlag gemacht worden, für den Westen eine Temperatur von + 0° den Anlagen für Zentralheizung zugrunde zu legen. Ich kann Ihnen zunächst die Erfahrungen mitteilen, die in dem Fall gemacht worden sind, daß statt — 20° im Westen Anlagen mit — 14° gebaut worden sind. Die Erfahrungen sprechen entschieden dagegen, daß man das noch weiter treiben soll. Schon die Gründe, die Herr Baurat Dr. Arnoldt ausgeführt hat, verbieten es; aber auch zahlreiche andere, insbesondere die Mangelhaftigkeit in der Erwärmung. Sie müssen nicht denken, daß es die Außentemperatur allein ist, die die Leistungsfähigkeit der Anlage bedingt, sondern es gibt auch Windeinflüsse, die bei uns im Westen, wo wir viel Westwind haben, eine außerordentlich große Rolle spielen und es sehr notwendig erscheinen ließen, daß wir Heizanlagen haben, die bei geringen Temperaturen aber starkem Windanfall auch noch eine einigermaßen genügende Erwärmung der Innenräume gestatten. Das sind solche Anlagen — nach meinen mehr als 30jährigen Erfahrungen in Köln und Düsseldorf — die eben für —20° berechnet worden sind. (Zurufe: Sehr richtig!)

Was würden wohl die Architekten sagen, wenn hier erklärt würde: »wir befinden uns in einer derartigen Teuerung und derartigen Materialknappheit, daß wir entschieden mit den früheren Sicherheitskoeffizienten heruntergehen müssen. Wir brauchen die Bauten nicht mehr nach den alten Formeln zu berechnen, wir können jetzt 20 vH oder gar 50 vH geringere Querschnitte anwenden.« Ich glaube, meine Herren! wir würden kein Einverständnis untereinander darüber erzielen und unsere Vorlagen würden auch keinen Beifall bei den Behörden ernten.

Dann, meine Herren! was die Neuanlagen betrifft. Was nützt es, wenn wir die schönsten und besten und wirtschaftlichsten Heizungsanlagen bauen, die schönsten Kachelöfen und die wirtschaftlichsten Herde aufstellen, wenn wir sie nicht so betreiben können mit unserm Brennmaterial, wie es notwendig ist. Es ist auf der Tagung in Wiesbaden gesagt worden, man wollte — aber nur versuchsweise — mit 50 vH der Friedensmenge auskommen. Die Erfahrung hat gelehrt, daß das nur unter Schädigung der Gesundheit der Bevölkerung und bei allergrößten Klagen von allen Seiten möglich ist; deshalb möchte ich, da auch hier der Vertreter des Reichskohlenrates gerade hier anwesend ist, doch diese Frage auch einmal zur Sprache bringen. Es ist gesagt worden: 50 vH des Friedensmaterials. Das genügt allein nicht; denn es kommt noch die Verschlechterung in der Beschaffenheit des Brennmaterials hinzu, die auch noch etwa ¼ der früheren Menge ausmacht, so daß uns also für die Hausheizung ganz unzulängliche Brennmaterialmengen zur Verfügung gestellt werden. Es ist ein vergebliches Bemühen, solange die nicht angegriffen wird, einen Erfolg, eine Besserung zu erzielen. Und ich möchte daher gerade diese Sache hier auf dem Kongreß nochmals besonders betonen.

Die Frage, wie soll die Zentralheizung bei den Siedelungsbauten beschaffen sein, ist eine außerordentlich wichtige. Es muß da nicht allein geholfen werden, wenn das fertige Projekt vorliegt, wenn bestimmt ist, an der und der Stelle soll eine Siedelung geschaffen werden, sei es für Arbeiterwohnungen oder sonstige Wohnzwecke, sondern der Heizungsingenieur muß, wenn etwas Ersprießliches herauskommen soll, gleich bei der Planung mitwirken. Er hat es ferner mit zu beeinflussen, ob bei der Wahl der Grundstücke das eine oder andere genommen wird, meinetwegen aus dem Gesichtspunkt heraus, ob Abwärmeverwertung möglich ist oder nicht; denn sowie ersteres der Fall ist, spielen die Anlagekosten, die immer in den Vordergrund gestellt werden, durchaus nicht mehr die Rolle. Dann bekommen Sie auch das, was man bei den Arbeitern gerade wünscht. Der Arbeiter ist gewohnt, sehr schnell zu einer Heizung zu kommen und wünscht, wenn er die Wohnung verläßt, ebenso schnell wieder die Heizung abstellen zu können. Bekanntlich ist ja darum die Gasheizung auch in diesen Arbeiterkreisen besonders in den Städten eingeführt worden, und sie hat großen Anklang in diesen Kreisen gefunden. Eine Zentralheizung ermöglicht es, gerade diesen Anforderungen zu entsprechen. Der Arbeiter kann den Heizkörper abstellen, wenn er aus dem Hause herausgeht, und er kann ihn später wieder anstellen und findet dann sehr schnell, je nachdem die Anlage gebaut ist, seine erwärmten Räume.

Ich wollte Sie nicht länger aufhalten und verzichte auf weiteres. (Beifall.)

Vorsitzender: Es sind noch 3 Redner vorgemerkt. Ich ersuche, in möglichster Kürze zu sprechen und unbedingt nur sich an das Thema der heutigen 3 Vorträge zu halten. Zwischenhinein möchte Herr Geheimrat v. Böhmer eine Anfrage stellen.

Oberregierungsrat Geh. Reg.-Rat v. Boehmer, Berlin-Lichterfelde: Herr Magistratsbaurat Dr. Arnoldt hat auf einen s. Zt. im Gesundh.-Ing.[1]) veröffentlichten Vorschlag hingewiesen, der darauf hinauslief, daß in Mietshäusern, die zahlreiche Drei- und Vierzimmerwohnungen enthalten, in jeder Wohnung nur ein Zimmer mit Zentralheizung versehen werden sollte. Ein anderer auch im Gesundh.-Ing.[2]) veröffentlichter Vorschlag ging dahin, daß in Mietshäusern mit vielen Wohnungen, die außer der Küche nur je 1 oder 2 Zimmer haben, und hauptsächlich von Fabrikarbeiterfamilien be-

wohnt werden, in jeder Wohnung mindestens ein Zimmer oder beide durch einen vom Kochherde aus zu betreibenden Warmwasserheizkörper beheizt werden sollten. Es ist das nur für solche Verhältnisse gemeint, bei denen weder Abdampf, noch sonstige Abwärme zum Betriebe einer für das ganze Mietshaus einzurichtenden Zentralheizung oder Fernheizanlage zur Verfügung stände.

Ich wollte die Sachverständigen bitten, in unserer heutigen Versammlung doch zu diesen Vorschlägen Stellung zu nehmen und mitzuteilen, welche Erfahrungen etwa schon in der Praxis mit solchen Einrichtungen gemacht worden sind, oder welche anderen Einrichtungen sich für solche Verhältnisse bewährt haben. Denn hierbei handelt es sich um eine außerordentlich wichtige Aufgabe der Heizungstechnik und öffentlichen Gesundheitspflege. Gerade für diese Ein- und Zweizimmerwohnungen für Arbeiterfamilien in städtischen Mietshäusern muß auch in den Fällen, in denen keine Ferndampfheizung vorhanden ist, eine wirtschaftlich und hygienisch befriedigende, mühelos zu handhabende Heizeinrichtung geschaffen werden. (Beifall.)

Vorsitzender: Ich erteile jetzt Herrn Lempelius, Vorstand der Zentrale für Gasverwertung Berlin, das Wort.

Lempelius, Berlin: Meine sehr verehrten Herren! Gestatten Sie zunächst das feierlichste Gelöbnis, daß ich der Weisung des Herrn Vorsitzenden, mich an die Vorträge zu halten, pünktlich nachkommen werde.

Meine Herren! Ich glaube, jeder von uns und besonders diejenigen, die diesem Kreise etwas ferner stehen und zu denen ich mich bisher zählen mußte, haben wohltuend empfunden, daß jeder Gegensatz zwischen den Vorträgen vermieden wurde, daß die Zentralheizungsindustrie dem Ofensetzergewerbe brüderlich oder schwesterlich — wie man sagen will — die Hand reichte. Insofern habe ich die Ausführungen des Herrn Ministerialdirektor Uber besonders begrüßt, wenn er darlegte, daß die jetzige Knappheit an Geld und die teuren Herstellungskosten dazu nötigen, daß wir uns große Beschränkungen in der Bemessung der Zentralheizungen auferlegen und daß wir für höhere Kältegrade zurückgreifen müssen auf die Aufstellung einzelner Öfen, um die knapp zu bemessende Zentralheizung zu unterstützen. Er nannte 1 bis 2 Öfen in einer Wohnung. Herr Ministerialdirektor Uber machte weiter geltend, gegen die Ofenheizung spräche jetzt mehr als früher die Schwierigkeit mit den Dienstboten. Es wurde auch die Frage gestreift, daß die Ascheentfernung noch aus anderen Gründen etwas Unerwünschtes ist. Es ging aus allem zudem das Bestreben hervor — wie auch weiter betont wurde — den Brennstoff bestens auszunutzen.

Meine Herren! Darauf fußend ist es mir Bedürfnis, an Sie die Bitte zu richten, da ich die Ehre habe, namens der Gasindustrie zu sprechen — hier natürlich ohne besonderes ausdrückliches Mandat — mir zu gestatten, in diesem Bunde der Dritte zu sein. Es will mir scheinen, daß nichts für den von Herrn Dr. Uber gedachten Zweck sich besser eignet, als daß Öfen aufgestellt werden, die mit Gas betrieben werden. Es handelt sich um eine Aushilfeheizung in bester Form. Es ist schon erwähnt worden, daß die Gasheizung für solche Zwecke, wo es sich um rasche und bequeme Erwärmung handelt, vorzügliche Dienste leistet. Vom gleichen Gesichtspunkte muß ausgesprochen werden, daß sie als Brennstoff sparende Zwischenheizung zu dienen berufen ist, wenn es sich nicht lohnt, die Zentralheizung dauernd in Betrieb zu halten. Es sind gestreift worden die vorzüglichen Erfahrungen mit der Kachelofenheizung. Die Gasindustrie ist Herrn Ecker verpflichtet für seine außerordentlich verdienstliche Tätigkeit, die er durch die Ausbildung und Vorführung der Gaskachelöfen entfaltet hat in der hiesigen Ausstellung »das Gas« im Jahre 1914, deren Geschäftsführender Vorsitzender des Arbeitsausschusses ich die Ehre zu sein hatte.

Auf diesen Weg wollte ich hinweisen; ich darf Sie freundlichst bitten, des Gases zu gedenken, nämlich darum bitten, daß Zentralheizung, Ofensetzergewerbe und Gas brüderlich zusammenwirken, um in den Räumen, wo die Zentralheizung nicht ausreicht und Kachelkamine errichtet werden, dafür zu sorgen, daß sie tunlichst mit Gasheizung betrieben werden. (Beifall.)

---

[1]) »Die Heizung von Mietswohnungen mittlerer Größe«. Von Ingenieur Hessel in Dresden. Gesundh.-Ing. v. 26. Januar 1918. S. 33 bis 36.

[2]) »Die Beheizung kleiner Mietswohnungen«. Von Heizungsingenieur Martin Siebert in Kattowitz. Gesundh.-Ing v. 22. Juni 1918, S. 225 u. 226.

Vorsitzender: Ich erteile Herrn Oberingenieur Ritter das Wort.

Oberingenieur Ritter, Hannover: Gestatten Sie mir, mit einigen Worten auf eine Sache zurückzukommen, die von verschiedenen Herren und besonders von Herrn Stadtrat Ecker erwähnt worden ist. Sie betrifft die öffentlichen Beratungsstellen. Zu diesem Thema hat auch der Herr Vertreter des Reichskohlenrates gesprochen und in Aussicht gestellt, daß das Reichsmietengesetz einen Paragraphen enthalten soll, nach welchem die Schlichtung von Streitigkeiten zwischen Mietern und Vermietern an die betreffenden Beratungsstellen übertragen werden soll. Ich erblicke darin keinen Fortschritt, sondern ich sehe darin die Fortsetzung der Zwangswirtschaft, unter der wir, besonders was die Zentralheizungen anbetrifft, erheblich zu leiden hatten. Ich würde das Einstellen eines solchen Paragraphen in ein Reichsgesetz geradezu für verhängnisvoll halten, und ich möchte mich für meine Person entschieden dagegen aussprechen. Im übrigen stehe ich auf dem Standpunkt, daß die Zwangswirtschaft, soweit sie noch besteht, sobald wie möglich völlig zu beseitigen ist. (Lebhafter Beifall.)

Vorsitzender: Das Wort hat Professor Dr. Bonin.

Professor Dr. Bonin, Aachen: In dem Vortrag von Herrn Ministerialdirektor Uber ist die eiserne Ofenheizung besonders schlecht weggekommen, und nachdem nun Herr Geheimrat Fischer darauf hingewiesen hat, daß gerade für die ärmste Schicht der Bevölkerung gesorgt werden muß, möchte ich darauf hinweisen, daß für sie gerade der eiserne Ofen das Gegebene ist und daß die Heizungs- und Lüftungsfachleute sich daher damit beschäftigen müssen, diese Öfen möglichst vollkommen zu gestalten. Nun sind hier die Verhältnisse besonders ungünstig, weil der Käufer des eisernen Ofens der wirtschaftlich Schwächste ist und er sich etwas Billiges aussuchen muß. Ich sehe einen Weg zur Abhilfe vor allen Dingen darin, daß die Fabrikanten von eisernen Öfen ermutigt und genötigt werden, sie bei billigstem Preis auf die höchste wirtschaftliche Stufe zu bringen, dadurch daß bei dem Bau von Siedelungen auch an eine Prüfung der eisernen Öfen von sachverständiger Seite gedacht wird. Es ist kein Grund vorhanden, weshalb der eiserne Ofen unwirtschaftlicher sein soll als andere Öfen. Er ist sogar in gewissem Sinne besser, weil er billig ist. Nun gibt es allerdings neben guten Öfen auch noch viel minderwertiges Zeug. Durch eine solche fachtechnische Prüfung könnte aber erreicht werden, daß das Gewissen der Fabrikanten und Händler in dieser Beziehung geschärft und die Kritik des kaufenden Publikums gehoben wird.

Vositzender: Ich erteile jetzt Herrn Professor Dr. Gramberg das Wort.

Oberingenieur Professor Dr.-Ing. A. Gramberg, Höchst a. M.: Mich interessierte vorhin besonders der Vorschlag von Herrn Geheimrat Uber, daß man Zentralheizungen nicht mehr für — 20⁰, sondern für geringere Temperaturen berechnen sollte, und zwar deshalb, weil ich in der praktischen Durchführung ähnliche Wege gehe im Interesse größerer Wirtschaftlichkeit der Zentralheizung. Von anderer Seite — ich glaube, es war Herr Oberingenieur Oslender — ist eingewendet worden, daß eine Verkleinerung der Heizflächen zu einer Verschlechterung der Erwärmung führe. Es handelt sich hier augenscheinlich um ein Mißverständnis, durch dessen Aufklärung sich beide Meinungen vereinigen lassen. Wir haben zwei Heizflächen: die des Kessels und die in den Räumen. Die im Kessel ist diejenige, die durch ihre Größe dazu beiträgt, den Brennstoff gut auszunutzen und zu sparen, während die in den Räumen die ist, welche dazu beiträgt, die Räume zu überheizen und dadurch Brennstoff zu vergeuden. Infolgedessen ist also die richtige Lösung die, daß man im Interesse der billigen Herstellung die Zentralheizung nur für eine weniger tiefe Außentemperatur berechnet, daß man aber nicht gleichzeitig auch die Kesselgröße verringert.

Ich wollte Sie auf diese Möglichkeit hinweisen in der Hoffnung, ein Mißverständnis aufgeklärt zu haben.

Vorsitzender: Ich erteile jetzt Herrn Geheimrat Pfützner das Wort.

Geheimer Hofrat Prof. Pfützner, Dresden: Meine Herren! Wenn ich als letzter Redner noch einige Worte zu den heutigen Erörterungen sagen darf, so möchte ich vor allem auf die Lüftung unserer Räume hinweisen, die heute nur ganz beiläufig gestreift worden ist und die doch neben der Heizung eine so wesentliche Bedeutung für die Gesundheit hat.

Wir wissen ja alle, daß wegen des Kohlenmangels in den letzten Jahren immer weniger Wert auf die Raumlüftung gelegt wurde und vorhandene Lüftungsanlagen leider zumeist außer Betrieb gesetzt worden sind. Wenn wir auch unter normalen Verhältnissen für solche Räume, in denen sich nur wenige Menschen aufhalten, besondere Lüftungsanlagen entbehren und uns mit zeitweisem Öffnen der Fenster begnügen können, so bleibt doch die künstliche Lüftung von Schulen, Sälen und dergleichen, in denen sich viele Menschen längere Zeit befinden, nach wie vor eine dringende Notwendigkeit. Die wissenschaftliche Hygiene hat zwar die Schädlichkeit der ausgeatmeten Luft noch nicht in ihren einzelnen Teilen einwandfrei festzustellen vermocht, sicherlich wird aber die Raumluft durch die ausgeatmete Luft verschlechtert und sie kann auch dann noch nachteilig für den Menschen sein, wenn ihre Feuchtigkeit und Temperatur in den verlangten Grenzen bleibt. Selbst wenn ihre Schädlichkeit bestritten werden sollte, so ist doch ohne Zweifel solche Raumluft, von der ein großer Teil schon mehrere Male durch die Lungen anderer Menschen hindurchgegangen ist, in hohem Grade verunreinigt. Schon das Reinlichkeitsgefühl sollte den Menschen hindern, derartige Luft immer wieder einzuatmen, bevor sie Gelegenheit hatte, sich zu regenerieren. Für die Bemessung des notwendigen Luftwechsels müßte demnach vor allem ein Reinlichkeitsmaßstab eingeführt werden, der das zulässige Mischungsverhältnis von guter und gebrauchter Luft zur Grundlage hat. Niemand wird sich unbedenklich im Wasser einer Badewanne baden, in dem sich vorher ein anderer gebadet hat, obwohl ihn das Wasser nur äußerlich berührt, aber ohne Bedenken atmet er Luft ein, die vorher in einem anderen, vielleicht kranken Körper verunreinigt worden ist.

Schon derartige Erwägungen sollten Veranlassung geben, die Lüftungsanlagen wieder ausgiebig zu benutzen. Aber wir haben heute von Herrn Präsident Dr. Weber auch gehört, in welch' starkem Maße die Tuberkulose sich in den letzten Jahren ausgebreitet hat und unwillkürlich drängt die Frage auf, ob hieran nicht die mangelhafte Lüftung unserer Räume, Schulen, Arbeitssäle usw. einen großen Teil der Schuld mit trägt. Ist doch gute Luft sogar ein unbestrittener Heilfaktor dieser Krankheit. Das alte Vorurteil gegen künstliche Lüftung ist bei gut konstruierten Lüftungsanlagen gänzlich unberechtigt, denn die Erwärmung der eingeführten Frischluft kann ihre gute Beschaffenheit nicht nachteilig beeinflussen.

Diesen Tatsachen gegenüber wird es zur dringenden Notwendigkeit, vor aller Öffentlichkeit zu erklären, daß es höchste Zeit wird, die Kohlen auch für die Lüftung wieder frei zu geben und die Inbetriebsetzung der außer Dienst gestellten Lüftungsanlagen zu verlangen. Zudem ist der Brennmaterialaufwand für diese Anlagen geringer, als wenn dieselbe Lüftungswirkung durch das Öffnen der Fenster erfolgt.

Von einem der Herren Redner wurde Fußbodenheizung gewünscht und uns der Vorwurf gemacht, daß wir über diese Frage bisher immer hinweggegangen wären. Der Vorwurf ist nicht berechtigt, wie schon aus der Heizungsliteratur hervorgeht. Es sind s. Zt. verschiedene Fußbodenheizungen gebaut worden, wenn auch nicht gerade für Wohnräume, bei denen es meist bauliche Schwierigkeiten verbieten, aber doch für Krankenhäuser. Dabei hat sich gezeigt, daß Fußbodenheizungen nicht nur sehr unwirtschaftlich arbeiten, sondern auch noch hygienische Übelstände im Gefolge haben, deren Erörterung hier zu weit führen würde. Als Eigentümlichkeit sei nur erwähnt, daß der warme Fußboden, namentlich bei dem weiblichen Pflegerpersonal, Plattfüße verursachte, was sich chirurgisch leicht erklären läßt.

Von den verschiedenartigen Vorschlägen, die heute zur Verbesserung der Wirtschaftlichkeit der Heizanlagen gemacht worden sind, möchte ich besonders das von Herrn Dr. Arnholdt empfohlene stoßweise Heizen noch unterstreichen.

Namentlich bei Warmwasserheizungen läßt sich damit, dem Dauerheizen gegenüber, wesentlich an Brennmaterial sparen. Selbstverständlich muß dabei der selbsttätige Feuerregler ausgeschaltet werden, denn, wenn der Koks am Niederbrennen ist, sinkt die Wassertemperatur und der Regler läßt kalte Luft zutreten, die den Kessel abkühlt und zur Wärmevergeudung führt.

Auf wie kurze Zeit die Wärmeerzeugung täglich in den meisten Fällen beschränkt werden kann, läßt sich recht deutlich aus den Betriebsstunden der Dampffernheizungen erkennen, bei denen der Dampf zur Heizung der einzelnen Warmwasserheizungen in den Gebäuden dient. Hier genügt erfahrungsmäßig während der Heizperiode täglich durchschnittlich eine sechs- bis siebenstündige Dampfzuführung mittels der Fernleitungen, ohne daß nachteilige Temperaturschwankungen in den beheizten Räumen auftreten, was sich aus dem Wärmeaufspeicherungsvermögen der einzelnen Dampfwarmwasserheizungen und des Gebäudemauerwerks unschwer erklärt. Derartige Betriebserfahrungen sind noch viel zu wenig bekannt und sie erklären auch, warum die Verluste bei dem Ferntransport der Wärme für derartig konstruierte Dampffernheizungen so gering sind und ihr Betrieb sich wirtschaftlich so vorteilhaft gestaltet.

Zur Verbesserung der Wirtschaftlichkeit unserer Zentralheizungen würde es ferner wesentlich beitragen, wenn die fertiggestellten Anlagen mehr als bisher auf ihre Leistungsfähigkeit und Wirtschaftlichkeit geprüft würden. Bei den Schwerkraftwarmwasserheizungen werden z. B. die Rohrweiten für einen bestimmten Temperaturunterschied von 20, 25 oder auch 30° berechnet, — je größer der Unterschied, desto geringer die Rohrweiten — aber niemand sieht nach, ob das auch zutrifft; das hierzu nötige Rücklaufthermometer ist in den allerseltensten Fällen vorhanden, nicht einmal eine Vorkehrung, ein solches zeitweise einsetzen zu können.

Nicht selten kommt es vor, daß durch sämtliche Heizkörper das Wasser gut zirkuliert bis auf einen oder zwei, die zurückbleiben und nur bei hohen Wassertemperaturen mitkommen. Dann muß oft wegen eines einzigen Heizkörpers auch an milden Wintertagen das Wasser viel höher erwärmt werden, als wenn alle Heizkörper normal funktionierten. Das hat natürlich wieder größere Wärmeverluste zur Folge, die sich vermeiden ließen, wenn bei der Abnahmeprüfung auf gleichmäßige Temperatur sämtlicher Heizkörper, unter selbstverständlicher Beachtung der Rohrabkühlung, geachtet worden wäre. Seitdem es leicht tragbare und verhältnismäßig einfache Meßapparate gibt, ist es gar nicht mehr so schwierig und zeitraubend, festzustellen, ob die Heizkörper wenigstens annähernd gleichzeitig und gleichmäßig warm werden. Mit diesen wenigen Hinweisen soll selbstredend bei weitem nicht alles erschöpft sein, was bei Abnahmeprüfungen zu beachten ist.

Die heute hier gehaltenen Vorträge und die Aussprachen darüber haben wieder gezeigt, welche Bedeutung der Raumheizung in gesundheitlicher und wirtschaftlicher Beziehung zukommt und wie wichtig die Kenntnis dieser Dinge auch für die Allgemeinheit ist. Demgegenüber muß es befremden, wenn an einigen Hochschulen das Interesse für dieses Gebiet scheinbar wieder im Abflauen begriffen ist. Ganz besonders sollte mehr Wert auf diese haustechnischen Einrichtungen bei der Ausbildung und Prüfung der Architekten gelegt werden, die letzten Endes für die Einrichtungen verantwortlich sind, von denen gesundheitlich und wirtschaftlich in den von ihnen errichteten Gebäuden so viel abhängt. Die Zahl der Lehrfächer ist freilich bei den einzelnen Abteilungen der Hochschulen immer mehr gestiegen und es bleibt nur wenig Zeit für sogenannte Spezialfächer übrig, aber so wichtige Dinge sollten dabei nicht zu kurz kommen. Es wird ja niemals vom Architekten verlangt werden, daß er selbst Heizungs- und Lüftungsanlagen entwirft und berechnet, indessen sollte er doch wenigstens die maßgebenden hygienischen Grundzüge, die Eigenschaften und Wirkungsweisen der verschiedenen Systeme, sowie deren zweckmäßige Anordnung in den Gebäuden auf der Hochschule lernen, damit er später in der Lage ist, sich bei der Ausschreibung, Vergebung und Abnahme derartiger Anlagen vor schweren Mißgriffen zu schützen. Um das zu lernen, genügen freilich eine oder zwei Wochenstunden

eines Semesters nicht. Wir wollen hoffen, daß die heutigen Vorträge ganz besonders dazu beitragen werden, neues Interesse für dieses wichtige Gebiet der Gesundheitstechnik zu erwecken und die Lehren der Heizungs- und Lüftungstechnik in immer weitere Kreise zu tragen; handelt es sich doch dabei um Volksgesundheit und Volkswohlfahrt! (Lebhafter Beifall.)

Vorsitzender: Ich erteile jetzt Herrn Ministerialdirektor Dr. Uber zu seinem Schlußreferat das Wort.

Ministerialdirektor Dr. Uber, Berlin: Meine Herren! Ich muß ein Mißverständnis aufklären.

Mir ist der Vorwurf gemacht worden, ich hätte die Reduzierung der Wärmegrade bei der Berechnung der Zentralheizung allgemein vorgeschlagen. Das ist mir nicht im Traum eingefallen. Ich kann nachweislich meiner Niederschrift feststellen, was ich gesagt habe!

»Nun muß allerdings in jedem einzelnen Falle geprüft werden, ob die Kosten nicht zu hoch werden.«

Dann heißt es ausdrücklich:

»Wenn die Zentralheizung für die niedrigste örtliche Temperatur, angelegt werden soll, so werden die Kosten unter den jetzigen Verhältnissen allerdings sehr hoch werden; aber es wäre, soweit Einzelhäuser oder Häuser mit wenigen Wohnungen vorkommen, unklug.«

Ich habe diese Einschränkung nur empfohlen, soweit Wohnungen und Häuser mit einer geringen Anzahl von Wohnungen in Betracht kommen. Ich habe weiter gesagt, daß das nur in Frage steht, soweit es sich um die Heizung unserer Wohnräume handelt. Die ganze Bemerkung bezog sich nur auf die Beheizung von Wohnräumen. Es ist mir nicht eingefallen, die Reduzierung allgemein zu verlangen.

Dann möchte ich zu der Bemerkung von Herrn Lempelius bemerken, daß zur Aushilfeheizung auch Gasöfen in Betracht kommen.

Vorsitzender: Ich erteile jetzt noch das Wort Herrn Diplomingenieur Zur Nedden zu einer kurzen Erwiderung.

Dipl.-Ing. Zur Nedden, Berlin: Ich halte mich für verpflichtet, nur ein kurzes Wort auf den Warnungsruf vor der Zwangswirtschaft zu erwidern. Die Sache liegt folgendermaßen:

Das Reichsmietengesetz ist ein Zwangswirtschaftsgesetz; denn auf dem Gebiet der Mietordnung werden wir auch weiterhin noch in der Zwangswirtschaft leben müssen. Das Streben des Reichskohlenrats geht dahin, diese Zwangswirtschaftswirkung für das Heizungsfach abzumildern oder zu beseitigen, indem er dafür sorgen will, daß die notwendigen Maßnahmen auf diesem Gebiet durch die Heiztechnik selbst ergriffen und kontrolliert würden durch die heiztechnischen Verbände selbst. Es handelt sich um die Wahl zwischen zwei Möglichkeiten: Ob die Begutachtung von heiztechnischen Maßnahmen nur durch Polizeiorgane und Rechtsanwälte erfolgt, oder ob sie nach der Anregung des Reichskohlenrats durch die Sachverständigen ihrer eigenen Kreise erfolgt.

Ich glaube, die Wahl kann nicht schwer werden; nur zwischen diesen zwei Möglichkeiten haben wir zu wählen.

Vorsitzender: Herr Geheimer Regierungsrat Dr. Weber hat das Schlußwort.

Geh. Reg.-Rat Dr. Weber, Präsident des Sächs. Landesgesundheitsamtes, Dresden: In den Ausführungen des Herrn Vertreters des Reichskohlenrates habe ich eine Vertretung des öffentlichen Gesundheitswesens sowohl in der Unterkommission für den Hausbrand als auch in den neu zu gründenden Stellen vermißt.

Ich möchte die Anregung geben, auch die Hygiene zu ihrem Recht kommen zu lassen.

Vorsitzender: Die Rednerliste ist erschöpft. Ich darf mit einem Dank an die Herren Vortragenden und die Diskussionsredner die heutige Tagung hiermit schließen.

Schluß der Sitzung: 1 Uhr 15 Min.

Dritter Tag.

Die Eröffnung der Sitzung beginnt 9 Uhr 20 Min.

Vorsitzender: Ministerialdirektor Dr.-Ing. R. Uber Berlin: Meine Herren! Ich eröffne die Sitzung und schlage vor, daß wir es eben so halten wie gestern. Es hat sich bewährt, daß wir die Vorträge hintereinander anhören mit einer Zwischenpause und daß dann die Besprechung darüber so erfolgt wie gestern unter vorheriger Angabe der Redner.

Ich darf bitten Herrn Baurat d e G r a h l, den angesagten Vortrag über »Die Kritik der Abwärmeverwertung« zu halten.

Herr Baurat d e G r a h l, Berlin-Zeh'endorf-West:

Kritik der Abwärmeverwertung.

Alle Sorgen, die auf uns lasten, vereinigen sich in der Kohlenfrage wie in einem Brennspiegel. Die Erkenntnis zu sparen, ist überall durchgedrungen. Denn nur durch die Einschränkung des Brennstoffverbrauchs können wir zu einem Überschuß an Kohle und damit zu einem Abbau der Kohlenpreise gelangen, von dem die Gesundung unseres gesamten Wirtschaftslebens abhängt. Welchen traurigen Aussichten schauen wir entgegen, wenn die Kohlen demnächst wieder eine erhebliche Verteuerung erfahren sollen. Doch zum Thema.

Die Abwärmeverwertung ist sicherlich eins der wirksamsten Mittel zur Einschränkung des Brennstoffverbrauchs. Aber dieses Mittel muß richtig angewandt und nicht etwa zu einem Schlagwort gestempelt werden. Abwärme ist bei jeder Anlage vorhanden: Bei Kesseln, Feuerstellen, Öfen aller Art steckt sie in den abziehenden Verbrennungsgasen, in der ausstrahlenden Wärme, in den brennbaren Herdrückständen und Gasen. Bei den Dampfmaschinen usw. haben wir sie im Abdampf, bei den Verbrennungskraftmaschinen in den Abgasen und dem Kühlwasser, bei den elektrischen Maschinen und Apparaten in der Kühlluft. Wir können die Abwärme

    bei festen Körpern zum Dämpfen, Trocknen, Dörren,

    bei Flüssigkeiten zum Anwärmen, Kochen und Eindampfen,

    bei Luft zum Erhitzen und Heizen

verwenden.

Bei einem mit Braunkohlenbriketten befeuerten stehenden Heizrohrkessel erhielt ich folgende Wärmebilanz:

	$R_v = 8,556$ m³	
	WE	vH
1. Nutzbar gemacht	2067	42,90
2. Verlust in den Herdrückständen	78	1,64
3. Kaminverlust[1)	1093	22,70
4. Verlust an unverbrannten Gasen	1097	22,80
5. Verlust durch die Wärme in abziehendem Wasserdampf	96	1,99
6. Verlust an Ruß (mitgerissener Kohlenstoff) .	308	6,39
7. Verlust durch den Kessel als Heizkörper . .	125	2,60
8. Fehlerquelle	—	+0,98

Auffallend hoch sind die Verluste 3. und 4. Untersuchen wir zunächst an diesem Beispiel die uns heute interessierende Frage, ob hier die Abwärmeverwertung eine nennenswerte Verbesserung in wärmetechnischer Hinsicht verspricht oder ob nicht auf andere Weise der Nutzeffekt mit geringem Aufwand von Kapital verbessert werden kann.

Den Kaminverlust 3. in WE berechnen wir nach der in der Fußnote obenstehender Zahlentafel angegebenen Formel, worin

R_v das Volumen der Rauchgase in m³,

c_{pm} deren mittlere spezifische Wärme,

T und t die Temperaturen der abziehenden Gase bzw. der zu dem Rost tretenden Verbrennungsluft bedeuten.

Um den Kaminverlust gering zu halten, muß R_v möglichst klein sein, d. h. die Verbrennung darf nicht mit hohem Luftüberschuß erfolgen. Aber wir können auch die Lufttemperatur t hoch wählen, was ja mit Hilfe von Lufterhitzern möglich ist, um den Klammerwert $(-t)$ zu verringern. Der ganze Kaminverlust wäre endlich für $t = T$ Null. Man kann sich denken, daß eine solche Bedingung bei einer Gasfeuerung annähernd zu erfüllen wäre. Aber dies verstehen wir schlechtweg nicht unter »Abwärmeverwertung«; diese kennzeichnet

[1)] $R_v \cdot c_{pm}\ (T-t)$ in WE.

sich in der Herabsetzung der Temperatur T unter Zuhilfenahme von besonderen Einbauten. Ein solches Mittel stellt z. B. ein Rippenrohr dar, das als Verlängerung des Abzugsrohres durch eine Trockenkammer, wie hier angedeutet, geführt wird. Was hier von dem Röhrenkessel gilt, hat natürlich auch Bezug auf alle Verbrennungsmotoren, die mit dem Auspuff heiße Gase in die Atmosphäre stoßen.

Sie werden mit mir, m. H., erkennen, daß mit Rücksicht auf die bei den Braunkohlenbriketten beobachtete unvollkommene Verbrennung die Abwärmeverwertung nicht viel Nutzen bringen kann. Durch Abkühlung gewinnen wir nicht den in den unverbrannten Gasen steckenden hohen Wärmewert. Dagegen können wir durch Wahl eines anderen Brennstoffes oder durch besondere Feuerungseinrichtungen, meistens schon durch geeignete Luftzuführungen usw. den Verlust 4. fast restlos wiedergewinnen und hierdurch mehr erreichen als durch Einbauten zur Verringerung des Kaminverlustes. Die Bewährung solcher Einbauten kann überdies erst nach Jahren beurteilt werden, und dieses Urteil hängt wiederum von der Lebensfähigkeit der alten Anlage ab. Die Bedenken,

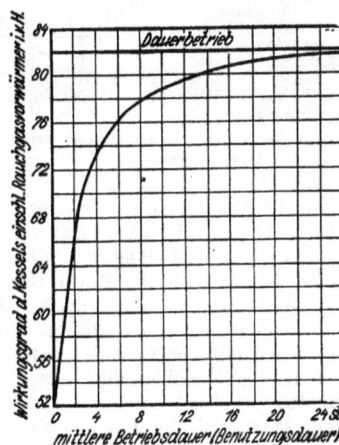

Abb. 1. **Wirkungsgrade der Dampfkessel einschließlich Rauchgasvorwärmer.**

die sich der praktischen Durchführung der Abwärmeverwertung entgegenstellen, sind manigfaltig. Jede Einrichtung, die diesem Zwecke dienen soll, erfordert zu ihrer Herstellung an sich Kohlen. Die Ersparnisse müssen daher dem hierfür zu gewärtigenden Aufwand an Brennstoff entsprechen, sonst würde man ja den Teufel durch den Beelzebub austreiben. Dieses Kohlenäquivalent wird meist unterschätzt. Einige Beispiele: Die Bausteine zu einer mittelgroßen Villa repräsentieren allein 30 t bester Steinkohle; weitere 15 t stecken mindestens in den Balken des Dachgeschosses, in den Dielen, Fenstern, Türen. Ein weit größeres Äquivalent wird man für den Transport der Baustoffe, für deren Förderung (z. B. Wasser, Kies, Ton, Lehm), für die Herstellung der eisernen Anker, Nägel, Bänder usw. zugrunde legen müssen. Eine Lokomotive erheischt, von diesem Gesichtspunkt aus betrachtet, zu ihrer Herstellung ∾ 300 t guter Kohle. Erst eine solche Kalkulation setzt uns in den Stand, die Entscheidung zu treffen, ob dies oder jenes der Brennstoffwirtschaft dienlicher ist.

Wollen wir den Gewinn der Abwärmeverwertung theoretisch untersuchen, so müssen wir uns zunächst einmal klar machen, mit welcher Abkühlung der Kamingase praktisch gerechnet werden kann. Wir wählen einen Wasserröhrenkessel. Die Temperatur T_1 auf der Brennschichtoberfläche beobachten wir mit dem Wannerschen Pyrometer durch ein Schauloch im Mauerwerk, zur Bestimmung von T_2 und T_3 greifen wir zu Thermoelementen. T_4 messen wir mit einem hochgradigen Quecksilberthermometer. Die aus den einzelnen, in bestimmten Zeitabschnitten erhaltenen Werte ergeben ein Temperaturdiagramm, aus dem wir sofort den Schluß ziehen können, daß mit der Höhe der Temperatur die Schwankungen zunehmen; sie lassen sich nur durch Vermeidung des Türöffners zwecks Beschickung des Rostes vermeiden, also durch mechanische Beschickung oder durch Schüttfeuerung. Aber unser Interesse geht weiter: Wir wollen uns über den Temperaturverlauf entlang der Heizfläche unterrichten. T_1 fällt keineswegs mit dem Heizflächenanfang zusammen; man muß sich vorstellen, daß der Schornsteinzug die Flamme nach vorn reißt. Jedenfalls zeigt der Heizflächenanfang eine niedrigere Temperatur als T_1. Die Temperatur T_2 entspricht einer Heizfläche von ∼21 m², T_3 einer solchen von 37 m², T_4 dem Heizflächenende. Dem Verlauf der Temperatur entspricht annähernd auch der Wärmeübergang. Die Kurve hierfür ist so regelmäßig, daß wir sie für jede noch

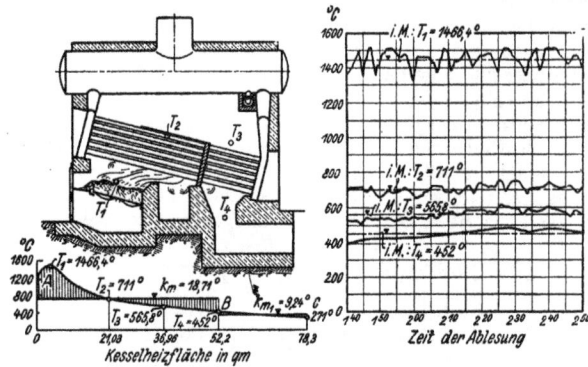

Abb. 2. Untersuchung des Gewinns der Abwärmeverwertung an einem Wasserrohrkessel.

hinzukommende Heizfläche einfach weiterziehen können. So erhält man für eine um die Hälfte vergrößerte Heizfläche ohne jede Rechnung eine Abkühlung der Gase von 452⁰ auf ca. 270⁰. Es ließen sich also 10—12 vH Ersparnisse errechnen, wenn wir dem neuen Kessel längere Rohre geben würden. Aber stehen diese Ersparnisse in einem wirtschaftlichen Verhältnis zu den mit der vermehrten Heizfläche zusammenhängenden Kosten? Keinesfalls. Das Ergebnis ist wegen des asymptotischen Verlaufs der Temperaturen einmal unsicher, anderseits wird die Kesselheizfläche minderwertiger. Wird der Kessel mit 10 at Überdruck betrieben, so nimmt sein Wasserinhalt schon eine Temperatur von ∼180⁰ an. Theoretisch könnte T_4 also auch nur auf höchstens 180⁰ abgekühlt werden, was praktisch aber unmöglich ist.

Für die ursprüngliche Kesselheizfläche (ca. 52 m²) war die mittlere Wärmedurchgangszahl $k_m = 18,71$, für die angehängte Heizfläche von 26 m² berechnet sie sich nur zu 9,24 WE auf 1 m² und 1⁰ Temperaturunterschied zwischen Innen- und Außenstrom. Bei Dampfkesseln hat sich der Gegenstrom, bei Warmwasserbereitungsanlagen der Parallelstrom, und zwar hier nur wegen der Verhinderung der Schichtung des Wassers bewährt. Solche Überlegungen müssen aber unseren Entschlüssen vorausgehen, weil sich möglicherweise weit größere Ersparnisse durch die Wahl anderer Mittel als der Abwärmeverwertung ergeben können. Um ein größeres Temperaturgefälle auch am Kesselende zu erhalten, legt der Kesselbauer, wenn ihn nicht andere Gründe, wie Schlammablagerung usw., davon abhalten, den Speisewassereintritt in die Heizfläche des letzten Feuerzuges und erreicht dadurch unter Umständen mehr, als wenn er einen Vorwärmer in den Fuchs einbaut, der ihm den Schornsteinzug und die Kesselleistung schwächt und obendrein noch Sorgen wegen der Aschenansammlung macht. Hat der Kesselbesitzer Pech, so kann er sich obendrein noch zur Anlage von künstlichem Zug und mechanischen Aschenfördervorrichtungen veranlaßt sehen, um seinen Betrieb aufrecht zu erhalten.

Wo es sich um hohe Abgangstemperaturen (bis zu 800⁰ und darüber) wie bei Glüh-, Schmelz-, Martinöfen, Zementdrehöfen usw. handelt, kann man mit ihrer Hilfe Dampf überhitzen oder auch erzeugen. Ist ausreichende Abwärme vorhanden, wird man zweckmäßig in ein und demselben Feuerzuge erst die Dampfüberhitzung und dann die Dampferzeugung vornehmen und schließlich noch Wasser vorwärmen und Luft erhitzen können. Ein solches Verfahren ist z. B. im Abhitzekessel der Ges. f. künstl. Zug zur Durchführung gelangt und in diesem Bilde veranschaulicht.

Aber man braucht sich nicht auf die Ausnutzung der Abgase allein zu beschränken; man kann ja auch die strahlende Wärme nutzbringend verwenden. Unsere Warmwasserbereitungsanlagen sind vielfach nach diesem Bilde links ausgeführt. Der Kleinkessel hat nicht nur hohe Abgangstemperatur, sondern strahlt trotz Isolierung noch zu viel Wärme aus. Würde man ihn in den Boiler stecken, wie dies beim Rolandkessel zur Ausführung gelangt ist, so hätte man ein Mittel an der Hand, den Strahlungsverlust fast restlos wiederzugewinnen, den Kaminverlust um ein Beträchtliches zu verringern. Dadurch schlagen wir zwei Fliegen mit einer Klappe. Das nur 700 mm lange Abzugsrohr bewirkte bei Gasfeuerung, deren ich mich bei dem Versuch zur Erzielung eines stark schwankenden Betriebes bediente, eine Abkühlung der Abgase um rd. 100⁰. Im ganzen wurden gegenüber der bisherigen getrennten Anordnung rd. 8 vH an Brennstoff erspart.

Im Dampfkesselbetriebe gibt man sich mit 3—4 vH Wärmeausstrahlung des Kesselmauerwerks schon zufrieden. Und dennoch ist diese Ziffer noch viel zu hoch; man überlege nur, was dieser Prozentsatz bedeutet! Bei einem Hochleistungskessel von 400 bis 500 m² Heizfläche machen 3 bis 4 vH in 6000 Betriebsstunden/Jahr schon ca. 500 t Steinkohle aus! Aber das sind ja noch goldene Verhältnisse. Sehen Sie sich in dieser Beziehung nur einmal die verschiednen Industrieöfen an, die 20 vH und mehr Wärme ausstrahlen. Wir haben also das größte Interesse, hier weiter zu schürfen, um durch bessere Isolierung des Mauerwerks weitere Millionen Tonnen Kohle ans Tageslicht zu fördern. Ich möchte Ihnen auch hierfür gewisse Anhaltspunkte geben. Gestatten Sie mir, dabei wieder auf eigene Versuche zurückzugreifen, deren Ergebnisse Ihnen in der Praxis vielleicht nützen können.

Ein Schamottebalken wurde an dem einen Ende auf Rotglut gebracht — entsprechend den Verhältnissen im Feuerungsraum — und eine Temperatur an verschiedenen Stellen durch eingelassene Thermometer gemessen. Es dauert mehrere Stunden, bis ein Dauerzustand eintritt. Denkt man

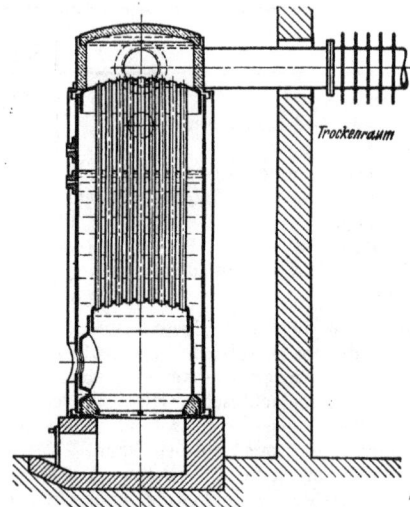

Abb. 3. Mit Braunkohlenbriketts befeuerter stehender Heizrohrkessel.

sich die Quecksilberkuppen durch einen Linienzug verbunden, so erhalten wir eine Kurve, die den Einfluß der Mauerstärke deutlich veranschaulicht. Die Ofenfläche F möge ähnlich einem Heizkörper Wärme ausstrahlen, d. h. wir könnten der Einfachheit halber das Produkt aus mittlerer Temperaturdifferenz $(T_1 - t_3)$ und einem Koeffizienten k als Wertziffer für die Wärmeabgabe zugrunde legen. Nehmen wir weiter k innerhalb gewisser Grenzen konstant an, so dürfte einer Mauerstärke von 7 · 80 = 560 mm nur die Hälfte der Wärmeabgabe wie einer solchen von 6 · 80 = 480 mm zukommen. Denn $(T_1 - t_2)$ ist für Meßstelle 7 nur 0,8, für Meßstelle 6 dagegen 1,6, also doppelt so groß. Ich vermeide absichtlich genauere Formeln für die Wärmeabgabe des Mauerwerks, weil sie nicht ganz einfach sind. Es tut dies auch nichts zur Sache. Dagegen möchte ich mit Nachdruck betonen, daß die auf dem Rost erzeugte Wärme erst mit dem Beharrungszustande der Umfassungswände ihre höchste Ausnutzung erreicht. Es liegt also im Interesse rationeller Wärmewirtschaft, möglichst mit Dauerbetrieben zu arbeiten. Jede größere Unterbrechung des Betriebes bedeutet eine Verschlechterung des Wirkungsgrades, weil ein Teil der Wärme zunächst zum Anheizen von Wasser, Eisen, Mauerwerk, Isoliermasse usw. aufgebraucht wird. Dasselbe haben Sie bei unseren Zentralheizungsanlagen, die wegen der reichlichen Heizflächen für Höchstleistungen meist mit unterbrochenem Heizkesselbetrieb arbeiten müssen. Aus diesem Grunde verdient der gestrige Vorschlag Ubers weitgehende Beachtung, der die Heizkörpergrößen im allgemeinen verringert wissen will, um durch Erhöhung des Ausnutzungsfaktors der Heizungsanlage Brennstoff zu sparen. Natürlich handelt es sich hierbei ja nur um Zentralheizungen in Wohnräumen, deren Anschaffungskosten an sich sehr eingeschränkt werden müssen, um einen Hausbau damit noch zu ermöglichen. Da der Nutzeffekt der Heizung bei gelinder Witterung bedeutend geringer

Alle diese Überlegungen müssen bei der Abwärmeverwertung vorausgehen, um nicht Täuschungen zu erleben. Ja, die Sachlage liegt hier noch viel ungünstiger, weil die Verwertung hoher Temperaturen sehr viel leichter ist als jene an sich begrenzter niederer Temperaturen. Jedenfalls ergibt sich für uns aus diesen Betrachtungen die Erkenntnis, daß wir mit dem Anschluß von Fabriken an die Elektrizitätswerke zwecks Abnahme elektrischer Energie nicht viel erreichen werden. Die Kessel der Fabriken können deshalb doch nicht stillgesetzt werden; ihre Belastung wird nur geringer, ihr Wirkungsgrad schlechter. Man wird deshalb durch den Anschluß in der Hauptsache nur eine Betriebsvereinfachung, aber keine nennenswerten Ersparnisse erzielen. Solche wären nur zu gewärtigen, wenn die Elektrizitätswerke auch die Wärme liefern würden, die für viele Betriebe, wie der Textilindustrie usw., ebenso nötig wie die Kraft ist. Aber man hüte sich, vorzüglich geleiteten Betrieben eine Richtschnur zu geben!

Während bei den Dampf- und Heizkesseln der Verlust durch ausstrahlende Wärme verhältnismäßig noch klein ist,

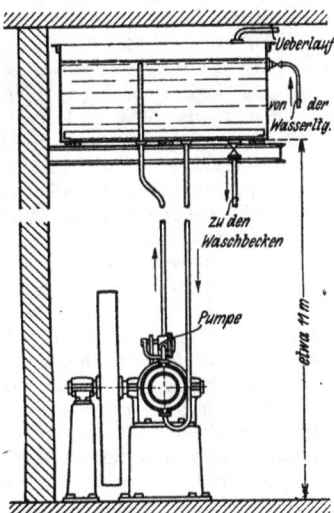

Abb. 4. Abwärmeverwertung für Wasch- und Badezwecke.

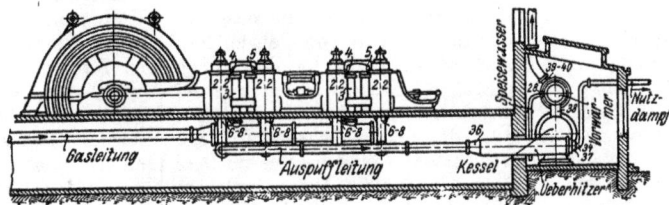

2 Mittlerer indizierter Kolbendruck kg 4,157
3 Gasdruck vor der Maschine mmW.-S. 135
4 Gastemperatur vor der Maschine °C 30
5 Lufttemperatur vor der Maschine °C 15
6 Abgastemperatur hinter der Maschine . . . . °C 530
7 Gehalt der Rauchgase an CO_2 . vH 4,1
8 Gehalt der Rauchgase an O . vH 14,7
28 Speisewassertemperatur vor dem Vorwärmer . . . . . . °C 10
34 Mittlere Dampftemperatur . . . °C 356

36 Temperatur der Rauchgase vor dem Überhitzer . . . . . . °C 496
37 Temperatur der Rauchgase hinter dem Überhitzer . . . °C 431
38 Temperatur der Rauchgase vor dem Vorwärmer . . . . . °C 232
39 Temperatur der Rauchgase hinter dem Vorwärmer . . . °C 167
40 Überdruck der Rauchgase hinter dem Vorwärmer . mm W.-S. 72—95

Wärmeerteilung:
Gewinn: 1. Effektive Nutzleistung je 1 m³ Gas . . 1068,0 cal 28,6 vH
2. Im Vorwärmer gewonnen . . . . . . 191,5 cal 5,1 vH
3. Im Kessel gewonnen . . . . 549,8 cal 14,7 vH } 22,6 vH
4. Im Überhitzer gewonnen . . . . . . 103,7 cal 2,8 vH
1913,0 cal 51,2 vH.

Abb. 5. Gasmaschine mit Abwärmedampfkessel.

ist als bei größerer Kälte, muß die Wirtschaftlichkeit bei den durchschnittlich häufigeren gelinden Kältegraden besser ausfallen.

Ein Blick auf Abb. 1[1]) läßt erkennen, daß die Wirkungsgrade der Dampfkessel einschließlich Rauchgasvorwärmer mit der Zunahme der Benutzungsdauer wachsen. Beträgt die Betriebsdauer nur 8 h, haben wir einen Wirkungsgrad von 78 vH, während der Dauerbetrieb einen solchen von 82 vH ergeben könnte. Das gilt in erhöhterem Maße bei allen Feuerungsanlagen größeren Umfanges, also mit größeren Massen von Baustoffen.[2])

---

[1]) Dieses Bild entstammt einem Vortrage von M. Guilleaume im Berliner Bezirksverein des V. d. I. (1914).

[2]) In einer Sondergruppe der Ausstellung für Wärmewirtschaft haben Prof. Schachner, Knoblauch und Dr. Hencky den Einfluß der verschiedenen Baustoffe auf den Wärmedurchgang vor Augen geführt. Hier haben vorbildlich der Architekt, der Physiker und der Wärmetechniker zusammen eine außerordentlich wichtige Aufgabe gelöst. Eine 1½ Stein starke Mauer des gewöhnlichen Baustoffes läßt mehr Wärme durch als eine 1 Stein starke aus Schlackensteinen und dreimal soviel als eine kaum 20 cm starke Holzhohlwand eines Siedlungshauses, die mit Torfmull ausgefüllt und mit einer Gipsdiele verkleidet ist. Was hier von Umfassungswänden der Wohnhäuser gilt, hat natürlich, soweit es sich um den festen Baustoff handelt, auch Anwendung auf die Einmauerungen von Öfen, Kessel usw.

In einer anderen Gruppe über Wärmeschutz (Dr. Hencky) zeigen übersichtliche Zahlentafeln den Vorteil der guten Isolierstoffe gegenüber den minderwertigen. Je größer der Wärmedurchgangskoeffizient λ, desto stärker muß die Isoliermasse aufgetragen

tritt er bei den Verbrennungsmotoren und den Öfen in auffallender Weise in die Erscheinung. Bei den Motoren kühlt man bekanntlich die Zylinder durch Wasser, das vielfach in die Gullys geleitet wird, während es für Wasch- und Badezwecke recht gut Verwendung finden könnte. Wir haben in unserer Fabrik die Anordnung nach diesem Schema getroffen. Einem in dem obersten Stockwerk befindlichen Wasserbehälter von 1,25 m³ Inhalt fließt in einer bestimmten Zeit das Wasser aus dem Kühlmantel eines 15 PS Gasmotors im Kreislauf zu. In 3,5 h ist das Wasser auf 60° erwärmt und steht dann zur Mittagspause den Arbeitern zum Waschen zur Verfügung. Nach der Pause findet die Aufspeicherung von neuem statt. Dadurch, daß wir dem Motor bis zu 1200 WE auf 1 PSh in der angegebenen Zeit abgewinnen, ersparen wir nicht unbeträchtliche Brennstoffmengen.

Im Winter läßt sich die Abwärme der Motoren recht gut für eine Warmwasserheizung verwenden. Man kann hierbei entweder nur das Kühlwasser oder die in den Auspuffgasen enthaltene Wärme oder beides benutzen und dadurch die Heizwassertemperatur regeln. Dieses Bild zeigt einen sogenannten Abgas-Heiztopf der Gasmotorenfabrik, A.-G., vorm. C. Schmitz, Köln-Ehrenfeld, der nur die Auspuffgase ausnutzt. Dieses hier stellt eine Einrichtung der Maschinenfabrik Augsburg-Nürnberg dar, die das vorgewärmte Kühlwasser

---

werden, desto größere Massen sind bei unterbrochenem Betriebe immer wieder anzuwärmen. Bei einer Isoliermasse mit doppeltem λ betragen die in der Isolierschicht aufzunehmenden Wärmemengen das Dreißigfache gegenüber dem einfachen λ-Wert. Also bei unterbrochenem Betriebe die beste Isoliermasse wählen.

durch die Auspuffgase in Dampf verwandelt. Bei großen Gaskraftmaschinen macht man von diesem Prinzip ausgiebigsten Gebrauch zur Erzeugung und Überhitzung von Dampf und vereinigt die hierzu gehörigen Maschinenaggregate in einem Maschinenhause für sich, wie in diesem Bilde dargestellt. Nach einem Bericht von Ebel[1]) wurden bei dieser Großgasmaschine in deren effektiver Leistung von 4855 PSi 28,6 vH und in der im Dampf der Abwärmekessel enthaltenen Energie 22,6 vH nutzbar gemacht. Bei Verwendung dieses Dampfes für Heiz- und Kochzwecke würde der thermische Wirkungsgrad annähernd 50 vH betragen. Mit Rücksicht darauf aber, daß der erzeugte Dampf hier zur Kraftleistung dient, erhöht sich damit der thermische Wirkungsgrad nur um $22,6 \cdot 0,16 = 3,6$ vH, also im ganzen auf 32,2 vH. Welch bescheidener Gewinn im Verhältnis zu den Riesenaufwendungen! Die Ersparnisse decken also bei Ausnutzung der Abwärme zur Krafterzeugung nur die Zinsen- und Amortisationsquoten, dagegen haben wir in der Verbindung von Kraft- und Heizungsanlagen das sicherste Mittel zur weiteren Erhöhung des thermischen Wirkungsgrades.

Die Frage, ob wir uns der Dampffernheizung oder der Warmwasserheizung zuwenden sollen, dürfte von Fall zu Fall zu beantworten sein. Die Warmwasserheizung hat den großen Vorteil der Aufspeicherung, z. B. abends bei geringerem Wärmebedarf, die zur Deckung der großen Anheizwärmemengen nötig ist. Sie gestattet ferner das tiefste Temperaturniveau für den Wärmetransport, gewährt also eine bessere mittlere Ausnutzung der Abwärme[2]) bei geringeren Wärmeverlusten und ist vom hygienischen Standpunkte aus im Vorteil.

Bei einer Heizungskraftmaschine muß man von dem Bedarf an Abwärme ausgehen und danach die Wahl der Maschine treffen, worauf schon Dr. Ludw. Schneider in seinem vorzüglichen Buche über Abwärmeverwertung[3]) hingewiesen hat. Wir haben den idealsten Fall für jenes Aggregat, wo die ganze Abwärme vollends aufgebraucht wird. Diesem Zwecke kann eine alte Dampfmaschine dienlicher sein als eine für den Maschinen-Ingenieur unerreichbare Präzisionsdampfmaschine. Wir müssen uns ferner darüber klar sein, daß bei einer Kolbenmaschine der theoretisch beste Teil des Dampfmaschinenprozesses im Hochdruckgebiet liegt, so daß die Niederdruckstufe dem Gebiete der Abwärmeverwertung zufallen kann. Es ist also wärmetechnisch unvorteilhaft, Hochdruckdampf in Reduktionsventilen auf dem Heizungsdruck abzudrosseln, vielmehr wird man ihn erst in der Kolbenmaschine bis zu dieser Spannung Arbeit verrichten lassen. Die Dampfturbine zeigt dagegen im Niederdruckteil den günstigsten Wirkungsgrad. Man wird sie also mit dem besten erzielbaren Vakuum laufen lassen und diese vorzüglichen Eigenschaften nicht durch die Abdampfausnutzung preisgeben. Und dennoch hat sich dieses Verfahren überall da bewährt, wo große Leistungen und große Heizdampfmengen in Frage kommen.

Während man sich bei Neuanlagen die Verhältnisse so wählen kann, wie man sie braucht, treten einem bei vorhandenen Anlagen unter Umständen lokale und andere Schwierigkeiten in den Weg. Oft ist ein Dampfanschluß gar nicht möglich. Dann hat man sich die Vor- und Nachteile des bisherigen und späteren Betriebes reiflich zu überlegen. Die Schwierigkeiten sind größer als man denkt. Hier müssen Wärme-, Heiz-, Maschineningenieure und Chemiker zusammenarbeiten. Untersucht man die Auspuffgase von Gasmotoren, so findet man darin NO, d. h. Stickoxyd. Der Gedanke lag deshalb nicht fern, diese Erscheinung zur Salpetergewinnung zu benutzen. Es ist das Verdienst Drawes gewesen, die auf dieses Gebiet fallenden Arbeiten so gefördert zu haben, daß eine fabrikationsmäßige Gewinnung von Salpetersäure als Nebenerzeugnis beim Betriebe von Verbrennungskraftmaschinen unter gewissen Voraussetzungen möglich erscheint. Richten wir ferner unser Augenmerk auf die Ablaugen und Abfallwerte der Kaliindustrie, in denen noch große Wertobjekte stecken, die zu neuem Leben erweckt werden müssen. Reduziert man z. B. Anhydrit ($CaSO_4$)

zu Kalziumsulfid (CaS), so läßt sich aus letzterem durch Kochen mit der ebenfalls anfallenden Chlormagnesiumlösung Schwefelkohlenstoff gewinnen, der, im Motor verbrannt, nicht nur billige Kraft, sondern nach einem Verfahren von Dr. Besemfelder auch Schwefelsäure liefert. So gibt es noch eine ganze Reihe von Vorschlägen und Problemen, deren Verwirklichung zwar außerordentliche Arbeit und Geldopfer fordern wird, die wir aber im Interesse des zu erreichenden Zieles nicht scheuen sollten. Ja, man wird noch weitergehen müssen und eine Art soziale Arbeitsgemeinschaft zwischen verschiedenen Fabriken anzustreben suchen, um zum Ziele zu gelangen. Nicht jeder hat Verwendung für Abwärme, kann dagegen Abfallkraft verwerten usw. Das Zusammengehen verschiedener Betriebe ist aber nur möglich, wenn die nötige Ellenbogenfreiheit gewährleistet ist; heute darf man mit einem Kabel nicht über die Straße gehen, auch nicht durch die Luft darüber. Das eine verstößt gegen die Hoheitsrechte der Elektrizitätswerke, das andere gegen jene der Feuerwehr. Es ist die höchste Zeit, daß wir ein Gesetz einbringen, um alle diese Kinkerlitzchen aufzuheben. Als wir uns das letzte Mal in Köln zum Kongreß versammelten, da hörten wir, daß die Elektrizitätswerke eher geneigt seien, elektrische Energie in ihr Stromnetz aufzunehmen, als sich auf Abwärmeverwertung einzulassen, und heute sträubt man sich dagegen, meines Erachtens nicht ganz mit Unrecht, um nicht die Lukrativität solcher lebenswichtigen Betriebe von Hunderten von Einzelunternehmern in Frage zu stellen. Die Mehranstrengung der in den Elektrizitätswerken aufgestellten Kessel wird auf 15—22 vH reguliert. Man denke sich jetzt solche Werke in Abhängigkeit von Hunderten von Kleinlieferanten! Jede größere Geschwindigkeit beim Wanderrost beim Ausbleiben der Überschußenergie vermehrt die Verluste durch Brennbares in der Asche; die Abgangstemperatur erhöht sich und der Heizeffekt fällt. Mit dem erneuten Anheizen der Kessel findet ein Mehrverbrauch an Brennstoff statt, ebenso wie das Abdecken der Feuer durch Schwelung der Kohle verlustbringend ist. Eine Zentrale kann nur dann billigsten Strom abgeben, wenn sie von ihren Kesseln und Maschineneinheiten ausgiebigsten Gebrauch machen kann, weil dies für die Wirtschaftlichkeit der Elektrizitätswerke von ausschlaggebender Bedeutung ist. Wer sollte die Verantwortung übernehmen, wenn die Versorgung mit Elektrizität in den Händen von Einzelbetrieben läge?[1])

Ein weiteres Hindernis ist der Bureaukratismus; wer davon kostet, stirbt daran. Wer warmes Wasser bezieht, darf nicht auf dem Standpunkte verharren, daß die Pumpen bei ihm Aufstellung finden; diese müssen selbstverständlich am Erzeugungsorte stehen. Sonst muß ja das kalte Wasser erst von A nach B und von hier nach erfolgter Erwärmung nach A zurückgefördert werden!

Ich bitte, endlich zu überlegen, ob es wirtschaftlich sein kann, immer nur den Heizungsbetrieb für Städte ins Auge zu fassen. Die Verbrauchsmengen sind den Witterungsverhältnissen entsprechend nach Menge und Zeit bemessen, der Ausnutzungsfaktor der Anlage daher gering. Wie wäre es, wenn sie statt dessen sich mit dem Projekt einer städtischen Warmwasserbereitung beschäftigten? Für das Rohrnetz gebrauchen sie keine kostspieligen Kanäle; es genügt vielleicht, die Rohrleitungen in Tonrohre zu stecken, eine neue Arbeit für das Forschungsheim München, das uns über die Frage kommenden Wärmeverluste in der Erde Aufklärung geben könnte.

Gehen wir zu unserem Röhrenkessel zurück, so haben wir noch die Verluste 2. und 6., d. h. jenen in den Herdrückständen und im Ruß einer Prüfung zu unterziehen. Sie sind beide nicht zu vernachlässigen. Es gibt Vorrichtungen, um bei Steinkohlenfeuerungen das Brennbare aus den Herdrückständen mechanisch auszuscheiden, damit es wieder verwertet werden kann, während die Entstehung des Rußes durch Vermeidung zu plötzlicher Abkühlungen zu verhindern ist. Der Prozentsatz an Brennbarem in den Herdrückständen hängt vom Zustand der Roste und der Wahl des geeigneten Roststabprofils ab.

[1]) Glückauf, 18. September 1920.
[2]) Vgl. »Sparsame Wärmewirtschaft« Verlag des V. d. I., 1920.
[3]) III. Aufl. 1920. Verlag. Julius Springer. Berlin.

[1]) Vgl. Passavant, »Sparsame Wärmewirtschaft«.

Wo Roststäbe defekt werden und keinen Ersatz finden, kann der Durchfall der Kohlen sehr bedeutend sein. Um Ihnen ein Beispiel aus der Praxis zu geben, erwähne ich nur die Betriebswerkstatt der Eisenbahn-Direktion Kassel; sie hat im April ds. Js. 10666 t Koks, Briketts und Steinkohle an ihre Lokomotiven verabfolgt und durch Auslesen der brennbaren Bestandteile aus den Herdrückständen von Hand aus 104 t, also rd. 10 vH Koks zurückgewonnen, die an die Beamten mit M. 120 pro t abgegeben wurden. Das macht im Jahre 150 000 M. Bei den anderen Betriebswerkstätten werden wohl die gleichen Verhältnisse bestehen. Zurzeit des Wohllebens achtete man auf diese Abfälle nicht; man benutzte sie meistens zur Planierung von Wegen und zum Baugrund von Gebäuden zu deren Nachteil. Mir ist bekannt, daß in einem Falle infolge des hohen Drucks Selbstentzündungen mit nachfolgender Zerstörung des Gebäudes vorgekommen sind. Jetzt streckt man durch das Aussieben der brennbaren Bestandteile die Kohlenvorräte und hofft dadurch, allein im Eisenbahnbetriebe, der Allgemeinheit ca. 1 Mill. t Kohle zurückzugewinnen.

Damit hätten wir die Möglichkeit zur sparsamen Brennstoffwirtschaft im großen besprochen und stellen jetzt fest, daß wir in der Abwärmeverwertung ein Mittel zur Erzielung von Ersparnissen besitzen; daß aber deren Höhe, wenn nicht außergewöhnliche Verhältnisse vorliegen, doch noch zu bescheiden sind, um die Beschaffung von Sondereinrichtungen ein für allemal zu rechtfertigen. Sie hängt von zu viel Faktoren der Gesamtanlage ab, so daß man diese jedesmal gesondert für sich beachten und erwägen muß. Das, was durch Abwärmeverwertung gespart wird, läßt sich häufig schon durch bessere Feuerführung, Dauerbeschickung, geeignete Isolierung usw. erreichen. Anderseits haben unsere weiteren Überlegungen zu der Erkenntnis geführt, daß uns die Verbindung des Kraftbetriebes mit dem Heizbetrieb eine Perspektive lohnender Tätigkeit eröffnet, auf die der nächste Herr Vortragende zu sprechen kommen wird. Ich habe lediglich die Stelle der Kritik übernommen, ohne damit die Bestrebungen auf diesem Gebiete irgendwie zu beeinflussen; ich will nur vor dem zu großen Enthusiasmus in dieser Beziehung warnen, um Ihnen Täuschungen zu ersparen. Aber auf eins muß ich besonders hinweisen: das ist die Verschlechterung unserer gesamten Brennstoffe. Ein solches Ergebnis drängt einem immer wieder die Frage auf: »Warum hierin keine Abhilfe?« Ist es nicht billiger, sparsamer und volkswirtschaftlicher, die Kohle in den Bergwerken besser aufzubereiten, d. h. sie von den Ballaststoffen zu befreien? Warum geschieht die Sortierung erst auf dem Umwege über den Schlacken- oder Kehrrichthaufen? Der Transport der Ballaststoffe verschlingt nicht allein Millionen und Abermillionen Mark, das Volk zahlt für sie rd. 1 Milliarde an Kohlensteuer, der Fabrikbesitzer bringt wegen der Verschlechterung des Feuerungswirkungsgrades die größten Geldopfer und schlägt diese auf die Fabrikate, der Heizer endlich verschleißt seine Gesundheit und seine Nerven bei den fortwährenden Plackereien beim Schlacken, Stochen und bei der Unterhaltung der Feuer. Immer wieder legen Ingenieure und Sachverständige gegen das vielfach unverständliche Verhalten der Behörde in der Kohlenfrage ihr Veto ein, ohne Gehör zu finden. »Der Staat muß untergehen, früh oder spät, wo Mehrheit siegt und Unverstand entscheidet.«

Vorsitzender: Sie haben durch Ihren außergewöhnlichen Beifall für den Vortrag bereits Ihren Dank ausgesprochen, und ich schließe mich diesem Danke von Herzen an.

Ich schlage vor, eine kleine Pause von 5 Minuten zu machen bis zu dem nächsten Vortrag.

Die Herren, die beabsichtigen, an diesem Vortrag Kritik anzulegen, bitte ich, in der Zwischenzeit sich zu melden.

(Es werden dann noch einige geschäftliche Mitteilungen gemacht.)

Vorsitzender: Wir treten weiter in die Tagesordnung ein, und ich bitte Herrn Oberingenieur Professor Dr. Gramberg, den zugesagten Vortrag über »Abwärmeverwertung in der Industrie« zu halten.

Professor Dr.-Ing. J. Gramberg, Frankfurt a. M.:

Abdampfausnutzung in der Industrie.

Die Einführung der Druckwasserheizung mit ihren Möglichkeiten der Abdampfausnutzung hat die Heizungstechnik in enge Fühlung mit der Maschinentechnik gebracht. Diese Entwicklung hat unter dem Einfluß der Kriegsnachwirkungen schnelle Fortschritte gemacht. Während heute wegen der Bau- und Brennstoffschwierigkeiten der Bau von Zentralheizungen auf Schwierigkeiten stößt, hat sich auch für das Heizungswesen eine ungeahnte Möglichkeit der Betätigung ergeben aus den Bestrebungen, den Wärmebedarf niederer Temperatur nicht direkt aus dem Heizwert der Verbrennung zu decken, der vermöge seiner hohen Temperierung auch zur Leistung von Arbeit befähigt ist. Man sucht daher die wertvolle obere Temperaturstufe zur Erzeugung von Arbeit auszunutzen, der man heute meist die Form elektrischer Energie gibt; nur mit der »Abwärme« des elektrischen Betriebs deckt man den Bedarf an Heizwärme — dieser Begriff im weitesten Wortverstand gemeint: unter Heizung ist dann nicht nur die Beheizung von Räumen für menschlichen Aufenthalt zu verstehen, sondern jede Verwendung der Wärme bei einer so niederen Temperatur, daß sie nicht mehr besser zur Arbeitserzeugung ausgenutzt wird. Um sogleich Beispiele zu nennen: In Trockenanlagen sind Temperaturen von 50 bis herauf zu 120° und mehr nötig, je nach der Art des Trockenguts und nach dem verlangten Grade der Trockenheit. In der Zuckerindustrie erfolgen die Verdampfungsvorgänge oft bei 110 bis 120°, welche Temperatur von der Konzentration der Zuckerstoffe abhängt, die soweit einzudicken sind, daß bei Abkühlung der Lösung eine Ausscheidung der Zuckerkristalle stattfindet. Und noch höhere Temperaturen werden gefordert.

Alle diese Fälle kann man als Wärmebedarf niederer Temperatur bezeichnen, weil man sie technisch noch mit Abwärme eines Kraftbetriebes versorgen kann; ob das wirtschaftlich das Richtige ist, ist eine andere Frage. Denn gerade auf diesem Gebiet kann eine technisch richtige Lösung doch zu einem wirtschaftlichen Fehlschlage führen, wenn nicht die eingehendste Prüfung der wirtschaftlichen Verhältnisse stattfand. Die heutigen hohen Anlagekosten sind für manchen Plan verderblich, der an sich berechtigt ist. Da es sich jedenfalls um eine Komplikation der Betriebsführung durch Verkettung zweier Betriebe miteinander, des Kraft- und des Heizbetriebes, handelt, so ist eine gewisse Größe der Gesamtanlage erforderlich, um den Erfolg zu ermöglichen; und vor allem kann die beste Anlage nur Ersparnisse an Kohlen bringen, wenn sie läuft und nur in der Zeit, wo sie läuft; in dieser Hinsicht sind die eigentlichen Heizungsanlagen in unseren Klimaten stets schlecht daran, da ihr Wärmebedarf auf die kältere Hälfte des Jahres beschränkt und auch in der kälteren Jahreszeit wegen der Unbeständigkeit des Wetters nicht stetig ist; immerhin ist in Krankenhäusern Beachtenswertes geleistet.

Durch Nichtbeachtung dieser Verhältnisse kann viel Unheil angerichtet werden. Doch wollen wir diese negativen Feststellungen ergänzen durch positive Darlegungen über die Bedingungen, die wesentlich sind, nicht nur um eine Anlage mit Abdampfausnutzung zu ermöglichen, sondern auch um aus ihr im praktischen Betrieb alles zu ziehen, was die Verhältnisse eben zulassen.

Eine Abdampfausnutzung im weiteren Sinn des Wortes, bei dem Anzapfmaschinen und Zwischendampfentnahme einbegriffen und sogar die Regel sind, besteht also in der Verkoppelung zweier Betriebe miteinander, die einen Kraftbedarf und einen Wärmebedarf zu befriedigen haben. Man kann dann beide Abnehmer, für Kraft (d. h. elektrischen Strom) und für Wärme, in getrenntem Betrieb befriedigen, indem man die Kraft in Kondensationsdampf-maschinen oder -turbinen oder auch mit Gaskraftmaschinen erzeugt, und indem man die Wärme durch Verbrennung erzeugt. Die Verteilung der Wärme innerhalb einer Fabrik erfolgt regelmäßig durch Wasserdampf, sofern die Wärme bei niederer Temperatur verlangt wird, was eine Voraussetzung sein soll. Eine solche Anordnung wird schematisch durch Abb. 1 dargestellt. Ein elektrisches Leiternetz ist unter der elektrischen Spannung E Volt zu halten; dazu gibt ein Hochdruckkesselhaus K_1 seinen Dampf mit dem Druck $p_1 = $ z. B. 15 at ins Maschinenhaus M, wo er auf den Kondensationsdruck p_k von etwa 0,1 at abs., entsprechend 90 vH Vakuum, expandiert. Zweitens ist ein Dampfrohrnetz unter dem Druck p_2 at zu halten, wozu das Kesselhaus K_2 dient, das Dampf von dem geringeren Druck erzeugt, der für die Kochzwecke eben ausreicht, also z. B. von 4 at Überdruck = 5 at abs. Im elektrischen Netz ist die Spannung E aufrechtzuhalten, auch wenn die Stromabnahme, die N kW beträgt, sich verändert, etwa durch An- und Abschalten der Motoren; Maschinen und Kessel müssen sich also dem äußeren Bedarf anpassen. Ebenso ist es bei der Dampfverteilung, wo im Verteilungsnetz der Druck p_2 aufrechtzuhalten ist, auch wenn sich die Dampfabnahme, die durch den Wärmebedarf W kcal/h oder durch den Dampfbedarf in t/h gegeben ist, durch Öffnen oder Schließen von Entnahmeventilen ändert; auch hier muß sich die Erzeugung dem wechselnden Bedarf anpassen, wenn und soweit nicht etwa Speichermöglichkeiten vorhanden sind.

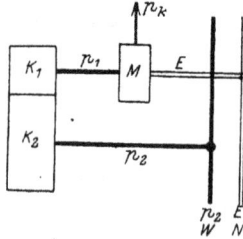

das Kühlwasser der Kondensation und sind damit im allgemeinen verloren. Die Wärme ist quantitativ erheblich, qualitativ aber für die meisten Zwecke wertlos wegen ihrer niedrigen Temperatur, die bei $p_k = 0,1$ at Gegendruck, also 90 vH Vakuum, nur 45° C beträgt und bei bestem Turbinenvakuum noch geringer ist. Für Wärme so geringer Temperatur hat man selten Verwendung. Man hat bekanntlich die Versorgung von Hallenschwimmbädern mit dem Kühlwasser der Kondensation bewirkt, wozu das gegenseitige Einverständnis der beiden Betriebsleitungen nötig ist.

Eine wichtige und nicht immer genügend ausgenutzte Möglichkeit ist es nun, das Vakuum der Kondensation zu verschlechtern zu dem Zwecke, Wasser von etwa 60 bis 70° Temperatur zu erhalten; diese Temperatur braucht man für Kesselspeisewasser bei der Reinigung nach dem Kalksoda-verfahren; auch für Wannen- und Brausebäder der Arbeiter ist solche Temperatur nötig, wenn man die Wärmeverluste und die Mischmöglichkeit in Betracht zieht. Die Verschlechterung des Vakuums auf etwa 60 vH — Steigerung des Gegendruckes auf 0,4 at — hat auf den Dampfbedarf der Kolbenmaschine kaum Einfluß, der Dampfbedarf der Dampfturbine freilich wird schon merklich dadurch erhöht, und es bedarf im Turbinenbetrieb der Erwägung, ob die Wärmeabnahme so sicher gestellt ist, daß es sich lohnt, den Betrieb in gedachter Weise zu führen. Denn insoweit jetzt für die der Strommenge entsprechende Dampfabgabe — die nun überdies etwas höher ist als bei gutem Vakuum — keine Verwendung ist, bedeutet

Abb. 1. Getrennter Betrieb.

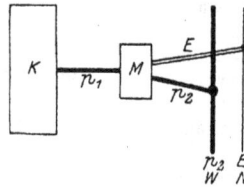

Abb. 2. Gekoppelter Betrieb, reine Abdampfausnutzung.

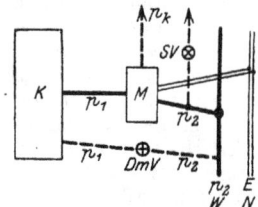

Abb. 3. Allgemeiner Fall des gekoppelten Betriebes.

Schematische Darstellung der Versorgung mit Strom und Wärme.

Diese Aufgabe der gleichzeitigen Versorgung des Dampf- und des elektrischen Netzes kann man aber auch im gekoppelten Betrieb lösen nach Abb. 2. Man erzeugt im Kesselhaus lediglich Hochdruckdampf vom Druck p_1 und läßt ihn in Gegendruckmaschinen M nur bis zur Spannung p_2 expandieren, die so hoch liegt, daß die zugeordnete Temperatur für den Heizzweck ausreicht. Der Abdampf des Kraftbetriebes dient dann zur Versorgung der Heizbetriebe.

Für eine bestimmte Maschine besteht also jeweils ein bestimmter zwangläufiger Zusammenhang zwischen der von ihr zur Verfügung gestellten Wärme und der von ihr erzeugten Arbeit und demnach ist auch die Möglichkeit der Ausnutzung der Wärme daran gebunden, daß für diese b e i d e n gewissermaßen E r z e u g n i s s e der Maschine eine Verwendung besteht oder gefunden wird; überdies müssen die beiden Abnehmer gerade die richtige Größe zueinander haben. Nur soweit diese Grundbedingung erfüllt ist, ist der Kraftheizbetrieb möglich.

Insoweit wie das nicht der Fall ist, muß nach Maßgabe von Abb. 3 ein Druckminderventil DmV oder auch eine besondere Niederdruckkesselanlage den fehlenden Dampf beigeben, oder es muß ein Sicherheitsventil SV den überschüssigen Dampf abgehen lassen; wo solches Abblasen häufiger zu erwarten ist, empfiehlt es sich, lieber den Strom, den nach Maßgabe der Dampfabnahme die Gegendruckmaschine nicht wirtschaftlich erzeugen kann, in einer parallel geschalteten Kondensationsmaschine oder in einem angehängten Kondensationsteil zu erzeugen.

In einer Kondensationsmaschine wird bekanntlich nur ein kleiner Teil der im Kesselhaus erzeugten Wärme in Arbeit umgesetzt. Der Wirkungsgrad der besten mit Kondensation arbeitenden Dampfkraftmaschinen ist nur um 20 vH herum, die übrigen 80 vH gehen mit dem Dampf vom Druck p_k in

die Erhöhung des Gegendruckes für den Überschuß eine Betriebsverschlechterung. Soweit man aber für die Wärme des Wassers Verwendung hat, handelt es sich um eine vollwertige Form der Abwärmeausnützung, die überdies den Vorzug hat, kaum besonderer und kostspieliger Umbauten zu bedürfen; denn die Erhöhung der Wassertemperatur erreicht man am einfachsten durch Verringerung der Wassermenge, die den Kondensator durchfließt, die Änderung beschränkt sich daher unter Umständen auf eine feinfühlige Regeleinrichtung, eine Temperaturmeßeinrichtung, um die Wirkung zu erkennen, und einige Änderungen an den Rohrleitungen. Wenn man einen Gegenstrom-Vorwärmer zwischen Maschine und Kondensation setzt, so daß letztere zur Nachkondensation wird, so ist das bereits eine umständlichere Einrichtung.

Auch die Vakuumheizung muß an dieser Stelle erwähnt werden; bei ihr läßt man den von der Maschine kommenden Dampf durch eine aus den Raumheizkörpern gebildete Kühlfläche gehen, und erst der nicht niedergeschlagene geht in den Kondensator mit der üblichen Wasserkühlung. Eine Verbesserung des Vakuums kann man von dieser Maßnahme nur dann erwarten, wenn die Kühlwirkung des Wassers vorher ganz unzureichend war.

Die von der Abwärme verlangte Temperatur beeinflußt maßgebend die zu treffenden Anordnungen und die erzielbaren Ergebnisse. Hie und da werden viel höhere Temperaturen bis herauf zu 150° verlangt werden, was dann nach der Spannungskurve des Wasserdampfes einen Gegendruck von 5 at abs. = 4 at Überdruck entspricht. Dann wird der Dampf also nur vom Kesseldruck bis herab zu diesem erheblichen Gegendruck zur Arbeitserzeugung ausgenützt, und der unvollkommenen Dampfausnutzung entspricht ein großer Dampfdurchgang durch die Maschine, den darf man aber nicht als Dampfv e r b r a u c h bezeichnen; denn v e r b r a u c h t wird nur das

Wärmeäquivalent der erzeugten Leistung (1 kWh = 859 kcal) zuzüglich der Wärmeverluste durch die tunlichst gut zu schützende Umfläche der Maschine, und letztere sind sogar geringer bei den einfachen für ein nur mäßiges Druckgefälle bestimmten Maschinen. V e r b r a u c h t werden stets etwa 1100 bis 1200, im Mittel 1150 kcal/kWh, das entspricht weniger als 2 kg/kWh Normaldampf von 640 kcal Wärmeinhalt. Im übrigen nähert sich die Wirksamkeit der Maschine mehr und mehr der eines Druckminderventiles, das zwar den Druck, nicht aber den Wärmeinhalt herabgehen läßt.

Für Maschinen mit erheblichem Gegendruck muß man dahin streben, auch den Kesseldruck möglichst zu steigern. Wenn man die Ausnutzbarkeit des Dampfes für die Krafterzeugung mit Hilfe des M o l l i e r schen i-s-Diagrammes für beliebige anfängliche Dampfzustände und für verschiedenen Gegendruck bestimmt, so ergibt sich Abb. 4, die neben einem mäßigen günstigen Einfluß der Überhitzung noch zeigt, daß die prozentische theoretische Arbeitsausbeute vom V e r h ä l t - n i s zwischen Anfangs- und Enddruck abhängt. Nun ist bei Kondensationsbetrieb mit 15 at gegen 0,1 at das Entspannungsverhältnis 150. Die Erhöhung des Druckes auf 20 at, des Verhältnisses auf 200 hat auf die Ausnutzung nur geringe Wirkung. Dagegen bei 5 at Gegendruck wird das Entspannungsverhältnis von 3 auf 4 gesteigert, was die Ausnutzbarkeit sehr wesentlich beeinflußt, weil die Kurve des theoretisch ausnutzbaren Anteils der zugeführten Wärme bei kleinem Ausnützungsverhältnis steiler läuft und überdies tiefer liegt. Im ersten Fall verbessert man die Ausbeute um 4 vH, bei Gegendruckbetrieb um 24 vH.

An dieser Stelle mag kurz auf den Vortrag eingegangen werden, in dem Herr Direktor H o f f - m a n n von der Schmidtschen Heißdampf-Gesellschaft auf der Tagung des Ingenieurvereins in Kassel über Versuche mit Heißdampf von Spannungen bis zu 60 at herauf berichtete[1]). Danach ist ein Kessel nach heutigen Begriffen allerdings mäßiger Größe längere Zeit mit Drucken bis zu 60 at in Betrieb gewesen. Infolge der Drucksteigerungen wurden mit Kondensationskolbenmaschinen besonderer Bauart, die gleichzeitig die Ausnutzung besten Vakuums gestatteten, Dampfverbrauchszahlen erreicht, die alles bisher dagewesene übertreffen, d. h. unterschreiten. Uns interessiert hier der zweite Teil der H o f f m a n n schen Darlegungen, der von den Vorteilen der Drucksteigerung insbesondere bei Abdampfausnützung spricht. Bei höherem Gegendruck z. B. von 5 at wird der Dampfverbrauch viel mehr von der Steigerung des Kesseldruckes beeinflußt, als bei der Kondensationsmaschine. Das sahen wir auch schon an Hand der Abb. 4. In Ergänzung der H o f f m a n n schen Darlegung läßt sich noch darauf hinweisen, daß eine unangenehme Eigenschaft der Gegendruckmaschine gemildert wird, wenn man den Kesseldruck steigert; bei der Gegendruckmaschine nimmt der Durchsatz nur wenig ab, wenn sie n i c h t v o l l e elektrische Leistung zu liefern hat; der Dampfdurchsatz bei Leerlauf ist bis zu ⅓ des bei voller Leistung auftretenden. Gegendruckmaschinen ähneln hierin den Gasmaschinen, deren Wirtschaftlichkeit bekanntlich auch stark an die gute Belastung gebunden ist, während bei gewöhnlichen Dampfmaschinen der Dampfverbrauch bis zu halber Last kaum schlechter wird. Diese unangenehme Eigenschaft der Gegendruckmaschine, auf die wir noch zurückkommen, wird, wie gesagt, gemildert, durch Steigerung des Kesseldruckes oder mit anderen Worten, wenn die Steigerung des Kesseldruckes bei Kondensationsmaschinen einige und bei gut belasteten Gegendruckmaschinen größere Vorteile bringt, so sind die Vorteile bei halber Belastung bei Gegendruckmaschinen noch erheblicher als in den beiden andern Fällen.

Wenn wir hiernach zu den H o f f m a n n schen Vorschlägen Stellung nehmen wollen, so kann es nur in dem

Sinne geschehen, daß die von ihm aufgezeigte Möglichkeit zu einer Steigerung des Gegendruckes für die Zwecke der Abdampfausnützung ganz besonders wertvoll ist. Wer allerdings Kessel von 15 und von 20 at nebeneinander in Betrieb hat, wird die Zunahme der Betriebsschwierigkeiten mit steigendem Gegendruck einzuschätzen wissen und wird einen Übergang alsbald zu 60 at für ein Wagnis halten. Für Kondensationsmaschinen dürften die erzielbaren Vorteile, nämlich die Verringerung des Dampfverbrauches um etwa 10 vH, die Nachteile der Betriebsschwierigkeiten nicht ausgleichen. Für Gegendruckbetriebe aber, wo größere Vorteile zu erzielen sind, zeigen die H o f f m a n n schen Versuche den Weg des Fortschrittes, wenn man sich auch zunächst auf die wirklich betriebssichere Ausgestaltung von Kesseln für 25 oder 30 at beschränken wird.

Wir kommen nach dieser Abschweifung auf den Einfluß zurück, den die verlangte Temperatur der Abwärme auf die Betriebsverhältnisse hat.

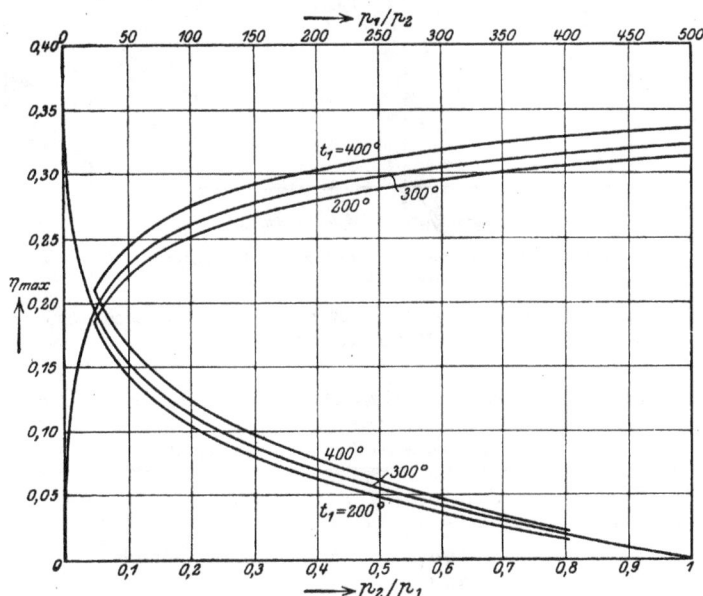

Abb. 4. Theoretisch mit Wasserdampf erreichbare Wirkungsgrade bei verschiedener Anfangstemperatur t_1 und verschiedenem Expansionsverhältnis p_2/p_1.

Die Verhältnisse lassen sich am besten an Hand von Abb. 5 und 6 erläutern, zu der Zahlentafel 1 die Grundlage gibt.

Die Verhältnisse sind so genommen, wie sie in der Praxis liegen. Da hat man nämlich einen bestimmten Dampfbedarf D kg/h zu befriedigen, ebenso einen bestimmten Kraftbedarf N kW, dadurch ist ein bestimmtes Verhältnis D/N kg/kWh oder 640 D/N kcal/kWh festgelegt; die entsprechende wagerechte Grade ist als A b n a h m e v e r h ä l t n i s ein Kennzeichen der zu versorgenden Betriebe. Nur bei e i n e m Gegendruck ist die Dampfabgabe der Maschine, die ebenfalls in kg/kWh vorliegt, dieser Zahl gleich; die Kurve der Dampfaufnahme und daher der der Dampfabgabe steigt mit höherem Gegendruck oder höherer verlangter Heiztemperatur schnell an. Dabei ist die Kurve der Dampfabgabe nicht so zu verstehen, daß man e i n e Maschine gegen verschiedenen Gegendruck laufen läßt, sondern es ist an eine Reihe gleichartiger Maschinen gedacht, deren jede für einen anderen Gegendruck gebaut, diesem aber voll angepaßt ist. Diese Kurve liegt recht a l l g e m e i n fest; immerhin liegt sie bei Dampfturbinen etwas höher als bei Kolbenmaschinen und bei billigen Maschinen etwas höher als bei gut gebauten. Sie ist in Zahlentafel 1 nach Abb. 4 errechnet, wird aber im Sonderfall nach den Zusagen der Lieferfirmen angesetzt.

Bei 20 at abs. Anfangsdruck und 300⁰ Anfangstemperatur des Dampfes und bei einem Gegendruck von 5 at abs. ist mit einer Dampfaufnahme der Maschine von 23,8 kg/kWh zu rechnen. Für die Wirtschaftlichkeit ist diese Zahl kein Anhalt.

[1]) Z d. V. d. I. 1921.

2

Sie bedeuten, daß für 1 kWh ein Wärmeinhalt von 727 · 23,8 = 17 300 kcal eintritt, von denen aber 17 300 — 1150 =

Nun stellt die erzeugte Kilowattstunde 16 150 kcal, entsprechend 25,2 kg Normaldampf zur Verfügung. Die Einführung

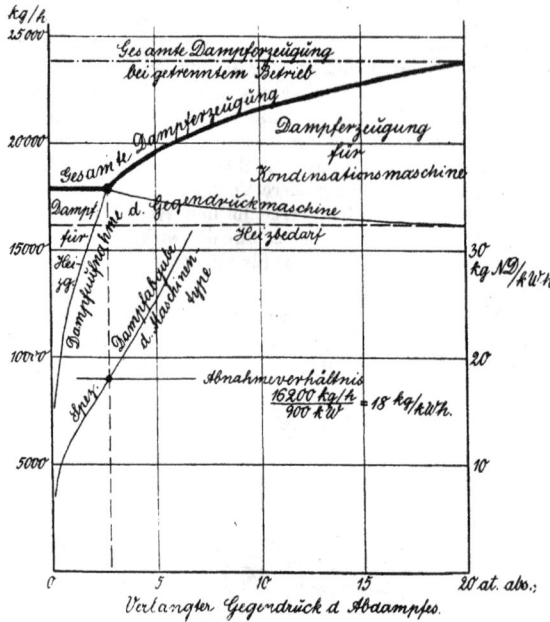

Abb. 5. Betriebsverhältnisse einer Gegendruckanlage bei verschiedenem Gegendruck.

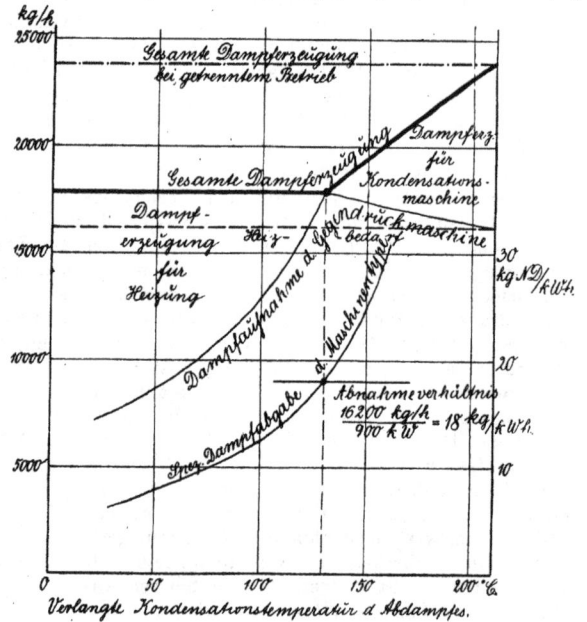

Abb. 6. Betriebsverhältnisse einer Gegendruckanlage bei verschiedener Heiztemperatur.

16 150 kcal wieder austreten und daher nur 1150 kcal oder 1,80 kg ND für 1 kWh verbraucht werden.

einer Abdampfausnützung ist also bei 5 at Gegendruck an die Bedingung gebunden, daß das Verhältnis der Dampfabnahme D

Zahlentafel 1. Beispiel für die Berechnung der Verbrauchs- und Ersparniszahlen bei Gegendruck- oder Anzapf-Kraftmaschinen.
Zustand des Frischdampfes: $p_1 = 20$ at abs, $t_1 = 300\,°C$, $i_1 = 727$ kcal/kg. Thermodynamischer Gütegrad $\eta_g = 0,5$.
Dampfverbrauch der Kondensationsmaschine bei 0,05 at Gegendruck (Kondensatordruck) 7,5 kg/kWh.

Gegendruck p_2	0,05	0,1	0,5	1	2	5	10	20	at abs
entsprechend der Temperatur t_s	32	46	81	99	120	151	179	211	°C
a) Allgemeine Berechnung der Dampfmenge bei einem Gütegrad $\eta_g = \eta_t : \eta_{max} = 0,5$									
Entspannungsverhältnis p_1/p_2	400	200	40	20	10	4	2	1	—
Theoretischer bester Wirkungsgrad η_{max} nach Fig. 4	0,315	0,290	0,220	0,190	0,153	0,098	0,055	0	—
Thermischer Wirkungsgrad $\eta_t = 0,5 \cdot \eta_{max}$ . .	0,158	0,145	0,110	0,095	0,077	0,049	0,02570		—
In Arbeit umgesetzte Wärmemenge $Q_1 = \eta_t \cdot i_1$.	115	105	80	69	55,5	36	20	0	kcal/kg
oder: Dampfaufnahme im Arbeitsmaß $d_1 = 859 : Q_1$.	7,5	8,2	10,7	12,4	15,5	23,8	43	∞	kg/kWh
Eingeführte Wärmemenge $W_1 = i_1 \cdot d_1$	5 420	5 960	7 780	9 020	11 280	17 300	31 200	∞	kcal/kWh
davon werden verbraucht rund 1150 kcal/kWh oder 1150 : 640 = 1,80 kg ND/kWh									
Abgegebene Wärmemenge $W_2 = W_1 — 1150$ . .	4 270	4 810	6 630	7 870	10 130	16 150	30 050	∞	»
Dieselbe als Normaldampf $d_2 = W_2 : 640$ . .	6,68	7,52	10,38	12,3	15,8	25,2	47,0	∞	kgND/kWh
Wärmeinhalt des abgegebenen Dampfes $i_2 = W_2 : d_1$.	574	587	620	635	655	678		727	kcal/kg
Dem entspricht beim Druck p_2 lt. is-Diagramm die Temperatur t_2 .	—	—	—	—	140	192		300	°C
also der Überhitzung $t_2 — t_s$	—	—	—	—	20	41		89	°
oder lt. is-Diagramm die Feuchtigkeit . .	94	95	98	99,5	—			—	vH
b) Für die Abnahme $N = 900$ KW und $D = d_2 \cdot N = 16\,200$ kg ND/h also $\frac{N}{D} = 18,0$, gilt:									
Der Gegendruckbetrieb gibt ab:									
an mechanischer Arbeit $N_1 = 16\,200 : d_2 \leq 900$	900	900	900	900	900	640	345	0	kW
dafür Dampfverbrauch $D_1 = 1,80 \cdot N_1$	1 620	1 620	1 620	1 620	1 620	1 150	620	0	kgND/h
an Abdampf $D_2 = N_1 \cdot d_2 \leq 16\,200$ . .	6 020	6 770	9 340	11 080	14 320	16 200	16 200	16 200	»
Fehlbetrag an Arbeit $N_0 = 900 — N_1$ . .	—	—	—	—	—	260	555	900	kW
dafür Dampf aus Kondensation $D_0 = 7,5 \cdot \frac{727}{640} \cdot N_0$	—	—	—	—	—	2 210	4 710	7 650	kgND/h
an Dampf (aus eigenen Kesseln) $D' = 16\,200 — D_2$ . .	10 180	9 430	6 680	5 120	1 880	—	—	—	»
Dampferzeugung für Gegendruckmaschinen $D_1 + D_2$ . .	7 640	8 390	10 960	12 700	15 940	17 350	16 820	16 200	»
für Heizung D'	10 180	9 430	6 860	5 120	1 880	—	—		»
für Kondensationsmaschinen D_0	—	—	—	—	—	2 210	4 710	7 650	»
im Ganzen D	17 820	17 820	17 820	17 820	17 820	19 560	21 530	23 850	»
Ersparnis gegen getrennten Betrieb 23850 — D .	6 030	6 030	6 030	6 030	6 030	4 290	2 320	0	»
dieselbe prozentisch für $N : D = 18$ . . .	25,3	25,3	25,3	25,3	25,3	18,0	9,7	0	vH

in kg/h zur Kraftabnahme N in kW durch die Zahl 25,2 gegeben sei, welche Zahl in kg/kWh der Dampfabgabe der Maschine entspricht.

Beispielshalber ist nun in Abb. 5 und 6 an die Versorgung von Betrieben gedacht, für die $D : N = 18$ kg/kWh ist; es sind nämlich 16 200 kg ND stündlich und andererseits 900 kW zu liefern. Dann schneidet sich die Wagerechte des Bedarfes mit der Kurve der Dampfabgabe bei einem Gegendruck von 2,7 at abs. oder 1,7 at Überdruck, entsprechend 129° Kondensationstemperatur. Nur bei diesem Gegendruck kann man einen r e i n e n Gegendruckbetrieb anordnen, der die hohe Wirtschaftlichkeit dieser Betriebsart v o l l in die Erscheinung treten läßt. Die erforderliche Dampferzeugung ist dann gegeben durch den Bedarf für Heizzwecke zuzüglich des (mäßigen) Bedarfs für die in der Maschine umgesetzte Wärme, letztere entsprechend 1,80 kg ND/kWh, während bei getrenntem Betrieb, wo einerseits Kondensationsmaschinen, andererseits Niederdruckkessel betrieben werden, 7,5 kg/kWh Heißdampf, also 8,5 kg/kWh Normaldampf zum Heizdampfbedarf hinzutreten. Die senkrechte gestrichelte Linie gibt diesen Zustand.

Wird ein höherer Gegendruck verlangt, so kann wegen der festliegenden Dampfabnahme nicht mehr vorher aller erforderliche Strom aus dem Dampf herausgezogen werden,

auf die Leistungseinheit bezogen mit abnehmender Belastung schnell ungünstiger wird; sie ähneln hierin den Gasmaschinen, deren Wirtschaftlichkeit auch an gute Belastung gebunden ist. Bei der Größenbemessung von Gegendruckmaschinen, und zwar namentlich von Gegendruck t u r b i n e n sollte man daher vorsichtig prüfen, ob die gute Belastung, die hierbei sowohl von der Strom- wie auch von der Kraftabnahme abhängt, also in doppelter Hinsicht in Frage gestellt werden kann, genügend sichergestellt ist; es kann vorteilhafter sein, für die kurze Zeit einer Spitzenbelastung auf den vollen Gegendruckbetrieb zu verzichten und Kondensationsbetrieb zuhilfe zu nehmen, als die Maschine nach der Spitzenleistung zu bemessen und dann für die Zeit schwächerer Belastung eine schlechte Stromausbeute aus dem Dampfdurchsatz in den Kauf zu nehmen. Auch die Aufstellung von 2 kleinen Turbinen statt einer großen kann Vorteile bringen durch die bessere Anpassungsfähigkeit an die Forderungen wechselnden Betriebes, obwohl bei Vollast 2 kleine Turbinen schlechtere Stromausbeute geben als eine große.

Man hat also vor einer so schwierigen Entscheidung über die Größe einer zu erbauenden Gegendruckmaschine die Verhältnisse der zu bedienenden Betriebe sorgsam zu erforschen, indem man deren Strom- und Dampfaufnahme im gegenwärtigen Zustand und in der voraussichtlichen Entwicklung verfolgt,

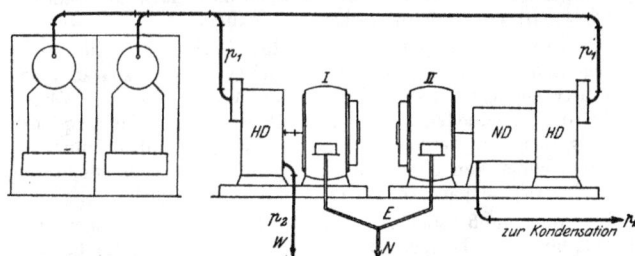

Abb. 7. **Elektrische Kupplung der Maschinen.**

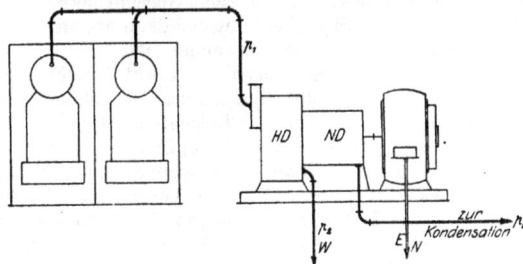

Abb. 8. **Mechanische Kupplung der Maschinen (Zwischendampfentnahme).**

und das Fehlende ist in Kondensationsmaschinen zu erzeugen. Der Dampfdurchsatz durch die Gegendruckmaschine wird kleiner, die ganze Dampferzeugung natürlich größer, die Wirtschaftlichkeit sinkt in dem Maße, wie der Gegendruckbetrieb nur noch für einen Teil des gesamten Betriebes besteht. Bei niedrigerem Gegendruck als dem reinen Gegendruckbetrieb entspricht, kann nicht mehr aller erforderliche Dampf durch die Maschine gehen, da der Strom nicht abgenommen werden kann; aber da der Rest direkt erzeugt werden muß, so wird die gesamte Dampferzeugung nicht kleiner als bei reinem Gegendruckbetrieb.

Nur für den letzten Fall trifft die oft gehörte Meinung zu, es komme bei Gegendruckbetrieb auf die Güte der Maschine nicht an, und die billigste Type sei daher gerade recht. Bei höherem Gegendruck oder auch bei kleinem Dampfbedarf trifft das deshalb nicht zu, weil man mit sparsam arbeitenden Maschinen aus der bestimmten Dampfmenge vorher die größtmögliche Strommenge ziehen und den weniger wirtschaftlichen Kondensationsbetrieb tunlichst beschränken kann.

Nach diesen Erläuterungen wird die Bedeutung der Abb. 5 und 6 zumal an Hand von Zahlentafel 1 verständlich sein, die die Grundlage dazu gibt. Wegen manchen Einzelheiten der Berechnung und auch sachlicher Natur sei auf die demnächst erscheinende zweite Auflage meines Buches über Maschinen-Untersuchungen verwiesen.

Wenn freilich von einem Zusammentreffen der 16 200 kg/h Dampfbedarf und 900 kg/h Strombedarf die Rede ist, so wird es sich hierbei der Regel nach um Durchschnittszahlen handeln, die im Laufe des Tages oder des Jahres unter- und überschritten werden. Eher ist es schon wahrscheinlich, daß das Verhältnis $D/N = 18$ erhalten bleibt, auch wenn Zähler und Nenner des Bruches schwanken; das tritt ein, wenn solche Teile des Betriebes nachts stillgelegt werden, die sowohl Wärme als auch Kraft nötig haben. Ist das der Fall, so bleibt das Diagramm Abb. 5 und 6 wohl dem Charakter nach, aber nicht zahlenmäßig bestehen. Die Gegendruckmaschinen gehören nämlich, wie schon erwähnt, zu den Maschinenarten, die einen hohen Leerlaufdurchsatz haben und deren Dampfdurchsatz

sei es in einem schon vorhandenen Betrieb durch länger dauernde Messung der Verbrauchszahlen, sei es für einen erst zu erbauenden Betrieb durch theoretische Durcharbeitung aller Möglichkeiten.

Man kann aber auch in einem bestehenden Gegendruckbetrieb in manchem Punkt nachhelfen. Es kommt darauf an, jedenfalls nicht rechts (in Abb. 5 und 6) von dem Bereich reinen Gegendruckbetriebes zu kommen, während links davon zu arbeiten kein Schaden ist, aber auch keinen Nutzen gewährt. Ist man gleichwohl dauernd oder zeitweise rechts vom Bestwert, so muß man sich diesem zu nähern suchen. Man wird prüfen, ob eine Herabsetzung des Druckes möglich ist, oder ob sich nicht die abnehmenden Betriebe so beeinflussen lassen, daß sie Strom und Dampf besser g l e i c h z e i t i g abnehmen. Was insbesondere die Herabsetzung des Druckes anbelangt, so kann man natürlich eine bei 140° siedende Flüssigkeit, etwa eine starke Lauge, nicht mit Dampf kochen wollen, der die Spannung von 1 at Überdruck und daher nur 110° Kondensationstemperatur hat. Auch eine Überhitzung nützt hier nichts, weil sie nur wenige Wärmeelemente mit der höheren Temperatur zur Verfügung stellt, während die meiste Wärme stets bei der Kondensationstemperatur frei wird. In solchem Fall ist also ein Dampfdruck nötig, dem eine Siede- oder Kondensationstemperatur von soviel über 140° entspricht, wie zum Wärmedurchgang durch die Heizfläche nötig ist. Aber eine andere, bei 105° siedende Flüssigkeit kann man mit Dampf von 110° kochen, wenn die Heizfläche ausreicht, während bei unzureichender Heizfläche eine hohe Übertemperatur von vielleicht 140° deshalb nötig ist, um die Leistung des zu beheizenden Apparates sicherzustellen; diese Nachteile unzureichender Heizfläche sind jedem Heizungsingenieur geläufig. Da kann man vor die Frage gestellt werden, ob der Kostenaufwand zur Vergrößerung der Heizfläche wirtschaftlich gerechtfertigt ist, was doch auf Beschaffung neuer Apparatur hinausläuft. Und weiter: wo man bisher einen Wärmebedarf mit Frischdampf versorgte, wählte man die Dampfspannung nicht zu niedrig, weil höher gespannter Dampf nicht teuerer zu erzeugen, dabei aber allgemeiner verwendbar ist und in kleineren Leitungen verteilt werden kann als Dampf kleinerer Spannung. Wenn man nun im Interesse reichlicher vorgängiger Stromerzeugung den Dampfdruck herabsetzen will, so bedingt das eine Erneuerung des Verteilungsrohrnetzes, sofern dasselbe vorher gerade reichte; und das bedeutet wieder eine Festlegung von großen Geldmitteln. —

Nun war nur von Gegendruckmaschinen die Rede, die nach Bedarf durch Kondensationsmaschinen zu ergänzen seien, nämlich wenn der Strombedarf überwiegt. Es bleibt noch zu erwähnen, daß die Anzapfturbine und die Maschine mit Zwischendampfentnahme nichts weiter ist, als die Vereinigung dieser beiden geforderten Maschinen. Bei überwiegendem Strombedarf nämlich kann man nach Maßgabe von Abb. 7 zwei Maschinen aufstellen, die auf das gleiche elektrische Netz arbeiten; der Gegendruck- und der Kondensationsteil sind dann elektrisch gekuppelt, was insbesondere bei Drehstrom wegen der Synchronität ohne weiteres einleuchtet, bei Gleichstrom aber auch der Fall ist. Auf die etwas komplizierten, aber beherrschbaren Regelungsverhältnisse sei hier nicht eingegangen, sondern wieder auf mein Buch über Maschinen-Untersuchungen verwiesen. In einer Anzapfturbine nach Abb. 8 sind die beiden Teilmaschinen mechanisch gekuppelt. Bei elektrischer Kuppelung können die Maschinen immerhin aus dem Tritt fallen; die Vereinigung in eine Maschine ist auch billiger. Man wendet daher die reine Gegendruckmaschine im Fall überwiegenden Strombedarfes nur dann an, wenn eine Kondensationsmaschine schon vorhanden ist. Hinsichtlich der gesamten Kosten einer Umstellung pflegt freilich nicht die Maschinen-, sondern die Kesselanlage ausschlaggebend zu sein, die für höheren Druck zu beschaffen ist.

Ob man als Gegendruck- oder Anzapfmaschinen Kolbenmaschinen oder Turbinen verwendet, ist grundsätzlich belanglos. Nur ist bekanntlich die Stärke der Turbinen im Niederdruckteil, die der Kolbenmaschinen im Hochdruckteil zu suchen. Die Turbine ist daher in der Ausnutzung eines guten Vakuums der Kolbenmaschine überlegen; als Gegendruck- oder Anzapfmaschine dagegen, wo die unteren Druckstufen fortfallen, gibt die Kolbenmaschine viel günstigere Dampfverbrauchszahlen oder, in unserem Sinn gesprochen, bei gegebenem Dampfdurchsatz viel größere Arbeitsausbeute. Jedoch gibt oft die Ölfreiheit des Abdampfes den Ausschlag für die Dampfturbine; denn allen Anpreisungen zum Trotz muß man sagen, daß keine Ölabscheidung so arbeitet, daß die hohen Ansprüche etwa der Genußmittelindustrie, befriedigt werden können.

Vorsitzender: Die beiden Herren Vortragenden haben uns schon ein Bild gegeben von dem, was in der Abwärmeverwertung bisher erreicht ist. Sie haben uns beide eine Kritik gegeben und haben nicht zurückgehalten, sondern Anregungen gegeben, die zweifellos für die Zukunft von großem Wert sein werden.

Bevor wir in eine Besprechung der Vorträge eingehen, wollte ich den Herren Vortragenden anheimgeben, ob sie eine kurze Notiz vielleicht jetzt in der nächsten Viertelstunde aufsetzen möchten, die wir der Presse zur Verfügung stellen könnten, damit nicht falsche Angaben über diese schwierige Materie in die Presse kommen,

Ich schlage jetzt vor, eine kurze Pause von 5 bis 10 Minuten zu machen und dann in die Besprechung einzutreten.

Diskussion.

Vorsitzender: Wir treten in die Besprechung ein, und ich erteile als erstem Redner Herrn Oberingenieur Schulze von der Wärmestelle Düsseldorf das Wort:

Oberingenieur Schulze, Düsseldorf;

Meine Herren! Herr Baurat de Grahl hat seinem Vortrag den Titel gegeben: »Kritik der Abwärmeverwertung«, ich möchte eine kleine »Analyse der Abwärmeverwertung« daran anschließen.

Wenn ich mich mit meinen Ausführungen an den Eisenhüttenbetrieb halte, so geschieht dies, weil viele der hier vorkommenden Fragen der Abwärmeverwertungen sich ohne weiteres auf andere Industrien übertragen lassen. Ich stehe auf etwas optimistischerem Standpunkt, als Herr Baurat de Grahl und spreche aus Erfahrung, denn viele der hier

behandelten Aufgaben sind schon mit Erfolg praktisch gelöst und die Anlagen bewähren sich, und haben im Eisenhüttenwesen den großen Erfolg bedeutender Ersparnisse mit sich gebracht.

Es wäre deshalb gut, wenn der Kongreß einmal in eine der rheinisch-westfälischen Industriestädte gelegt würde, wir könnten dann einige Hüttenwerke besichtigen, und Sie würden finden, daß dort vieles zu sehen ist, worüber wir hier verhandelten. Auch Kolonieheizungen mit Abwärme, die gestern hier erwähnt wurden, befinden sich in Ausführung.

Meine Herren! Die Fragen der Abwärmeverwertung spielen in der Wärmewirtschaft die größte Rolle und sind von nachhaltigster Bedeutung, es ist sicher, daß ein großer Teil unserer zukünftigen Wärmewirtschaft hierauf beruhen wird. Ich kann aus dem großen Fragenkomplex und aus den vielen Problemen, die uns beschäftigen, nur die wichtigsten herausgreifen.

Die Herren haben vorhin schon betont, daß es vor allen Dingen darauf ankommt, die Wirtschaftlichkeit aller Maßnahmen zu beachten, ich möchte das ebenfalls besonders betonen und sagen: Nicht jede wärmewirtschaftliche Maßnahme ist gesamtwirtschaftlich, wir müssen den wärmewirtschaftlichen Schwerpunkt herausschälen und die Grenzen der wirtschaftlichen Wärmewirtschaft feststellen. Wir dürfen dabei nicht einseitig verfahren, weder die Gaswirtschaft noch die Dampfwirtschaft oder Ofenwirtschaft bevorzugen.

Der Wärmeingenieur muß das Gesamtwerk im Auge behalten und sehen, wo er die meiste Wärme sparen resp. weiter verwerten kann. Er muß die Wichtigkeit der Wärme für die verschiedenen Zwecke prüfen und dieselbe möglichst ganzjährig zu verwenden suchen. Die Raumbeheizung ist dabei leider von ungeordneter Bedeutung, weil sie nicht die hochwertigste ganzjährige Verwendung ermöglicht.

Man muß suchen, die abfallende Wärme schon auf den höchsten Temperaturstufen zu erfassen und sie bei allmählicher Senkung der Temperatur immer neuen Verwendungszwecken zuzuführen. Die Aufgaben der Abwärmeverwertung entstehen dann ganz von selbst. Speziell die Eisenhüttenindustrie arbeitet mit sehr hohen Temperaturen. Das Eisen läßt sich eben nur schmieden, solange es heiß ist, darum sind hier die Abfälle so groß und die Wirkungsgrade so niedrig, und daher die hohe volkswirtschaftliche Bedeutung der Sparmaßnahmen.

Wenn wir ausgiebige Wärmewirtschaft treiben wollen, so dürfen wir, wie bemerkt, die Gesamtwirtschaft nicht vernachlässigen und uns die Möglichkeit späterer Weiterentwicklung nicht abschneiden, wie das geschieht. Es ist z. B. falsch, an metallurgischen Öfen oder Gasmaschinen Warmwasserheizkessel anzubauen lediglich zum Zwecke der Raumbeheizung, viel richtiger ist es, mit der Abhitze hochgespannten Dampf zu erzeugen, diesen erst für Kraft- oder andere hochwertige Zwecke auszunutzen und erst die noch übrigbleibende Wärme zur Heizung oder Warmwasserbereitung oder anderen tieftemperaturlichen Zwecken zu verwenden.

Mir ist z. B. ein Fall aus Schlesien bekannt, wo an alle Hüttenwerksöfen Warmwasserbereiter angebaut werden sollten, aus denen man lediglich Raumbeheizung an 180 Tagen decken wollte, man hätte dann für einen großen Teil des Jahres keine Verwendung gehabt.

Vielfach begegnet man auch ganz kleinlichen Vorschlägen, die zwar etwas wärmewirtschaftlich, aber nicht gesamtwirtschaftlich sind, und jedes bißchen Wärme erfassen möchten, hierin versuchen sich Laien — auch fachmännische Laien — besonders gern. Das führt zum Wärmefanatismus, der nicht danach fragt, ob die Wärmeersparnis nicht viel zu teuer erkauft ist. Wir brauchen uns gar keine Mühe zu geben, Verluste bestehen immer, die Natur fordert ihren Tribut in Form des Wirkungsgrades.

Meine Herren! Jeder wärmewirtschaftlichen Arbeit müssen eingehende Messungen vorausgehen, einzelne Stichproben oder Schätzungen genügen nicht. Auch muß man annehmen, daß keine Anlage dauernd voll belastet ist, man rechne zur Sicherheit nur mit einem Belastungsfaktor von 0,6, bei diesem soll die Abwärmeverwertung bereits rentabel, d. h. in etwa 3 Jahren amortisiert sein.

Über die vorhin von Herrn Baurat de Grahl erwähnte Vakuum-Abdampfheizung kann ich Ihnen hier leider keine Details angeben; die Erörterung aller hierbei einschlagenden Fragen, die konstruktiven Einzelheiten betr. der Entnahme des Vakuumdampfes aus der Maschine und anderes würden einen Vortrag für sich ergeben.

Ich will hierzu nur bemerken, daß man auch aus dem Überdruck- in das Unterdruckgebiet übergehen kann, wie das z. B. in den Gebäuden der Singer Comp. in Wittenberge durchgeführt ist. Es stehen dort etwa 2000 m Rohr unter Vakuum. Die große Angst vor Undichtheiten, Vernichtung des Vakuums usw. ist vollkommen unbegründet. Wenn die Gefahr von Undichtheiten so groß wäre, würden ja die großen weitverzweigten Zentralkondensationen, an denen der ganze Betrieb hängt, gar nicht bestehen können.

Die Heizflächen müssen für die mittlere Außentemperatur und normales Vakuum bemessen werden, dann ist die kurze Periode der Vakuumverschlechterung bei strenger Kälte oder die Verwendung von Frischdampf gesamtwirtschaftlich fast ohne Bedeutung.

Von größter Wichtigkeit ist die Speicherung der Abwärme. Für tiefe Temperaturen bis etwa 90⁰ ist die Speicherung großer Wärmemengen in Wasser eine einfache Sache, für höhere Temperaturen gab es bisher noch keine Speicher, die für Heizungen in Frage kämen.

In Schweden ist neuerdings ein Dampfspeicher von Dr. Ruths aufgekommen, der die Speicherung von Dampf gestattet und bei entsprechender Größe und wenn große Druckgefälle verfügbar sind, große Wärmemengen aufnehmen kann.

Für die großen Wärmemengen, die aber z. B. in sog. Sonntagsgas der Hochofenwerke verlorengehen, bietet sich noch gar keine Speicherungsmöglichkeit, und es sind viele Millionen Kalorien, die hier allsonntäglich verschwinden.

Durch Umsetzung in Strom und Abgabe desselben an Elektrizitätswerke wäre die Verwertung möglich.

Da Dampfturbinen im Niederdruckteil hohen Wirkungsgrad haben, nutzt man den an Kolbendampfmaschinen, Dampfhämmern oder Dampfpressen verfügbaren Auspuffdampf in Abdampfturbinen aus, der von diesen Turbinen abströmende Dampf ist noch immer nicht verloren. Es wird in Heizungen und Warmwasserbereitungen noch weiter ausgenutzt. Auf ein paar hundert Meter Entfernung kommt es dabei gar nicht an, wenn nur die Leitungen gut isoliert sind.

Bezüglich der Isolierungen ist noch viel praktische Arbeit zu leisten, da über die Isoliereffekte nur wenig zuverlässige Zahlen vorliegen. Jede Isoliermasse sollte, bevor sie verwendet wird, erst auf ihre Isolierfähigkeit untersucht werden, ebenso wie man von jeder zu verwendenden Kohlensorte den Heizwert verlangt. Das Forschungsheim für Wärmeschutz in München übernimmt die erforderlichen Versuche. Leider fehlt es noch an einer einfachen Methode, um fertige Isolierungen auf ihren Wert kontrollieren und ev. dem heutigen Dampfpreis entsprechend, in wirtschaftlichen Grenzen verbessern zu können. Es würde sehr zweckmäßig sein, wenn eine deutsche Normalisierung mit bestimmter, genau zu definierender Wirkung geschaffen würde, auf die dann alle anderen Isolierungen einfach bezogen werden.

Die Freiland-Heizversuche an der Technischen Hochschule in Dresden und die Kohlensäuredüngungsversuche der Dortmunder Union will ich nur kurz erwähnen, es würde sich, wenn die Verfahren in größerem Maßstab angewendet würden, ein sehr großes Gebiet für die Abwärmeverwertung auf tiefster Temperatur erschließen.

Ein Punkt, der eine gewisse Berufstragik in sich schließt, ist die Unmöglichkeit, die großen überall zur Verfügung stehenden Abwärmemengen in nutzbarer Weise unterzubringen, wenn sich innerhalb der Werke keine Verwendung mehr bietet. Volkswirtschaftlich könnte hier Hervorragendes geleistet werden, wenn diese Wärme in Strom umgesetzt und dieser den öffentlichen Elektrizitätswerken zugeführt würde, wie dies in wenigen Fällen auch bereits geschieht.

Meist steht aber diesem Verfahren vorläufig noch das ablehnende Verhalten der meisten Elektrizitätswerke gegenüber, die offenbar nicht wissen, was sie mit dem billigen Abfallstrom machen sollen. Ich glaube, die Not wird auch hier volkswirtschaftlich nachteilige Widerstände überwinden. Ich habe ein Werk bearbeitet, bei welchem stündlich mitunter bis zu 20 Mill. WE als Überschuß zur Verfügung stehen.

Ein wichtiges Hilfsmittel für die beste Ausnützung der Abwärme sind elektrisch-automatische Fernregulierungen für Drücke, Temperaturen, Betriebszeiten. Z. B. sollte man in jeder Ferndampfleitung den Enddruck auf einen Höchstwert einregulieren, um die Wärmeverluste der Fernleitung so niedrig wie möglich zu halten. Besonders bei Anzapfdampf ist das wichtig, weil der ersparte Dampf im Niederdruckzylinder der Maschine Arbeit leistet.

Ich glaube, daß wir nach unserer ganzen Kohlenlage und nach unserer Stellung in der Weltwirtschaft dazu kommen müssen, möglichst viel aus der Kohle herauszuholen. Und wie Herr Baurat de Grahl bemerkte, müssen die vielen kleinlichen Hindernisse in großzügiger Weise beseitigt werden, ich hoffe, daß in einem späteren Reichsenergiegesetz Bestimmungen erscheinen werden, durch welche Eigensinn, Unkenntnis, böser Wille oder Bequemlichkeit oder Monopole, z. B. in der Benutzung öffentlicher Straßen und andere große Maßnahmen behindernde Widerstände beseitigt werden können.

Meine Herren! Wenn jemand von Ihnen einmal wärmesparende Vorschläge zu machen hat, so wird die Wärmestelle Düsseldorf sich sehr dafür interessieren und mit Ihnen zusammen arbeiten, unsere Hüttenwerke bieten die beste Gelegenheit zur Verwertung.

Meine Herren! Sie sehen aus diesen kurzen Angaben, wieviel bereits geleistet ist, und daß viel mehr in der Verwertung der Abwärme geschieht, als vielleicht vielen der Herren bekannt ist. Ich bin der Meinung, daß wir die Aufgaben nicht in Reden, sondern in praktischer Arbeit lösen sollen (stürmischer Beifall).

Vorsitzender: Dem großen Beifall, den Sie Herrn Oberingenieur Schulze gespendet haben, möchte ich mich anschließen. Seine Ausführungen waren außerordentlich schätzenswert, so daß wir es nur wünschen können, daß er auf einem unserer nächsten Heizkongresse und einen derartigen Vortrag halten könnte.

Ich erteile nun Herrn Ingenieur Neumann das Wort.

Ingenieur Neumann, Hannover: Bei den Vorträgen gestern und heute ist eine Sache von m. E. größter Bedeutung wenig erwähnt worden, und das ist die Ausnützung der Abgase im Hausbrand. Ich habe mich eingehend damit beschäftigt, die Hausbrandabgase nochmals zu verwerten, und ich bin zu Resultaten gekommen, die tatsächlich meine Erwartungen weit übertroffen haben. Ich habe selbst einen kleinen Apparat konstruiert, ihn in der Praxis ausprobiert, und auch in Hannover von dem städt. Heizamt prüfen lassen. Die Prüfungsergebnisse waren 21 vH Ersparnis. In der Praxis zeigten sich aber weit höhere Ersparnisse. Und das kommt daher, daß in der Praxis vom Publikum, von den Hausfrauen, oder den Dienstboten nicht mit genügender Sorgfalt gefeuert wird. Ich habe nicht an einzelnen Versuchen, sondern in der vorigen Heizperiode an über 100 Anlagen unter verschiedenen Verhältnissen mit Kohle-, Koks-, Holz- und Torffeuerung festgestellt, daß Ersparnisse durch die Verwertung der Abgase bis zu 66 vH erzielt worden sind. Das sind nicht errechnete Resultate, sondern das sind tatsächlich festgestellte Ersparnisse an dem übrig gebliebenen Hausbrande.

Ich habe leider nicht die Zeit, auch nicht die Gelegenheit, Ihnen hier näheres vorzutragen über die Konstruktion des betreffenden Apparates[1] und über meine Erfahrungen. Dazu ist die Zeit zu knapp. Ich stehe aber jedem Herrn gern zur Verfügung mit genauen Auskünften und werde nachher im Vorzimmer an dem Tisch der »Hanomag«, an Hand von Zeichnungen und Bildern die ausgeführten Anlagen zeigen und erklären.

Es liegt im allgemeinen Interesse, Kohlen zu sparen; denn Kohlen sind Gold. Alle Kohlen, die wir im Hausbrande sparen können, die können wir heute unserer Industrie, die sie notwendig hat, zuführen, und, was die Industrie nicht verwerten

---

[1] Anmerkung der Redaktion: Eine mit Abbildungen versehene ausführliche Beschreibung darüber erscheint demnächst im »Gesundheits-Ingenieur«.

kann, das können wir schließlich zur Abtragung unserer Schuld an den Feindbund verwenden. (Beifall).

Vorsitzender: Ich erteile Herrn Oberingenieur B a r t h , Vorstand der mechanisch-technischen Abteilung an der Bayerischen Landesg werbeanstalt Nürnberg das Wort.

Oberingenieur Friedrich B a r t h , Nürnberg! Ich habe in meiner Stellung an der Bayerischen Landesgewerbanstalt seit langen Jahren mit der Abwärmeverwertung zu tun, speziell mit der Abwärmeverwertung bei Dampfkraftanlagen.

Ich habe mich über die lichtvollen Ausführungen der beiden Herren Vortragenden und des ersten Diskussionsredners sehr gefreut und möchte nur auf einen Punkt zurückgreifen, den der erste der Herren Vortragenden erwähnt hat. Das ist der Umstand, daß man bestrebt sein muß, eine Dampfkesselanlage möglichst im Beharrungszustand zu betreiben. Diese Forderung, die, wenn ich mich recht erinnere, an Hand einer Kurve von Guilleaume begründet wurde, läßt sich leider in der Praxis nicht so ohne weiteres erfüllen, weil nicht jeder Betrieb sich für Dauerarbeit eignet. Manche Betriebe, wie z. B. Zellulosefabriken und Papierfabriken, sind für Dauerbetrieb geeignet, andere dagegen nicht. Ungünstig wirkt die Einführung des Achtstundentages. Nun läßt sich aber auch in anderer Beziehung Brennstoff sparen, nämlich dadurch, daß wir bestrebt sind, die Belastung der Kesselanlagen möglichst gleich zu halten, d. h. alle Schwankungen, die im Betrieb durch wechselnden Wärmebedarf und durch ungleiche Belastung der Dampfmaschinen entstehen, von der Kesselanlage fernzuhalten. Dadurch ist es möglich, die Feuerung so günstig wie möglich einzustellen. Ein Mittel, um das zu erreichen, ist bereits von Herrn Oberingenieur Schulze angedeutet worden. Das ist der neue Dampfspeicher von Dr. R u t h s , der von der Aktiebolaget Vaporackumulator in Stockholm hergestellt wird. Ich habe davon erstmalig im Monat April erfahren, und ich habe gehört, daß Herr Professor Josse in Schweden war und eine Reihe von Anlagen mit Ruths-Dampfspeicher besichtigt hat. Ich habe mich in der Zwischenzeit durch eigenen Augenschein in einigen Betrieben davon überzeugt, daß in der Tat der Ruthsspeicher einen ganz anderen Zweck verfolgt als der Rateauspeicher. Der Ruthsspeicher verfolgt den Zweck, die Schwankungen, die bei der Erzeugung und bei dem Verbrauch von Wärmeenergie entstehen, auszugleichen, und so gewissermaßen die Rolle eines gewaltigen Schwungrades in der gesamten Energiewirtschaft eines Werkes zu spielen. Der Speicher besteht — ich glaube, darauf ganz kurz eingehen zu sollen — aus einem mit Kieselguhr oder Magnesia isolierten eisernen Behälter von zylindrischer Form mit kugelförmigen Enden. Der Behälter wird bis 90 oder 95 vH seines Inhaltes mit Wasser gefüllt und wird in der Regel im Freien aufgestellt. Da es sich zur Erzielung eines wirklichen Ausgleiches meistens um eine Speicherung von außerordentlich großen Dampfmengen handelt, so bedarf nicht nur der Behälter eines großen Rauminhaltes, sondern man muß auch einen entsprechenden Druckabfall von mehreren at zulassen, beispielsweise von 6 at auf 2 herunter, oder von 3 auf ½ oder so ähnlich. Durch Wahl entsprechend großer Behälter und durch Zulassung eines genügend großen Druckabfalls hat man es erreicht, daß bei den größten, bis jetzt gebauten Ruthsspeichern max. bis 100 000 kg Dampf in der S unde entnommen werden könn n. Um die Wandstärke so großer Behälter in angemessenen Grenzen zu halten, lassen sich natürlich keine so hohen Drücke anwenden wie bei Hochdruckdampfkesseln; die schwedische Firma geht mit dem Höchstdruck nicht über 6 oder 7 at hinaus. Die Verwendung von niedrigeren Drücken hat gleichzeitig den Vorteil, daß für einen bestimmten Druckabfall mehr Dampf aufgespeichert werden kann als bei hohem Druck, und daß man den Speicher auch mit Maschinenabdampf betreiben kann. Die Ladung und Entladung des Speichers erfolgen vollständig automatisch. Durch den Ruthsspeicher werden u. a. folgende Vorteile erreicht:

1. Es erübrigen sich auch für Betriebe mit stark schwankendem Dampfverbrauch Kessel mit großen Wasserräumen. weil durch den Ruthsspeicher der Gedanke verwirklicht wird, den Wasserraum vom Kessel zu trennen und dem letzteren nur noch die Aufgabe der Dampferzeugung zuzuweisen. Dabei ist die Ausgleichswirkung des Dampfspeichers ein Vielfaches

von der der Kessel, z. B. das Zehn- bis Vierzigfache und mehr, je nach dem Kesselsystem. Professor J o s s e behauptet in seinem Gutachten sogar, daß der Ruthsspeicher eine Ausgleichswirkung von bis zum 60fachen derjenigen von Kesseln hat.

2. Der zweite Vorteil ist der: Die schwankenden, zeitweise forcierten Belastungsverhältnisse des Betriebes werden durch den Ruthsspeicher von der Kesselanlage ferngehalten, so daß bei unverändertem Kesseldruck die Feuerung mit konstanter Leistung betrieben werden kann. Tagelang ist oft keine Verstellung des Rauchschiebers nötig. Dies hat eine günstigere Brennstoffausnützung und eine Verbesserung des Wirkungsgrades der ganzen Kesselanlage zur Folge.

3. Da bei Aufstellung eines Ruthsspeichers die Kesselanlage gleichmäßig belastet ist, also nur noch den mittleren Dampfbedarf zu decken hat, so kann ein Teil der Kesselheizfläche außer Betrieb gesetzt werden bzw. man kommt bei Neuanlagen mit einer kleineren Kesselzahl aus. Auch dieser Umstand trägt zur Erhöhung der Wirtschaftlichkeit des Kesselbetriebes bei und ist von ganz besonderer Bedeutung für Betriebe, deren Kesselanlage zu klein geworden ist. Wenn man sich z. B. auf minderwertige Brennstoffe umstellt, so geht die Leistung einer Kesselanlage meist zurück und das wird durch den Dampfspeicher wieder ausgeglichen.

4. Es sind weniger Kessel zu bedienen und in Stand zu halten und es ist wegen der Verbesserung des Kesselwirkungsgrades weniger Brennstoff zu verfeuern, so daß man mit weniger Aufwand für Bedienung und Unterhaltung auskommt.

5. Die Verluste und Betriebserschwernisse, die bei Anlagen mit Abdampfverwertung dadurch entstehen, daß Wärme- und Kraftbedarf nur selten miteinander übereinstimmen, lassen sich durch die ausgleichende Wirkung des Ruthsspeichers vermeiden.

6. Ein letzter Vorteil ist endlich der, daß der Ruthsspeicher infolge seines großen Fassungsvermögens und seines Druckabfalls von mehreren at in der Lage ist, sehr große Dampfmengen aufzuspeichern und in kürzester Zeit wi der abzugeben. Auf diese Weise ist es z. B. möglich, die Dauer vieler Heiz- und Kochprozesse so stark abzukürzen, daß eine wesentliche Leistungs- und Produktionssteigerung des ganzen Fabrikbetriebes erreicht wird. Ich habe z. B. in einer schwedischen Zellulosefabrik einem Dämpfungsprozeß beigewohnt, der in 19 min 10 s zu Ende war. Vorher war die Kesselanlage nicht in der Lage, in dieser kurzen Zeit soviel Dampf zu liefern, so daß der Dämpfungsprozeß m. W. 1½ h und mehr in Anspruch nahm.

Herr Oberingenieur S c h u l z e hat gemeint, es wäre zweckmäßig, wenn jemand die Wirkungsweise des Ruthsspeichers beschreiben würde. Ich will das kurz tun an dem Beispiel einer Brauerei. Denken Sie sich eine Brauerei, ausgerüstet mit Hochdruckkesseln und einer Tandemmaschine, die für Zwischendampfentnahme eingerichtet ist. Es wird Heizdampf von 2 at benötigt, der im Sudhaus zum Kochen der Maische, Würze usw. dient. Nun wird der Ruthsspeicher so eingebaut, daß er direkt verbunden wird mit dem Aufnehmer, d. h. mit der Leitung zwischen Hochdruckzylinder und Niederdruckzylinder, und daß er anderseits auch mit dem Sudhaus in Verbindung steht. Wenn nun eine kleinere Leistung benötigt wird, so nimmt der Niederdruckzylinder weniger Dampf auf und es geht der Überschuß an Zwischendampf in den Wasserraum des Speichers hinein. Da ist ein Verteilungsrohr angeordnet, von dem aus der Dampf zwecks Erzielung eines guten Wasserumlaufs in Rohre eintritt, die nach dem Diffusorprinzip geformt sind. Der in den Speicher eintretende Dampf kondensiert, wobei der Wasserinhalt des Speichers zunimmt. Gleichzeitig steigt auch die Temperatur und der Druck im Speicher, z. B. von 2 bis maximal 3½ at. Wenn letzterer Druck erreicht ist, ist der Speicher voll. Gewöhnlich tritt aber schon vorher der Fall ein, daß der Speicher Kochdampf für das Sudhaus zu liefern hat, oder daß die Maschine wieder stärker belastet wird. Im letzteren Fall braucht die Maschine wieder mehr Dampf; und es geht der Dampf anstatt vom Hochdruckzylinder in den Speicher wieder in den Niederdruckzylinder, um dort Arbeit zu leisten. Es kann nun sein, daß dieser Dampf momentan gar nicht ausreicht, um die geforderte Leistung der Maschine zu erzeugen. Dann strömt der fehlende Dampf vom Speicher zurück in den Niederdruckzylinder, falls die Kesselanlage nicht genügend Dampf liefert. In Zeiten, wo der Kesseldampf zwar für die Maschine ausreicht, nicht aber zur gleichzeitigen Deckung eines großen Sudhausbedarfs, wird dem Speicher Dampf für das Sudhaus entnommen. Dieser Dampf wird mittels eines Reduzierventils von der Speicherspannung auf 2 at, d. h. auf die Spannung heruntergedrosselt, die man im Sudhaus zum Kochen braucht. Der Zusatz von Frischdampf erübrigt sich auf diese Weise.

So ähnlich ist die Wirkungsweise und der Einbau auch bei anderen Fabrikbetrieben.

Hieraus ergibt sich, daß der Ruthsspeicher besonders für Betriebe mit gleichzeitigem Kraft- und Heizdampfbedarf, wie z. B. Zellulosefabriken, Papierfabriken, Brauereien und dergl. am Platz ist. Infolge der genannten Vorteile — Erhöhung der Wirtschaftlichkeit, Ersparnis an Bedienungspersonal, ebenfalls in Verbindung mit einer Verringerung des Anlagekapitals für die Kesselanlage, günstigere Abdampfausnützung, Produktionssteigerung — macht sich der Ruthsspeicher verhältnismäßig schnell bezahlt; ich glaube, daß man sagen kann, etwa innerhalb Jahresfrist. Ich war in einem Betrieb, in dem mir sogar versichert wurde, daß die Speicheranlage in 5 bis 6 Monaten allein durch die erzielten Brennstoffersparnisse abbezahlt war. Wer sich näher über den Speicher unterrichten will, sei auf die von der Aktiebolaget Vaporackumulator in Stockholm herausgegebene Broschüre »Der Ruths-Dampfspeicher« verwiesen. (Beifall).

Vorsitzender: Ich erteile jetzt Herrn Magistratsbaurat Arnoldt das Wort.

Magistratsbaurat Dr.-Ing. Arnoldt, Dortmund: Ich will mich ganz kurz fassen.

Es ist heute wieder die Verringerung der Heizfläche von Herrn Baurat de Grahl das Wort gesprochen worden. Die Gründe, die heute vorgebracht sind und die gestern vorgebracht sind, haben mich nicht überzeugen können. Ich darf die Herren auf die Veröffentlichung aufmerksam machen, die im 2. Heft der Hauptwärmestelle in Berlin herausgegeben und über die im November 1920 stattgefundene Hannoversche Tagung erschienen ist. Da werden die Herren die Gründe ausführlich dargestellt finden, die ich gegen die Verringerung der Heizfläche anzuführen habe.

Auf einen Punkt möchte ich jedoch noch eingehen, den Herr Baurat de Grahl erwähnt hat. Er hat ziemlich allgemein gewarnt vor der Stromaufnahme von Abfallkrafterzeugungsanstalten durch die Elektrizitätswerke. Er hat erwähnt den schlechten Wirkungsgrad der zentralen Kesselanlagen der städtischen Elektrizitätswerke, wenn viele kleinere Anlagen ihre Abfallkraft in das Netz der Elektrizitätswerke hineinspeisen würden. Er hat gefragt: »Was würde geschehen, wenn Hunderte von Anlagen ihren Strom in die Elektrizitätsnetze hineinspeisen würden?« Ich möchte meine Bedenken zurückstellen, und ich halte es für besser zu handeln, wie dies schon Herr Oberingenieur Schulze empfohlen hat, als Bedenken auszusprechen. Wir befinden uns hier in München, und in München ist man bahnbrechend vorangegangen, indem hier ein hervorragendes Zusammenwirken zwischen den Direktoren der Elektrizitätswerke und dem städtischen Heizamt, vertreten durch Herrn Baurat Hauser, stattgefunden hat. Da haben wir die Verhältnisse, daß wir in Schwabing mit Abdampf heizen, nachdem der Dampf vorher in Dampfmaschinen entspannt ist und elektrische Abfallenergie geliefert hat. Die genannten beiden Dienststellen sind hier sehr mit dieser Anlage zufrieden. Auch die Privatindustrie, die privaten Elektrizitätswerke, das große RWE (Rheinisch-Westfälische-Elektrizitätswerk) ist im Rheinland bahnbrechend vorangegangen, indem es sich aus vielen Quellen Kraft zuführen läßt, ohne daß sich Anstände herausgebildet haben. Es handelt sich hier um eine rein wirtschaftliche Frage. Der Kernpunkt ist doch der: Kann das kleine Werk billiger Kraft liefern als das große Werk, so ist es zweckmäßig, daß das große Werk diese Kraft aufnimmt. Ich weiß, daß Herren hier im Saale sind, die über die Erfahrungen, die bei solchen Abfallkraftanlagen gemacht sind, und über die Preise, die vom RWE bezahlt werden, berichten können, und ich glaube, daß diese Preise weit geringer sind als diejenigen, zu denen das Elektrizitätswerk sich die Kraft selbst herstellen kann.

Vorsitzender: Ich erteile nunmehr Herrn Landesoberingenieur Oslender, Düsseldorf, das Wort.

Landesoberingenieur Oslender, Düsseldorf: Meine Herren! Ich wollte in Anknüpfung an die Ausführungen von Herrn Dr.-Ing. Arnoldt mitteilen, daß die Rheinische Provinzialverwaltung ein derartiges Werk errichtet hat, und zwar in der Provinzial-, Heil- und Pflegeanstalt zu Bedburg-Hau bei Cleve. Das ist eine große Anstalt mit 2200 Betten. Dort ist zunächst für den eigenen Betrieb ein Elektrizitätswerk errichtet worden, das mit Gleichstrom arbeitet, wobei 2 Maschinen von je 700 PS gebraucht werden. Nachdem diese Maschinen eingerichtet waren, sind nun, um die Maschinen besser auszunützen, die Schwungräder ersetzt durch Drehstromgeneratoren und es ist ein Vertrag mit dem RWE geschlossen worden, wonach RWE sich verpflichtet, 1 Million kWh aus dieser Anlage zu entnehmen und die Verwaltung sich verpflichtet, diesen Strom zu 3 Pf. pro kWh Friedenspreis zu liefern. Die Übereinkunft hat beide Teile voll befriedigt; denn die Verwaltung hat sehr erhebliche Einnahmen dadurch bekommen, weil sie ja nur das Mehr für die Drehstromanlage zu verzinsen und zu amortisieren hatte und in den Selbstkosten bei der Stromabgabe sehr begünstigt war dadurch, daß sie die Abwärme restlos verwenden konnte und weil das Personal für den Betrieb der Maschinen ohnedies notwendig ist. Es kommen für die Kosten des Drehstromes lediglich das Mehr an Kohlen und Schmieröl in Betracht. Daher ist das RWE sehr bald dazu gekommen, auch mehr Strom abzunehmen, als 1 Million kWh pro Jahr. Auf diese Weise ist eine Anlage erzeugt worden, die bis zu 50 vH und selbst darüber hinaus bis zu 60 vH und unter günstigen Verhältnissen noch einen höheren Gesamtnutzeffekt hat. Vergleicht man mit dieser Zahl 50 vH, die ich bescheidener Weise angegeben habe, den Wirkungsgrad, den z. B. das städt. Elektrizitätswerk in Düsseldorf hat, so wird man erstaunt sein, wenn ich mitteile, daß nach Ausführungen des Oberingenieurs dieses Werkes ein Gesamtnutzeffekt von nur 20 vH vorliegt. Und gerade darin liegt die Anregung. Ich glaube, bei der Not, die an uns gekommen ist, daß heute wohl kaum in der Stadt Düsseldorf ein Vorschlag irgend eines Betriebes zurückgewiesen werden könnte, der dahin ging, Strom in das städtische Leitungsnetz billiger zu liefern als ihn das städtische Elektrizitätswerk selbst erzeugt, sofern die erforderlichen betriebstechnischen Bedingungen erfüllt werden.

Es ist sehr richtig, was der erste Herr Vortragende ausgeführt hat, daß die Monopolstellung der städtischen Werke unbedingt im Interesse der Allgemeinheit eingeschränkt werden muß. Wir müssen dazu kommen. Ich halte sogar dafür, daß man jeden gewerblichen Betrieb, der in der Lage ist, eine Abwärmeverwertungsanlage zu betreiben, Stromlieferung nach außerhalb gestatten muß, besonders wenn er gleichzeitig in der Lage ist, den Strom billiger zu liefern als das Großwerk, das in seiner Nähe ist, vorausgesetzt natürlich, daß die Bedingungen, die das Elektrizitätswerk an den Betrieb zu stellen hat, eingehalten werden. Daß das nicht schwer ist, hat schon Herr Baurat Arnoldt angedeutet. Das geht sehr friedlich miteinander, wenn es bloß einmal durchgeführt worden ist. Es haben sich absolut keine Schwierigkeiten bei uns in der Praxis ergeben. Man hatte die größten Bedenken von Seiten der Betriebsführung, als wir unsere Anlage in Gang setzen wollten. Das hat sich aber alles während einer 6jährigen Betriebsdauer als nicht begründet herausgestellt. Das geht sehr wohl und sogar die Zentrale in Essen ist oft an uns um Strom herangetreten mit der Begründung, sie wäre in Schwierigkeiten und wir möchten den nördlichen Bezirk der Rheinprovinz für die Versorgung allein übernehmen. Es kommen auch Störungen in den großen Überlandzentralen, insbesondere am Leitungsnetz vor, bei Witterungseinflüssen z. B. Tatsächlich waren RWE zeitweilig nicht in der Lage, Strom zu liefern. Dann sind wir eingesprungen, und auf diese Weise ist ein brüderliches Zusammengehen erzielt worden. Aber es muß nicht jeder seinen eigenen Weg gehen, sondern in den verschiedenen Werken müssen der Maschineningenieur, der Elektroingenieur und der Heizungsingenieur zusammengebracht werden. Sie gehören zusammen und auch der Vertreter der Kohlenwirtschaftsstelle muß dabei sein.

Es ist nun gesagt worden, daß die Heizung nicht in der Lage sei, soviel Abdampf aufzunehmen. Das gilt für die Industriewerke, es gilt aber nicht für die städtischen in den großen Wohnungszentren. Ich verweise z. B. auf Krefeld, dessen Elektrizitätswerk so günstig gelegen ist, daß es die Bevölkerung wohl großenteils mit Heizung und Wärme versorgen könnte. Krefeld hat die Wäschereien und Färbereien, die sehr viel Abdampf auch im Sommer nötig haben, wenn die 200 Heiztage vorbei sind, und es gibt viele Industrien, die Abdampf aufnehmen können. Man muß ihnen nur die Gelegenheit bieten, dann wird es auch geschehen. (Beifall.)

Vorsitzender: Ich bitte jetzt Herrn Diplomingenieur Behrens das Wort zu nehmen.

Dipl.-Ing. Behrens, Berlin: Meine Herren! Herr Baurat de Grahl hat mit vollem Recht vor einem allzu großen Optimismus bei der Ausführung von Abdampfverwertungsanlagen zu Heizzwecken gewarnt. Dem muß nur zugestimmt werden. Die Gründe dafür sind kurz zusammengefaßt folgende:

1. Einmal ist der Preis für die Kohle um das 15 fache gegenüber dem Jahre 1914 gestiegen, während das Eisen sich um das 20- bis 30 fache verteuert hat.

2. Ein zweiter Grund ist der, daß bei dieser Verwertung für Heizzwecke immer nur mit 200 Heiztagen im Jahre zu rechnen ist.

3. Endlich machen die Kraftwerke, namentlich die Elektrizitätswerke, in den meisten Fällen große Schwierigkeiten in der Ausnutzung ihres Abdampfes. Selbst wenn sich eine hohe Wirtschaftlichkeit durch die Abwärmeverwertung ergibt, stehen sie der Ausnutzung wenig sympathisch gegenüber, weil sie in der Abwärmeverwertungsanlage ein Anhängsel an ihr Werk sehen, das ihren Kraftbetrieb beeinträchtigt, und sie nehmen vielleicht lieber eine geringere Wirtschaftlichkeit in den Kauf, nur um unabhängig zu bleiben. Hierzu kommt ferner, daß häufig großes Kapital dazu gehört, um die vorhandenen Maschinen teils umzubauen, teils durch neue zu ersetzen, die für die Ausnutzung des Abdampfes geeigneter sind.

Von diesem Standpunkte aus bzw. gegenüber dieser Ausnutzung der Abwärme in Kraftwerken möchte ich eine Verwertung zur Sprache bringen, die heute schon kurz gestreift ist, die aber von außerordentlicher volkswirtschaftlicher Bedeutung ist. Das ist die Abhitzeverwertung in den städtischen Gasanstalten. Gerade diese Gasanstalten haben in den Abgasen der Retorten Milliardenmengen von Wärmeeinheiten zur Verfügung, die jetzt verlorengehen und die unmittelbar zur Wärmeerzeugung Verwendung finden können. Es ist mit Abgasen von 300 bis 500° C ohne weiteres und mit Leichtigkeit 6 bis 10 at Dampf zu erzeugen und dieser Hochdruckdampf in elektrische Energie umzusetzen, die zu Kraft- und Beleuchtungszwecken auf den Werken selbst benötigt wird. Der Enddampf der Gegendruckturbine für die elektrische Energieerzeugung kann weiter reichlich auf den Gaswerken selbst Verwendung finden zur Wassergaserzeugung, für die Unterfeuerung der Kessel, kann aber auch zur Warmwasserbereitung in Gegenstromapparaten bzw. Dampfwarmwasserkesseln dienen, um so ein Pumpen-Warmwasser-Fernheizwerk für die vorhandenen Zentralheizungen der benachbarten Grundstücke zu betreiben.

Gerade eine solche Ausnutzung der Abgase bietet besonders den Vorteil, daß sie stets durch ihre Selbsttätigkeit eine einwandfreie Wirtschaftlichkeit ergibt. Je höher die Temperaturen sind, mit denen die Abgase infolge mangelhafter Bedienung oder Schadhaftigkeit der Retorten abziehen, desto mehr Dampf wird erzeugt; es entsteht also kein Verlust von Wärmeenergie, sondern die in der Kohle enthaltene Wärme wird stets voll ausgenutzt. Es kann mit einem heiztechnischen Wirkungsgrad bis zu 10 vH gerechnet werden und da Milliarden von Wärmemengen zur Verfügung stehen, so ist eine solche Wärmeerzeugung derartig wirtschaftlich, daß sich das Anlagekapital in einer Zeit von 2 bis 3 Jahren bezahlt macht, und daß es daher heute unverzeihlich wäre, solche Abfallwerte zu vernachlässigen.

Auch die Wärmefortführung und Wärmeabgabe zu Heizzwecken für benachbarte Gebäude durch ein mit der Gas-

anstalt verbundenes Fernheizwerk bringt außerordentlich hohe Wirtschaftlichkeit, freilich nur in beschränktem Maße, weil die Preise für die Rohrleitungen bedeutend höher gestiegen sind als die Kohlenpreise, gegenüber denen vom Jahre 1914, und weil das Fernheizwerk nur 200 Heiztage im Jahre Gewinn abwirft, die übrige Zeit aber stilliegen muß. Es ist aber leicht festzustellen, inwieweit und bis zu welcher Entfernung es wirtschaftlich ist, irgendein mit Zentralheizung versehenes Gebäude an ein solches Wärmewerk anzuschließen. Denn die Länge der Rohrleitung, also die Entfernung des Gebäudes von der Wärmequelle, die fortzuleitenden Wärmemengen und die gesamten Betriebs- und Unterhaltungskosten (Brennstoffkosten, Instandhaltungskosten, Kosten für Verzinsung und Entschuldung des Anlagekapitals) stehen in einem bestimmten Verhältnis zueinander, so daß es mit Hilfe einer einfachen Formel bzw. an Hand von Kurven leicht möglich ist, die Entfernung festzustellen, für welche sich eine Wirtschaftlichkeit des Unternehmens noch ergibt.

Vor allen Dingen ist bei Planung eines solchen Fernheizwerkes mit Hilfe einer Wirtschaftlichkeitsberechnung zu untersuchen, ob die Wärme vermittelst Dampf oder Warmwasser übertragen, ob also eine Hochdruckdampfheizung oder eine Warmwasserheizung mit Pumpenbetrieb gebaut werden soll. Bei der Ferndampfheizung ist es jedenfalls möglich, sei es Zentralheizung, sei es Dampfheizung, Warmwasserheizung oder Luftheizung, unmittelbar bzw. nach verhältnismäßig kleinem Umbau anzuschließen, während bei der Fernwarmwasserheizung nur die mit Warmwasserheizung versehenen Gebäude in das Fernheizwerk einbezogen werden können, alle anderen Heizungsarten (Dampfheizung, Luftheizung) erst in entsprechende Warmwasserheizungen umgebaut werden müssen. Dagegen sind die Wärmeverluste des Rohrnetzes bei einer Ferndampfheizung wesentlich größer als bei einer Fernwarmwasserheizung, selbstverständlich gleiche zu fördernde Wärmemengen und gleiche Außentemperaturen vorausgesetzt. Auch beansprucht die Ferndampfheizung eine sorgfältigere, ständigere Betriebsüberwachung des Rohrnetzes, die zusammenhängt mit dem stärkeren Arbeiten der Dampfleitungen und der dadurch erforderlichen größeren Anzahl von Längenausgleichern sowie mit den notwendigen Dampfentwässerungen und der entsprechenden Anordnung von Kondenstöpfen. Infolgedessen ist es äußerst wünschenswert, ja notwendig, die Ferndampfleitungen in gemauerten Kanälen anzuordnen, die begehbar sind, während bei einer Fernwarmwasserheizung die Rohrleitungen in Betonrohren unmittelbar unter dem Straßenpflaster bzw. Erdboden verlegt werden können. Die Längenausgleicher dagegen müssen stets in bequem zugänglichen Schächten untergebracht sein. Dabei können die Rohre (sowohl bei Dampfheizung als auch bei Wasserheizung) erfahrungsgemäß bis zu einer Länge von etwa 70 m ohne Schwierigkeiten zusammengeschweißt werden, so daß Flanschenverbindungen vermieden werden und diese nur an den Längenausgleichern bzw. Entwässerungen entstehen. Durch diese baulichen Nebenarbeiten, d. h. durch den Bau von besonders begehbaren Rohrkanälen und durch die schwierigere Bedienung werden sowohl die einmaligen Anlagekosten als auch die laufenden Betriebskosten für die Dampfheizung gegenüber der Warmwasserheizung wesentlich erhöht.

Im großen und ganzen muß gesagt werden, daß der Fernwarmwasserheizung im Gegensatz zur Ferndampfheizung der Vorzug zu geben ist. Die Wirtschaftlichkeit der Fernwarmwasserheizung kann noch dadurch bedeutend verbessert werden, daß die Anlage mit hohen Wassertemperaturen betrieben wird, indem das Heizwasser auf etwa 135° C (statt 90° C) erwärmt, mittels Pumpen den Wärme bedürfenden Gebäuden zugeführt, dort durch Wärmeabgabe auf etwa 70° C abgekühlt und mit dieser Temperatur zu der Wärmequelle zurückgedrückt wird. Durch diesen Temperaturunterschied von 65° C (statt 20° C) wird die zu fördernde Wassermenge verringert, infolgedessen entstehen sowohl schwächere Rohrleitungen usw., die zu einer Verbilligung der einmaligen Anlagekosten führen, als auch geringere Kraftleistungen für die Umwälzung des Heizwassers, die die laufenden Betriebskosten der Pumpen verringern.

Was diesen Antrieb der Umwälzpumpen anbetrifft, so sollten durchweg Dampfturbinen im Gegensatz zu Elektromotoren für den Betrieb der Schleuderpumpen verwendet werden, da durch die Verwertung des Abdampfes der Turbinen zur Warmwassererzeugung die Betriebskosten bedeutend geringer werden als bei einem Elektromotor, selbst bei eigener Erzeugung der elektrischen Energie.

Auch von der Anordnung des Dreileitersystems, d. h. der streckenweisen Verlegung einer dritten Leitung zur Reserve neben der Vorlauf- und Rücklaufleitung, die durch entsprechend eingebaute Schieber miteinander gekuppelt sind, wodurch die Betriebssicherheit des Rohrnetzes wohl erhöht und eine spätere Erweiterung des Fernheizwerkes infolge des Anschlusses weiterer Heizungsanlagen ohne Verstärkung des Rohrnetzes mit einfacher Hinzunahme der Reserveleitung für den erweiterten Betrieb ermöglicht wird, sollte Abstand genommen werden. Wenn von Hause aus das Rohrnetz mit besten Baustoffen gut ausgeführt wird, namentlich hinsichtlich der Flanschenverbindung, wenn ferner bei Planung des Fernheizwerkes eine Erweiterung ausgeschlossen ist, dann ist meines Erachtens das Dreileitersystem überflüssig. Die Kosten hierfür stehen nicht im Verhältnis zu dem angeblichen Vorteil der erhöhten Betriebssicherheit und können gespart werden.

Wenn das Fernheizwerk auf diese Weise im Anschluß an das Gaswerk gebaut wird, so ist der Betrieb sehr wirtschaftlich und die Anlagekosten machen sich in einigen Jahren bezahlt. Gerade die Gasanstalten, welche im Weichbilde der Stadt liegen, sind außerordentlich geeignet, in ihrem Betrieb ein Heizwerk für die Erwärmung der benachbarten Gebäude zu errichten. Leider sind in manchen Fällen die von den Retortengasen überschüssigen Wärmemengen noch nicht einmal hinreichend, um allen Bedarf an Dampf, elektrischer Energie und Wärme auf den Gaswerken selbst zu decken; diese benötigen oft weit mehr, als erzeugt werden kann und sind mit der Abhitzeverwertung a l l e i n kaum in der Lage, Wärme an ein Fernheizwerk für die Nachbarschaft noch abzugeben.

Aber es stehen auf den Gaswerken noch eine bedeutende Mengen von Abfallstoffen, wie Koksgrus, Schlacke usw., zur Verfügung, die zum Teil brachliegen und zur Ergänzung der Dampferzeugung, zum Betrieb des Fernheizwerkes ausgenutzt werden können. Mit der Abhitzeverwertung muß die Schlackenverwertung verbunden werden. Nicht allein der Koksgrus soll verfeuert, sondern auch gerade die jetzt auf Halden gelagerte Schlacke soll verwertet werden. Es würde hier zu weit führen, auf die verschiedenen Verfahren der Schlackenverwertung näher einzugehen, so z. B. auf das naß-mechanische oder das trocken-magnetische Verfahren. Vom Standpunkt der Wärmewirtschaft aus erscheint mir das Verbrennungsverfahren am vorteilhaftesten, indem zunächst die Schlacke zu Staub (0—15 mm Körnung) in Brechern zermahlen und dann in besonderen Schachtöfen mit Windgebläse zusammen mit Koksasche und Koksgrus verfeuert wird. Gegebenenfalls läßt sich auch mit den drei Verfahren gemeinsam die höchste Wirtschaftlichkeit erreichen.

Ja, auch die Verbrennung des städtischen Hausmülls hängt eng mit dieser Schlackenverwertung zusammen, insofern das brennstoffarme, brikettaschenreiche Hausmüll ungesiebt und ohne besondere Kohlen in denselben Schachtöfen zusammen mit Schlacke und Flugasche bei hohem Wirkungsgrad verbrannt werden kann. Die selbsttätig vom Schachtofen abfallenden Rückstände können dann zu Schlackensteinen und Baustoffen aller Art verarbeitet werden. Müllverbrennungsanlagen und Schlackensteinfabriken müssen daher in erster Linie im Anschluß an Gaswerke gebaut werden.

So sollten die Gaswerke heute als ein Teilgebiet ihrer Fabrikation neben der Gaserzeugung die Herstellung von Dampf bzw. Wärme unmittelbar aus ihren Betriebsmitteln aufnehmen, diese Betriebsmittel, wie Abhitze, Koksgrus, Schlacke, nicht wie bisher zum Teil brach liegen lassen oder veräußern, sondern selbst in hochwertige Arbeit umsetzen, also den Dampf in Form von Wärme oder elektrischer Energie zu hohen Preisen, die damit erzielt werden können, verkaufen. Denn abgesehen von dem Fortfall des Transportes der minderwertigen Abfallstoffe können diese nur in besonders geeigneten

Feuerungen, die wiederum nur in solchen technischen großen Betrieben am Platze sind, nutzbringend verwertet werden.

So ist die Ausnutzung der Abhitze bzw. der Umsatz solcher Abfallstoffe in hochwertige Arbeit auf den Gasanstalten in Verbindung mit Müllverbrennung, Fernheizwerk und Schlackenfabrikation ein Problem von höchster volkswirtschaftlicher Bedeutung im Interesse der städtischen Brennstoffwirtschaft und Brennstoffbeschaffung, zum Nutzen und Wohl der Bevölkerung.

Um diese wichtige Angelegenheit vorwärts zu bringen, müßte baldigst eine Musteranlage gebaut werden; dann kann gezeigt werden, welche hohe Wirtschaftlichkeit mit einer solchen Abhitzeverwertung und Fernheizung im Anschluß an ein Gaswerk erzielt wird.

Das allein freilich genügt noch nicht, um mit dem Problem der Abwärmeverwertung überhaupt weiterzukommen, muß vor allen Dingen zunächst ein Überblick über das gesamte Wärmegebiet einer Stadtgemeinde vorhanden sein. Zu diesem Zweck muß der Wärme-Ingenieur eine vollständige Zusammenstellung sämtlicher Brennstoffverwendungsstellen des Stadtgebietes haben, wobei stets zu unterscheiden ist zwischen Wärme e r z e u g u n g s stelle (Kraftwerk, Elektrizitätswerk, Pumpwerk, Gaswerk, Eiswerk, Brauereien) und Wärme v e r b r a u c h s stellen (Zentralheizungen, Warmwasserversorgungen, Badeanstalten, Schlachthöfen). Die Zusammenstellung muß Aufschluß geben über Größe, Art und Betriebszeit der einzelnen Brennstoffverwendungsstellen. Ich denke mir zu diesem Zweck neben einem Übersichtsplan des Stadtgebietes ein Wärmekataster oder eine Wärmekartei, welche in wenigen Zahlen das Wesentliche einer jeden Wärmestelle angibt, genau so wie eine Statistik, z. B. über sämtliche Bäckereien besteht, um den Brotverbrauch der Bevölkerung festzustellen.

Nur auf diese Weise wird ein Überblick über die gesamte Wärmewirtschaft einer Stadtgemeinde geschaffen, wobei wesentlich in Betracht kommt, daß dann einzelne Wärmestellen nicht vergessen werden können. An Hand eines solchen Planes und einiger Zahlen ist es möglich, schnell festzustellen, wo Wärmeüberschuß und wo Wärmebedarf ist, und was im Interesse der Wärmewirtschaft zurzeit durchführbar ist. Denn obwohl reichlich Wärmemengen aus Gas- und Kraftwerken usw. in den Städten zur Verfügung stehen, so ist es bei weitem doch nicht technisch möglich, diesen Wärmeüberfluß des Abdampfes oder der Abhitze voll für den Wärmeverbrauch in den Zentralheizungen usw. auszunutzen bzw. dorthin zu lenken, wo gerade der Wärmebedarf ist.

So stellen sich bei Bearbeitung eines solchen Wärmewirtschaftsplanes sofort drei Gruppen von Aufgaben heraus:
a) Ein Teil der Aufgaben wird von vornherein undurchführbar sein, da unwirtschaftlich und auch technisch unmöglich,
b) ein anderer Teil wird einstweilen zurückzustellen sein, aus Mangel an Geldmitteln, bis genügend Mittel zur Verfügung stehen bzw. die Preise für die Baustoffe, namentlich für die Rohrleitungen, wieder in einem günstigen Verhältnis zu den Preisen für die Kohlen stehen, so daß sich eine höhere Wirtschaftlichkeit ergibt,
c) ein großer Teil ist aber sofort durchführbar, weil die Wirtschaftlichkeit außerordentlich hoch und die Durchführbarkeit verhältnismäßig leicht ist, so daß auch die Geldmittel zur Verfügung stehen.
Abgesehen von diesen Vorteilen der Abwärmeausnutzung bietet das Wärmekataster auch für die jetzt geplanten Heizberatungsstellen, welche auf Veranlassung des Reichskommissars für die Kohlenverteilung von den Stadtgemeinden gebildet werden sollen, große Vorteile. Die Heizberatungsstellen müssen, um den Hausbesitzern und Mietern bei Instandhaltung und Brennstoffverbrauch der vielen kleinen Zentralheizungen mit Rat und Tat zur Seite stehen zu können, unbedingt einen Überblick über den Umfang ihrer Aufgaben erhalten. Dazu soll das Wärmekataster dienen.

Es hängt also die Errichtung der städtischen Heizberatungsstellen eng zusammen mit dem Plan der Abwärmeverwertung, so daß auch die Kosten, welche den Stadtgemeinden durch die Unterhaltung dieser Heizberatungsstellen entstehen, aus dem Gewinn, der bei der Abwärmeverwertung in den städtischen Werken erzielt wird, gedeckt werden könnten.

Nur auf diesem Wege glaube ich, werden wir das Problem der Abwärmeverwertung, das nun seit Jahren die Fachkreise bewegt, lösen. Wenn wir damit bisher nicht weitergekommen sind, so liegt das nicht allein an den ungünstigen wirtschaftlichen Verhältnissen, sondern an dem Mangel einer Einheitsfront. Es kommt immer wieder darauf an, den Kraft- bzw. Wärmeerzeuger mit dem Wärmeverbraucher näher zusammenzu bringen. Bisher war das Verständnis auf seiten derjenigen Stellen, die lediglich Gas oder Kraft, also Wärmeüberschuß erzeugten, wenig oder gar nicht vorhanden, während auf der anderen Seite der Wärme-Ingenieur als Vertreter der Wärmeverbraucher unermüdlich immer wieder zur Ausnutzung des Wärmeüberschusses gedrängt hat. Aus diesem Streben heraus wird auch diese Forderung nach einem Wärmewirtschaftsplan bzw. Wärmekataster, die sowohl im Interesse der städtischen Brennstoffwirtschaft liegen wie auch zum Wohle der Bevölkerung und zum Nutzen der Zentralheizungsindustrie selbst dienen, erhoben; denn nur mit Hilfe der Abwärmeverwertung und ähnlicher Anlagen, die die in der Kohle enthaltene Wärme restlos ausnutzen, kann die Zentralheizungsindustrie über die Krisis hinwegkommen, in welcher sie sich infolge der Brennstoffteuerung und Bauuntätigkeit zurzeit befindet.

Vorsitzender: Ich bitte jetzt Herrn Baurat Berlit, das Wort zu nehmen.

Magistratsbaurat Berlit: Im Anschluß an eine Bemerkung des Herrn Kollegen Behrens möchte ich kurz auf eine Neuerung aufmerksam machen, die Ihnen vielleicht nicht bekannt ist, und zwar handelt es sich um das Gebiet, das auch Herr Baurat de Grahl streifte, nämlich um die Ausnutzung des Brennwertes der Schlacken. In der Müllverbrennungsanstalt in Wiesbaden sind im letzten Halbjahr nach Vorproben der Badischen Anilin- und Sodafabrik von der Ofenbauerin, der Firma Didier, Stettin, sehr eingehende Versuche an einem neuen Müllofen gemacht worden. Diese Verbrennungsversuche haben ein verblüffend günstiges Ergebnis gehabt und gezeigt, daß fast jede Schlacke ausgebrannt werden kann. Es sind aus Gas- und Elektrizitätswerken stammende vorhergebrochene Schlacken verbrannt, die zwischen 1500 und 4000 WE hatten und die bis auf 5 vH Brennstoff ausgebrannt worden sind. Ich verweise auf die entsprechende Ausstellung der Firma Didier, welche die Schlacken zeigt, die in Wiesbaden auch aus anderen minderwertigen Brennstoffen erzielt worden sind, und bemerke, daß demnächst Näheres über diese wichtige Frage veröffentlicht wird. Ich wollte vorläufig nur darauf hinweisen, weil in der letzten Zeit die Frage der Schlackenverwertung durch die verschiedensten Verfahren eine große Rolle spielt.

Vorsitzender: Als letztem Redner erteile ich Herrn Prof. Dr.-Ing. Zerkowitz das Wort.

Professor Dr.-Ing. Guido Zerkowitz, München: Meine Herren! Mit Rücksicht auf die Zeit kann ich mich nur kurz äußern im Anschluß an das, was die Herren Oslender, Schulze und Gramberg vorgebracht haben. Herr Oberingenieur Oslender hat gesagt, daß das Zusammenarbeiten der Kraftingenieure und Heizungsingenieure zu wünschen übrig läßt. Ich möchte eine Frage streifen, die praktisch wichtig ist, im Dampfturbinenbau insbesondere, weil man ein möglichst hohes Vakuum ausnützen will. Dieser Umstand verteuert die Dampfkraftanlage in erheblicher Weise. Niederdruckstufen mit großen Dimensionen sind es, die die Verteuerung der Dampfturbinen herbeiführen. Dazu kommt der Umstand, daß ein hohes Vakuum mit einer erheblichen Vergrößerung des Kondensators verbunden ist und daß dieser Kondensatorpreis bei einer modernen Dampfkraftanlage sehr erheblich ist. Wenn man, wie Herr Oberingenieur Schulze vorgebracht hat, im größeren Maßstabe auf die Vakuumheizung übergehen und man m. a. W. eine gewisse Verschlechterung des Vakuums in Kauf nehmen könnte, so wären zwei Dinge gelöst: die Verbilligung der Dampfkraftanlage und die Erhöhung der Wirtschaftlichkeit des Betriebes. Der Heizdampf könnte entweder unmittelbar verwendet werden oder auch zur Warmwasserversorgung dienen.

Zu den Ausführungen von Herrn Professor Gramberg: Er hat mit Recht bemerkt, daß die Gegendruckturbine in manchen Fällen gegenüber der Kolbenmaschine den Vorzug verdient. Bezüglich des Wirkungsgrades ist jedoch folgendes zu beachten: Man will für Heizzwecke Dampf in bestimmter Form ausnützen, und da kommt es nicht immer darauf an, wie groß die erzielte Leistung ist, sondern auf die gesamte Wirtschaftlichkeit. M. a. W. habe ich in einer Kraftmaschine einen schlechteren Wirkungsgrad, benötige ich aber einen bestimmten Heizdampf, so brauche ich bei der Turbine weniger zu überhitzen, ich komme also mit weniger Wärmeaufwand aus. In dieser Hinsicht ist also die Turbine i.n Vorteil.

Vorsitzender: Es liegen weiter keine Wortmeldungen vor. Ich gebe das Schlußwort den beiden Herren Vortragenden, zunächst Herrn Baurat de Grahl.

Baurat Gustav de Grahl, Berlin: Ich freue mich, konstatieren zu können, daß mein Vortrag so viel Anregung gegeben hat. Ich bin absolut einig mit den Herren, die in der Diskussion gesprochen haben; ich unterschreibe alles, was sie gesagt haben, denn ich habe nur darauf Gewicht legen wollen, daß wir bei allen diesen Aufgaben vorsichtig zu Werke gehen müssen, d. h. daß wir die Lösung der schwierigen Frage mehr einer Ingenieurkammer als einzelnen Organen überlassen sollten, die nicht immer als sachverständig anzusprechen sind. In anderer Beziehung wollte ich nur jene Maßnahmen unterstreichen, die mir näher zu liegen scheinen. Wir sind ein zu armes Volk, um uns diese teuren Abwärmeverwertungsvorrichtungen zu leisten. Ich bin nicht imstande, eine Abdampfturbine für 1 Million Mark zu beschaffen, weil das Geld einfach fehlt, und darum liegt es näher, auf das hinzuweisen, was ich am Schluß gesagt habe. Wir sprachen durch die bessere Aufbereitung der Brennstoffe in einem Jahr mehr als in den nächsten Jahren durch Abwärmeverwertung erreichbar ist. Nichtsdestoweniger halte ich die Abwärmeverwertung für ein sehr wichtiges aber auch für ein sehr schwieriges Gebiet. Es ist eine Aufgabe, die von Sachverständigen gelöst werden muß und nicht von Wärmefanatikern. (Beifall.)

Vorsitzender: Ich erteile jetzt Herrn Professor Dr. Gramberg ebenfalls das Schlußwort.

Professor Dr.-Ing. Gramberg, Frankfurt a. M.: Ich habe dem, was Herr Baurat de Grahl schon in wenigen Worten gesagt hat, nichts hinzuzufügen.

Vorsitzender: Meine Herren! Wir sind nun am Schluß unserer Beratungen angekommen. Ich erteile jetzt Herrn Senatspräsidenten Prof. Hartmann das Wort.

Senatspräsident Dr.-Ing. h. c. Konrad Hartmann, Göttingen: Meine Herren! Die Tagung ist zu Ende. Ich weiß, daß Sie jetzt am liebsten nach dem Ausgang drängen möchten, mich aber drängt das Gefühl, das auch Ihnen sicher innewohnt, Dank auszusprechen den Personen, die sich um unsern Kongreß so verdient gemacht haben und denen wir bisher nicht danken konnten.

Den Herren Vortragenden ist herzlicher Dank bereits ausgesprochen worden. Ich möchte ihnen auch meinerseits Dank sagen und weiter auch danken der Kommission, die die Vorträge vorbereitet hat, und auch dem Unterausschuß in München, der bei der Vorbereitung der Vorträge so außerordentlich dankenswerte Arbeit geleistet hat. Dazu möchte ich bemerken, die Vorträge werden veröffentlicht im »Gesundheitsingenieur«, und dann werden diese Veröffentlichungen zusammen erscheinen in einem Bande, wie das bei dem Bericht über die früheren Kongresse der Fall war. Dieser Bericht wird als Sonderheft herausgegeben, verbunden mit einem Teilnehmerverzeichnis. Dasselbe ist jetzt ziemlich komplett, aber ich möchte doch bitten, etwaige Berichtigungen baldigst der Geschäftsstelle mitzuteilen.

Meine Herren! Ein Kongreß macht viel Arbeit, von der sich die Herren vielleicht keinen Begriff machen können, die an einer solchen Arbeit noch nicht beteiligt waren. Für diese mühevolle uneigennützige Tätigkeit zu danken, ist unser aller Herzenspflicht, der ich in Ihrem Namen Ausdruck geben darf.

Vor allem sage ich herzlichen Dank dem Orts- und Arbeitsausschuß in München. Es ist mir nicht möglich gewesen, mich so an den Vorarbeiten für den Kongreß zu beteiligen, wie ich das bei den vorhergehenden Kongressen getan habe. Deshalb hat der Orts- und Arbeitsausschuß eine besonders umfangreiche Arbeit übernommen, und er hat sie in so glänzender Weise, trotz der außerordentlich schwierigen Verhältnisse, durchgeführt, wie es in Friedenszeiten nicht besser geschehen konnte. Ich nenne vor allem Herrn Geh.-Rat Freiherrn von Schacky, der sich auf unsere Bitte an die Spitze des Ortsausschusses gestellt hat und besonders in der Richtung der Repräsentation uns außerordentlich viel geholfen hat. Dann haben Herr Ministerialrat Huber und Herr Ingenieur Emhardt, die sich in die Arbeit des Vorsitzes vom Arbeitsausschuß geteilt haben, Außerordentliches vollbracht. Die umfassende Kleinarbeit ist bei Herrn Emhardt geschehen, was monatelange Mühe verursachte. Den Herren Professor Schachner und Baurat Gablonsky danke ich für die Ausschmückung der Vortragssäle. Die Ausschmückung hat die bekannte von uns stets bewunderte Münchner Note, die wieder so glänzend vorgeführt worden ist. Herrn Baurat Hauser möchte ich auch besonderen Dank sagen, weil er sich um die Vorbereitung der ganzen Veranstaltung große Verdienste erworben hat.

Die Damen sind in vorzüglicher Weise geführt und bewirtet worden. Ich möchte daher verbindlichen Dank dem Damen-Komitee aussprechen: der Frau Ingenieur Emhardt, Frau Baurat Hauser, Frau Professor Schachner und Frau Dr. Schwarz.

Meine Herren! Einer Persönlichkeit möchte ich noch ganz besonders gedenken, der es oblag, bei allen Veranstaltungen die Ordnung zu wahren und den Ganzen wie dem Einzelnen zu helfen. Das war Herr Direktor Dr. Schwarz. Wir sind ihm herzlich dankbar dafür, daß er seine Zeit und Kraft den Veranstaltungen gewidmet hat.

Herzlichen Dank sage ich auch der Presse. Selten habe ich eine so vorzügliche sachgemäße Berichterstattung gefunden, wie sie dieses Mal unserm Kongreß zuteil geworden ist. Wer Gelegenheit nahm, die Berichte in der Presse zu lesen, wird überrascht gewesen sein, wie glänzend die Herren Berichterstatter es verstanden haben, in kurzen Sätzen den wesentlichen Inhalt von großen Vorträgen wiederzugeben. Ich danke der Presse für ihre eingehende und sachliche Darstellung.

Die Eigenart unseres Kongresses hat am besten Herr Minister Hamm bei dem Festessen geschildert. Er hat den Nagel auf den Kopf getroffen. Wir bilden eine Zentralstelle für alle die Kräfte, die im Heizwesen tätig sind. Für die Einzelinteressen haben die Verbände einzutreten; sie bilden daher keine Konkurrenz für unsere Tätigkeit. Das gilt auch von dem neugegründeten Verein Deutscher Heizungsingenieure, dem wir volles Gedeihen wünschen.

Und nun, meine Herren, bin ich am Schlusse angekommen. Ich danke vor allem auch meinem Mitarbeiter vom Ständigen Kongreßausschuß ganz besonders, weil ich nicht in der Lage war, bei der Kongreßvorbereitung so zu wirken, wie mir das früher möglich war. Ich danke ferner allen herzlich für die zahlreiche Beteiligung, für das bis zum Schlusse bewahrte lebhafte Interesse, das Sie, meine Herren, allen unseren Veranstaltungen entgegengebracht haben. Wir wollen wünschen, daß die Lage, in der sich jetzt Deutschland befindet, sich besser gestaltet, so daß wir uns nach 2 Jahren treffen können zu gemeinsamer Arbeit. (Starker Beifall.)

Vorsitzender: Meine Herren! Herr Präsident Hartmann hat soeben in seiner Bescheidenheit seine Verdienste abschwächen wollen. Wir vom ständigen Ausschuß wissen ganz genau, was wir an Herrn Präsidenten Hartmann haben, und wenn er auch jetzt nicht mehr an der Hauptstelle sitzt, wo der Kongreßausschuß bisher seinen Sitz hatte, Berlin, sondern jetzt sich in Göttingen aufhält, so denke ich, daß ich im Namen der Kongreßteilnehmer spreche, wenn ich erkläre, daß wir alle den Wunsch haben, daß er auch weiterhin der Kopf und die Seele unserer Kongreßveranstaltungen bleiben möge. (Beifall.)

Und ich glaube, in Ihrem Geiste zu sprechen, wenn ich ihm unsern allerherzlichsten Dank für seine Bemühungen ausspreche und dafür, daß er an unserer Spitze geblieben ist,

und ich hoffe, daß es auch weiterhin so bleiben wird. (Stürmischer Beifall.)

Meine Herren! Unsere Tagung ist geschlossen.
Schluß der Sitzung 1,20 Uhr.

Begrüßungsabend,
Dienstag, 5. Juli, abends, Kaimsäle.

Ausführungen des Ministerialrats Huber als Vorsitzender des Orts- und Arbeitsausschusses für den X. Kongreß für Heizung und Lüftung München 1921.

Euere Exzellenzen, sehr verehrte Vertreter der Reichs-, Landes- und Kommunal-Behörden, sehr verehrte Vertreter der Technik und Wissenschaft, sehr verehrte Teilnehmerinnen und Teilnehmer am 10. Kongreß für Heizung und Lüftung!

Sie haben sich aus allen Teilen Deutschlands und erfreulicherweise auch in großer Zahl aus dem Auslande zu ernster Arbeit auf dem wichtigen Gebiete der Heizung und Lüftung zusammengefunden. Ehe Sie in die Arbeit eintreten, hat der Orts- und Arbeitsausschuß München, dessen 1. Vorsitzender zu sein ich die Ehre habe, Sie alle hierher zu zwangsloser Vereinigung eingeladen. Sie haben sich zusammengefunden in der Stadt München, die bekannt ist ob ihrer reichen Schätze an Sammlungen und Baudenkmälern aller Zeiten, die aber auch von jeher bekannt war als eine Stätte des Humors und der Gemütlichkeit. So eben hat ja der Humor in eigener Person zum Grundton für den heutigen Abend angestimmt. Dieser gesunde Humor ist in München auch in den letzten Jahren nicht völlig zugrunde gegangen, wenn auch da und dort anderes über uns Münchner gesagt wird. Ich habe eigentlich Bedenken getragen, die Auszeichnung, Sie hier begrüßen zu dürfen, für mich in Anspruch zu nehmen. Wenn ich es trotzdem getan habe, so liegt hier zu für mich ein besonderer Grund vor, und ich möchte Ihnen an einem kleinen Erlebnis der letzten Wochen dartun, daß man verschiedenenorts doch etwas hart über uns Münchner urteilt. Überzeugen Sie sich in den kommenden Tagen selbst, ob es mit Recht oder Unrecht geschieht.

Als ich jüngst von Berlin nach München fuhr, fragte mich eine Dame, die im gleichen Abteil saß, ob ich ein Österreicher sei, und als ich ihr erwiderte: nein, ein Münchner, gab sie ihrem Erstaunen mit den Worten Ausdruck: »Das ist ja nicht möglich, die Münchner sind ja lauter Grobiane und Flegel«. Nun wollte ich Ihnen doch einen solchen Grobian gleich zu Anfang in natura vorführen. Und noch ein weiterer Grund war für mich bestimmend, zunächst heute das Wort zu ergreifen:

Der Orts- und Arbeitsausschuß hat sein möglichstes getan, um Ihnen den Aufenthalt in München so angenehm wie möglich zu machen. Es wird aber nicht zu vermeiden sein, daß das eine oder andere Ihre Unzufriedenheit hervorruft. Wenn Sie nun da einen Tadel auszusprechen haben, so nennen sie ruhig den Namen Huber des 1. Vorsitzenden. Es gibt nämlich in München Tausende von Hubern, und wenn Sie nicht ausgerechnet meinen Stand dazusetzen, wird mir nicht allzu wehe geschehen. Wenn aber wiederum andere Dinge Ihre Zufriedenheit hervorrufen, so nennen Sie unseren 2. Vorsitzenden Emhardt, denn er ist der einzige Träger dieses Namens in München, und ich muß neidlos anerkennen, daß er mit Herrn Dr. Schwarz zusammen den Löwenanteil der Arbeit bestritten hat.

Genießen Sie heute die wenigen Stunden der Unterhaltung, die wir Ihnen in bescheidenem Rahmen zu bieten vermögen und gestatten Sie mir, daß ich Ihnen für den Verlauf des 10. Kongresses und für Ihre Tätigkeit den besten Erfolg wünsche.

Hoffentlich ist es Ihnen möglich, von hier aus auch unser herrliches bayerisches Vaterland in der weiteren Umgegend Münchens kennen zu lernen, und ich hoffe, daß Sie nach Beendigung Ihres Aufenthaltes, der ein nicht allzu kurzer sein möchte, die besten Eindrücke von Bayern und Bayerns Hauptstadt München mit nach Hause nehmen.

Begrüßungsansprache
des Vorsitzenden des Orts- und Arbeitsausschusses, Ing. C. Emhardt, Inh. der Fa. Emhardt & Auer, Erster Vorsitzender der Bayer. Landesgruppe des Verbandes der Zentralheizungsindustrie.

Verehrte Damen, meine Herren, liebe Kollegen und Freunde!

Schon einmal im Jahre 1898 hat der 2. Kongreß für Heizung und Lüftung in München getagt. 8 Jahre trennen uns von dem 9. Kongreß in Köln, der allen, die daran Teil genommen haben, noch in schöner und bester Erinnerung ist. Dazwischen liegt eine kongreßlose, eine schreckliche Zeit.

Als wir den Auftrag im Herbst vorigen Jahres erhielten, die Vorbereitungen für den Kongreß 1921 in München zu treffen und mit diesem Kongreß die Übergabe der Büste unseres Altmeisters Rietschel an das Deutsche Museum zu verbinden, haben wir nicht ohne Sorge diesen Auftrag übernommen.

Bei aller Freude, die wir darüber empfanden, daß gerade München wieder als Kongreßstadt gewählt wurde, mußten wir uns klar darüber sein, daß manche Hemmungen zu beseitigen, manche Schwierigkeiten zu überwinden waren, die man in der Vorkriegszeit nicht zu berücksichtigen hatte. Wir mußten uns klar darüber sein, daß nur durch ein verständiges Zusammenwirken aller Kräfte eine Durchführung der Vorarbeiten möglich war. Wir haben um Unterstützung nicht umsonst gebeten; alle Mitarbeiter haben sich restlos und mit Aufbietung aller Kräfte zur Verfügung gestellt.

Ich darf deshalb diese erste sich mir bietende Gelegenheit nicht vorübergehen lassen, allen geschätzten Mitarbeitern, besonders unserem sehr verehrten Herrn Präsidenten, Geheimrat Dr. Hartmann, den anderen Herren des Hauptausschusses und den Damen und Herren des Orts- und Arbeitsausschusses herzlichst zu danken für die immer bereitwillige Hilfe. Die in so reicher Zahl erschienenen Teilnehmer des Auslandes und Inlandes mögen für diesen Dank noch ein besonderer und schöner Ausdruck sein.

Es war eine Freude zu sehen, wie durch das sich gegenseitige Verstehen aller Beteiligten die Vorarbeiten sich reibungslos und gut erledigten.

So weit die Vorarbeiten. Aber nun kam noch eine andere und nicht geringere Sorge, die Sorge um das liebe Geld. Ein solcher Kongreß hat zu seiner Durchführung schon früher Geld gekostet, aber unter den heutigen Verhältnissen ist das alles ins Ungemessene gestiegen. Ich sage Ihnen damit nichts Neues. Woher nun aber Geld nehmen und nicht stehlen?

Wir mußten uns an alle beteiligten Kreise wenden und um Zeichnung von Beträgen zur Durchführung des Kongresses bitten. Auch haben alle Kreise ihr Interesse an unseren Arbeiten in erfreulicher Weise gezeigt.

Ganz besonders muß ich hier hervorheben, daß sich auch das Ausland in hervorragender Weise an den Zeichnungen von Geldbeträgen beteiligt hat.

Wir haben nicht nur die bedeutenden Mittel an die Hand bekommen, diesen Kongreß durchzuführen, wir hoffen vielmehr, noch einen, wenn auch bescheidenen Fonds schaffen zu können für die Vorbereitung weiterer Kongresse. Herzlichen Dank allen Stiftern!

Den Dank, meine verehrten Damen und Herren, daß Sie zu uns nach München gekommen sind, hat mein verehrter Vorredner, Herr Ministerialrat Huber, schon ausgesprochen. Sie haben keine Mühe und keine Kosten gescheut, um durch Ihre Teilnahme die Durchführung des Kongresses zu ermöglichen. Ich glaube, Ihnen verraten zu dürfen, daß Sie für diese Mühen reichlich Entschädigung finden.

Wir sind nicht zusammengekommen, um rauschende Feste zu feiern, wir sind zusammengekommen, um in ernster Arbeit und in regem Gedankenaustausch festzustellen, welche Entwicklung unser Heizungs- und Lüftungsfach seit unserem letzten Kongreß in Köln genommen hat. Ich glaube nicht unbescheiden zu sein, wenn ich sage, daß den Anforderungen, die die letzten Jahre mit ihrer Brennstoffknappheit und mit ihren sonstigen Einschränkungen an uns gestellt haben, Rechnung getragen wurde. Es ist nicht alles erfüllt auf unseren Gebieten.

Hierüber zu beraten und hierüber den lebhaftesten Gedankenaustausch zu pflegen zum Besten unserer gesamten Volkswirtschaft ist der schönste und edelste Zweck unserer Veranstaltung.

Die Ausstellung für Energie und Wärmewirtschaft wird Ihnen ein Bild ernster Arbeit der letzten Jahre auf unseren Gebieten übermitteln und wird Ihnen ein Bild restloser Tätigkeit geben.

Neben den Stunden ernster Arbeit haben wir uns angelegen sein lassen, Ihnen auch Stunden der Erholung zu schaffen und diese in Münchner Art zu verschönen.

Und nun, meine Damen und Herren, zuletzt noch eine Bitte!

Wenn da und dort nicht alles so klappt, wie wir es gerne gewollt und wie wir es wünschen, so bitten wir Sie um Ihre vornehme Nachsicht. Wenn Sie Reklamationen und Wünsche haben, so stehen Ihnen die Ausschußmitglieder gerne zu Ihrer Verfügung. Neben der Hauptgeschäftsstelle sind bei allen Veranstaltungen Nebengeschäftsstellen gerichtet, die Ihnen bereitwilligst zu Rate stehen.

Ich schließe mit dem Wunsche:

Mögen die Tage in unserem schönen München solche sein, an die man sich jederzeit und gerne erinnert, mögen sie Tage sein, die Ihnen angenehm im Gedächtnis bleiben.

Erwiderung
des Ministerialdirektors Dr.-Ing. h. c. R. Uber namens der Kongreßteilnehmer.

Die liebenswürdigen Worte, mit denen wir durch die Herren Vorsitzenden des Orts- und Arbeitsausschusses begrüßt worden sind, haben, weil offenbar von Herzen kommend, auch den Weg zu unseren Herzen gefunden. In den kommenden Tagen wird ja bei unseren Verhandlungen der Vorstand regieren; heute aber und bei den weiteren Veranstaltungen unter Beteiligung unserer Damen soll das Herz regieren und das schlägt bei uns allen besonders stark bei der Wiederbegrüßung der früheren Kongreßteilnehmer.

Die zahlreiche Beteiligung ist wesentlich zurückzuführen auf die Werbetätigkeit des Orts- und Arbeitsausschusses.

Da dessen Tätigkeit heute schon zum großen Teil abgeschlossen ist, sind es keine Vorschußlorbeeren, die wir ihm darbringen, sondern wohlverdiente. Der Verlauf des Kongresses wird dies ja bestätigen.

Im Namen aller Kongreßteilnehmer sage ich dem Orts- und Arbeitsausschuß sowie dem Damenkomitee für seine bisherigen Bemühungen unseren herzlichsten Dank und bitte Sie, meine Damen und Herren, dem Ausdruck zu geben, indem wir rufen: der Orts- und Arbeitsausschuß sowie das Damenkomitee Hoch!

Begrüßungsansprache
des Ministerialdirektors Dr. von Reuter als Vertreter der Bayer. Staatsregierung.

Meine Damen und Herren!

Im Namen der Staatsregierung habe ich die Ehre, die Teilnehmer am Kongreß für Heizung und Lüftung, die sich aus allen Teilen Deutschlands und aus einer uns freundlich gesinnten Fremde hier eingefunden haben, zu begrüßen und Ihnen den Dank der bayerischen Staatsregierung für die ergangene Einladung zu Ihrem Kongreß und die besten Wünsche für einen befriedigenden Verlauf Ihrer Tagung zu übermitteln.

Ich begrüße zunächst in Ihnen die Vertreter der Zentralheizungsindustrie, die sich in Deutschland auf der Basis wissenschaftlicher Forschung zu einer hoher Blüte entwickelt hat, einen stattlichen Kreis von erprobten Angestellten und Arbeitern umfaßt und zu der auch in Bayern Firmen zählen, die einen Weltruf genießen. Ich begrüße ferner unter Ihnen die Vertreter des Heizungsgewerbes, eines alten ehrsamen Berufes, der sich mit der Zentralheizungsindustrie auf diesem Kongresse zu gemeinsamer Arbeit verbunden hat.

Das Ziel Ihres Kongresses ist die Förderung des gesamten Heizungswesens, ein wirtschaftliches Ziel, das unter dem Druck der heute in Deutschland herrschenden und voraussichtlich für lange Zeit anhaltenden Kohlennot das allgemeine Wohl in einer früher nie geahnten oder für möglich gehaltenen Weise beeinflußt

Das Staatsministerium des Innern, das ich ferner zu vertreten habe, ist in besonderem mit einem Teile seiner Arbeitsgebiete an den technischen Fortschritten des Heizungswesens interessiert. Untersteht ihm doch die gesamte Bau- und Gesundheitspolizei, bei der gerade die Heizungsfrage eine bedeutsame Rolle spielt. Gegenüber der althergebrachten Ofenheizung hat die Zentralheizung auf diesem Gebiete im Laufe der letzten Jahrzehnte gewaltige, die Feuersicherheit der Gebäude und die Annehmlichkeit des Wohnens erhöhende Neuerungen gebracht. Veranlaßt durch den Wettbewerb der Zentralheizungen hat hinwiederum die Ofenheizung hochbedeutsame Fortschritte erzielt. Den höchsten Anforderungen an Reinlichkeit und Einfachheit in der Bedienung entspricht die Gasheizung und namentlich die elektrische Heizung, und es lohnt sich wohl der Mühe, durch den Vergleich der einzelnen Heizarten festzustellen, wieweit im Einzelfalle den Forderungen der Gesundheit und der Feuersicherheit am besten gedient wird.

Und endlich, meiene Herren, spreche ich zu Ihnen als Vertreter einer staatlichen Verwaltung, die mit dem Heizungsgewerbe seit unvordenklichen Zeiten mit der Zentralheizungsindustrie seit ihrem Bestehen in lebhaftem Verkehre steht und die alle Heizsysteme mit dem gleichen Interesse umschließt, wenn sie auch vielleicht gezwungen ist, ab und zu eines gegen das andere auszuspielen. Es ist die dem Staatsministerium des Innern eingegliederte Staatsbauverwaltung, welche neben Straßen- und Flußbau, Kulturbau, Wasserkraftausnützung und Elektrizitätsversorgung auch den gesamten staatlichen Hochbau mit geringen Ausnahmen umfaßt. Nahezu 12 000 Staatsgebäude sind es, die der Fürsorge meiner Verwaltung unterstehen und die den verschiedenartigsten Zwecken dienen. Es sind ehrwürdige Kirchen und Schlösser, Verwaltungsgebäude aller Größen, Unterrichtsgebäude aller Art, Krankenanstalten, Gerichtsgebäude, Gefängnsse, land- und forstwirtschaftliche Betriebsgebäude, Pfarrhäuser, Beamten- und Arbeiterwohngebäude der verschiedensten Art. Die Gebäude liegen im ganzen Lande zerstreut, teils vereinzelt, teils in geschlossenen Siedlungen; manche von ihnen sind an Umfang und Bewohnerzahl kleinen Ortschaften vergleichbar. In ihnen wohnen viele Menschen, die an Leben und Wohnen die verschiedenartigsten Anforderungen stellen. Aber alle haben sie das Bedürfnis nach der wärmenden Flamme, nach einer wohlgeheizten Stube, die ihnen an kalten Tagen das Heim behaglich und traulich machen muß. Und dazu müssen ihnen die Beamten meiner Verwaltung, die Baubeamten, behilflich sein.

Bei uns gibt es Gegenden, wo es fast in jeder Jahreszeit so kalt ist, daß man sich nach künstlicher Wärme sehnt. So ist z. B. die mittlere Zahl der Wintertage, d. h. der Tage, an denen das Temperaturmaximum nicht über null Grad hinaufgeht,

in Ludwigshafen weniger als 14 Tage,
in Nürnberg etwa 25,
in München schon etwa 40,
im Bayer. Wald und im bayer. Alpenvorland mehr
    als 42 Tage.
    Der erste Frost tritt in vieljährigem Durchschnitt ein
in Ludwigshafen nach dem 1. November,
in Nürnberg etwa am 20. Oktober,
in München etwa am 5. Oktober, •
im Bayer. Wald und im bayer. Alpenvorland vor dem
    30. September.
    Das mittlere Datum des letzten Frostes ist
für Ludwigshafen der 31. März,
für Nürnberg etwa der 28. April,
für München etwa der 1. Mai,
für den Bayer. Wald und das bayer. Alpenvorland der
    20. Mai.

Also, meine Damen und Herren, wir haben in Bayern Gegenden, in denen durchschnittlich die Frostgefahr bis Ende Mai besteht und Ende September bereits wieder eintritt. Das sind die Gegenden, von denen man bei uns sagt, sie haben 8 Monate Winter und 4 Monate kalt.

Es liegt auf der Hand, daß bei solchen verschiedenartigen Wohnungs-, Lebens- und Temperaturverhältnissen die lebenswichtige Heizungsfrage in unseren 12 000 Staatsgebäuden eine große Rolle spielt. Mancherlei heiztechnische Probleme, von der modernsten Warmwasser-Zentralheizung mit elektrischem Pumpenantrieb bis zum einfachen Zimmerofen herab, müssen in vielen Fällen erwogen werden, bis die theoretisch beste und wirtschaftlich vertretbarste Lösung von Baubeamten gefunden ist. Aber damit ist der Fall in der Praxis noch nicht immer gelöst, denn oftmals muß dann erst der Widerstand der Hausfrau gegen eine ihr bisher unbekannte Neuerung überwunden werden; sie hat vielleicht auch unter anderen Verhältnissen mit einer ähnlichen Einrichtung selbst schlimme Erfahrungen gemacht. Dann hat der Baubeamte vor ihren mit unwiderleglicher Beweiskraft und großer Zungenfertigkeit, vorgebrachten Gründen einen schlimmen Stand, und er würde schließlich allen Wünschen und Einwendungen erst dann gerecht werden, wenn es ihm gelänge, diejenige Zauberheizung ausfindig zu machen, die Wärme ohne Betriebskosten spendet.

Soweit wird es wohl weder die Heizungsindustrie noch das Heizungsgewerbe jemals bringen.

Daß aber angesichts des allgemeinen Brennstoffmangels und der enorm gestiegenen Brennstoffkosten alle Mittel aufgewendet werden müssen, um den Brennstoffaufwand zu verringern, darüber sind sich alle beteiligten Kreise einig. Das Heizungsgewerbe mit seinen langjährigen praktischen Erfahrungen und die Heizungsindustrie mit ihrem theoretischen Können haben sich in den Dienst dieser eminent volkswirtschaftlichen Frage gestellt. Auch die Staatsbauverwaltung ist hierin mit tätig geworden. Gemeinsam mit dem Heizungsgewerbe wirkt sie auf die Verbesserung der Einzel-Feuerungen in den Staatsgebäuden durch die bei den Landbauämtern eingerichteten heiztechnischen Beratungsstellen zum Besten der Allgemeinheit kostenlos tätig. Gemeinsam mit dem heiztechnischen Industriellenverband hat sie es gleich beim Beginn der Schwierigkeiten in der Brennstoffversorgung unternommen, eine ständige fachliche Kontrolle des Heizungsverbrauches bei den staatlichen Zentralheizungen einzurichten, um durch Verbesserung der Anlagen und durch Regelung der Bedienung jeder Verschwendung der so kostbaren Heizstoffe entgegenzuarbeiten.

So sind auch auf diesem Gebiete ernsthafte Bestrebungen im Gange, um schwere wirtschaftliche Folgen des Krieges auszugleichen.

Nicht rosig, sondern ernst und düster liegt die Zukunft vor uns. Noch ist es uns nicht gelungen, unter unseren eigenen Volksgenossen die Einigkeit herzustellen, die die wichtigste Grundlage für unsere Wiedererstarkung bilden muß; noch wissen wir nicht, ob der Vernichtungswille unserer bisherigen Feinde uns die Mittel belassen wird, die für unseren Wiederaufbau nötig sind. Aber das darf uns nicht verleiten, die Hände in den Schoß zu legen; ganz verloren ist nur, wer sich selbst aufgibt. Besonderen Dank verdienen deshalb alle diejenigen, die in dieser Zeit der schweren Not unseres Vaterlandes den Mut und die Hoffnung besitzen, große, auf den Wiederaufbau und die Wiedererstarkung unseres Vaterlandes gerichtete Ziele mit Ernst und Zähigkeit zu verfolgen. Ich habe die feste Überzeugung, daß auch die Arbeiten Ihres Kongresses in diesem Sinne wirksam sein werden.

Im Namen der Staatsregierung wünsche ich Ihnen deshalb nochmals den besten Erfolg für Ihre Arbeiten; allen Teilnehmern aber aus nah und fern, und namentlich den außerbayerischen wünsche ich, daß ihnen der Aufenthalt im Bayernlande in dauernder freundlicher Erinnerung bleiben möge.

———

Festessen
Mittwoch, 6. Juli 1921, abends.

Bei dem Festessen der Kongreßteilnehmer und Ehrengäste, das in den Erdgeschoßsälen des Hauses für Handel und Gewerbe in München stattfand, wurde von Senatspräsident Dr.-Ing. Hartmann folgende Festrede gehalten:

Eure Exzellenzen, meine hochverehrten Damen und Herren!

Wenn mir die Ehre zuteil geworden ist, auf die Regierung des schönen Bayernlandes und auf ihren Führer, Sr. Exzellenz Herrn Ministerpräsidenten Dr. Dr.-Ing. v. Kahr, den Protektor unseres Kongresses, ein Hoch auszubringen, so wird mir die Erfüllung dieser Ehrenpflicht ganz besonders leicht, denn ich brauche meinen Gefühlen nach keiner Richtung hin Zwang anzutun. Unser Kongreß behandelt einen allerdings sehr wichtigen Ausschnitt aus dem Komplex von Fragen des wirtschaftlichen Wiederaufbaues unseres Vaterlandes; die Politik und der Streit der Parteien haben mit unserem Kongresse nichts zu tun. Wirtschaftlicher Aufbau ist aber nur möglich, wenn Ordnung, Gemeinsinn, Arbeitslust und Gewerbfleiß herrschen, gestützt und gefördert durch eine starke Regierung. Wir, denen es heiliger Ernst ist mit der Wiedergesundung unserer wirtschaftlichen Verhältnisse, wir beglückwünschen Bayern, daß seine Geschicke gelenkt werden von einer kraftvollen Regierung und daß es in Exzellenz Dr. v. Kahr einen zielbewußten Staatsmann besitzt, einen energischen Schützer der Ordnung, einen tatkräftigen Förderer der gewerblichen Arbeit und damit der auf Hebung der wahren Volkswohlfahrt gerichteten Volkskraft. Meine Damen und Herren! Den Gefühlen der Hochschätzung und Verehrung für die Bayerische Staatsregierung und des Dankes für ihre Erfolge sowie auch des allerherzlichsten Dankes, das die Staatsregierung durch die persönliche Teilnahme höchster und hoher Vertreter an unserem Kongresse bekundet, bitte ich Ausdruck zu geben, indem Sie mit mir einstimmen in den Ruf: Die Regierung des schönen Bayernlandes, an ihrer Spitze der Herr Ministerpräsident Exzellenz Dr. Dr.-Ing. v. Kahr, sie leben hoch!

Verzeichnis der Ehrengäste

des X. Kongresses für Heizung und Lüftung München 1921.

Exz. Ministerpräsident Dr. von Kahr .	Staatsministerium des Äußern und des Innern.
Staatsminister Dr. Matt	Staatsministerium für Unterricht und Kultus.
Staatsminister Dr. Krausneck . . .	Staatsministerium der Finanzen.
Staatsminister Hamm	Staatsministerium für Handel, Industrie und Gewerbe.
Staatsminister Oswald	Staatsministerium für soziale Fürsorge.
Staatssekretär Dr. Schweyer	Staatsministerium des Äußern.
Staatsrat Exz. Dr. von Meinel . . .	Staatsministerium für Handel, Industrie und Gewerbe.
Ministerialdirektor Dr. von Reuter . .	Oberste Baubehörde.
Staatsrat Ministerialdirektor Riegel .	Bauabteilung der Zweigstellen Bayerns des Reichsverkehrsministeriums.
Geheimrat Dr. von Frank	Rektor magnif. der Ludwigs-Maximilians-Universität.
Geheimrat Dr. von Dyck	Rektor magnif. der Technischen Hochschule.
Oberbürgermeister Schmid	Stadtrat München.
Oberbaurat Beblo	Städt. Hochbauamt.
Direktor Zell	Städt. Elektrizitätswerk.
Oberbaurat Ludwig	Vorstand der Bayer. Landeskohlenstelle.
Geh. Kommerzienrat Pschorr . . .	Präsident der Handelskammer München.
Obermeister und Stadtrat Würz . . .	Präsident der Handelskammer von Oberbayern.
Geheimrat Dr. von Gruber	Vorstand des Hygienischen Institutes.
Polizeipräsident Pöhner	Polizeidirektion München.
Präsident Dr. von Englert	Versicherungskammer.
Geh. Baurat Exz. Dr. von Miller . . .	
Kommerzienrat Arch. Deiglmayr . .	Vorstand der Bayer. Baugewerks-Berufsgenossenschaft.
Diplom-Ingenieur Eppner	I. Vorsitzender des Vereins Deutscher Ingenieure und Delegierter vom Bayer. Industriellenverband.
Geh. Hofrat Prinz	Präsident des Polytechnischen Vereins in Bayern.
Geh. Oberbaurat Dr. Schmick . . .	Verband Deutscher Architekten- und Ingenieur-Vereine.

Angehörige der Familie Rietschel:

Freifrau von Salmuth, geb. Rietschel, Berlin.
Polizeipräsident a. D. von Salmuth, Berlin.
Professor Dr. H. Rietschel, Würzburg.

Teilnehmerverzeichnis.

Name	Stand — Behörde — Firma	Wohnort
Adolph, Gustav	Stadtingenieur, Maschinen- u. Heizungs-wesen	Duisburg, Pulverweg 51
Albrecht	Geschäftsführer von Herwald Hammacher	Köln-Kalk
Ambrosius, Rich.	Dr.-Ing., Regierungsbaumeister, Direktor, Käuffer & Co.	Mainz
Andresen, L.	Bang & Pingel	Kopenhagen
Arend, Willi	Gebr. Arend	Saarbrücken
Aretz, Leonh.	Oberingenieur, Maschinenbauanstalt Humboldt	Köln-Kalk
Arnold, Otto und Frau	Filialvorstand, Rud. Otto Meyer	Kiel, Gasstr. 2
Arnold, Richard	Direktor, Deco A.-G.	Küsnacht-Zürich
Arnoldt	Dr.-Ing., Privatdozent, Magistratsbaurat	Dortmund, Schwanenwall 38
Auer, Bruno und Frau	Ingenieur, Teilhaber d. Fa. Emhardt & Auer, G. m. b. H.	Innsbruck
Bach, Hermann	Regierungs- und Baurat, Staatsministe-rium des Innern	München
Baer, E.	Ingenieur, Teilhaber d. Fa. Baer & Derigs	München
Balling, Franz	Zentralheizungsfabrik	Heidingsfeld-Würzburg
Bambula, Hermann	Ministerialrat, Ingen., Bundesministerium für Handel und Gewerbe, Industrie und Bauten	Wien, Hernalsergürtel 45
van Bánó Ladislaus und Sohn	Zivilingenieur. Ungar. Ingen.- u. Arch.-Verein. — Nationalverband d. ungar. Architekten u. Ingenieure, ungar. Berg-u. Hüttenverein.	Budapest VIII, Jozsef utca 9
Barthel, Felix und Frau	Ingenieur, W. Zimmerstädt	Breslau, Sadowastr. 31—33
Baßler, Max	Dipl.-Ing., Deco G. m. b. H.	München, Montsalvatstr. 9
Bassus, Baron	Polytechnischer Verein	München, Steinsdorfstr. 14
Bastian, Otto und Frau	Fa. Otto Bastian & Co.	Dresden-A. 19, Müller-Berset-straße 46
Bauch, E. und Frau und Frau Marquard	Fabrikant, Internationale Apparate-Bau-anstalt, G. m. b. H.	Hamburg 23, Landwehr 27
Baumeister, F. X. und Frau	Geschäftsführer, Richard & Schreyer m. b. H.	Köln, Königspl. 4
Baur, Rudolf	Oberingenieur, Johs. Haag A.-G.	Munchen, Herzog-Rudolfstr.25
Behrens, Hermann	Dipl.-Ing., Magistrat, Dep. für Werke	Berlin S. 59.
Benz, Otto	Ingenieur, Benz & .Co.	Zürich
Berg, Konrad	Vorstand, Buderusschen Handelsges. m. b. H.	München, Lindwurmstr. 88
Berlit, B.	Magistrats-Baurat, Reg.-Baumeister a. D.	Wiesbaden
Bernhardt, Richard	Ingenieur	Dresden-N., Alaunstr. 21
Besier, M. G.	Ingenieur, C. M. Slotboom C. J.	'sGravenhage
Beutner, Carl	Ingenieur	Berlin
von der Bey, Fr.	Göhmann & Einhorn, G. m. b. H.	Dresden-N., Antonstr. 29
Biringer J.	Ingenieur, Zentralheizungswerke, A.-G.	Mannheim
Birlo, Hans und Familie	Dr. u. Direktor, Fa. Johs. Haag A.-G.	Augsburg, Johs.-Haagstr.
Birlo, J.	Generaldirektor, Fa. Johs. Haag A.-G.	Augsburg
Bjerregaard, J. K.	Ingenieur und Brandassistent	Frederiksberg b. Kopenhagen
Blecher, Hans und Frau und Tochter	Rittershaus & Blecher	Barmen, Besenbruchstr. 16
Bloch, Paul und Frau Naumann	Ingenieur, Ingenieurbureau	Köln-Nippes, Kuenstr. 43
Block, W.	Dipl.-Ing., Oberbaurat, Vorstand der heiz-technischen Abteilung, Baudeputation	Hamburg, Klosterallee 44
Böhm, Karl	städt. Heizungsingenieur	Heilbronn a. N., Kunzestr. 12
Böhm, W.	Ingenieur	Stuttgart, Silcherstr. 5
von Boehmer, H. E.	Geh. u. Ober-Reg.-Rat	Berlin-Lichterfelde
Böttcher, G.	städt. Heizungsingenieur, Magistrat	Berlin-Steglitz, Körnerstr. 49
Bonin	Dr.-Ing., ord. Professor f. Maschinenbau, Heizung u. Lüftung d. Techn. Hochsch.	Aachen, Maria-Theresia-Allee 265
Boos, Friedrich und Frau	Ingenieur und Fabrikant	Köln, Helmholtzstr. 88
Borrebach, Theodor		Rotterdam, Jericholaan 72b
Braat, G. J.	Industrieller, Kgl. Fabrik Braat-Delft Nederlandsche Vereeniging for Centrale Verwaarmings-Industrie	Haag, Ernst-Casimirlaan

Name	Stand — Behörde — Firma	Wohnort
Breunlin, Karl	Ingenieur u. Fabrikant, Fa. Ad. Düvel, off. H.	Haspe i. W.
Brinkwerth, Fritz und Frau	Zivilingenieur	Köln-Deutz, Düppelstr. 4
Brückner, Wilh. und Frau	Direktor und Ingenieur	Graz, Elisabethinergasse 21
Brünn, Gustav und Frau	Stadtbaumeister, Städt. Hochbauamt, Abt. für Heizung und Maschinenbau	München
Brune und Frau	Magistratsbaurat	Halle a. S., Alte Promen. 1a
Brunner, Franz	Ingenieur, Fuchs & Priester, G. m. b. H.	Mannheim
Buchmann, Carl und Frau	Ingenieur	Göteborg
Burkhardt, Carl	Prokurist, Valentin vorm. H. Rosenthal	Berlin
Cassinone, Alexander	Generaldirektor, Maschinenbau-A.-G. Körting	Wien
Chowanecz, Hans	Oberingenieur, Bechem & Post, G. m. b. H.	Karlsruhe, Treitschkestr. 1
Chowanecz, Peter und Frau	Ingenieur	Stuttgart, Reinsburgstr. 101
Christoph, Herm.	Göhmann & Einhorn, G. m. b. H.	Dresden-N., Antonstr. 29
Clauß, G.	Ingenieur, Inh. d. Fa. Sachsse & Co.	Halle a. S., Bugenhagenstr. 12
von Cornides, Wilh.	Ingenieur, Mitinhaber der Verlagsbuchhandlung R. Oldenbourg	München
Cramer, Walter und Familie	Ingenieur und Fabrikbesitzer, Bechem & Post, G. m. b. H.	Hagen i. W.
Crone und Frau	Stadtbauingenieur, Städt. Maschinenbauamt	Essen-Ruhr
Dallach, Willi und Frau	städt. Heizungsingenieur	Magdeburg, Weinfaßstr. 9
Danneberg, Reinh.	Dipl.-Ing., Danneberg & Quandt	Berlin, Potsdamerstr. 28
Danstrup, I. P.	Ingenieur, Inh. d. Fa. Bonnisen & Danstrup	Kopenhagen
Danzeisen, Karl	Ingenieur, A. Borsig, G. m. b. H.	Berlin-Tegel
Deimer, Karl und Frau	Dipl.-Ing., Deimer & Wetzel	Leipzig-Inselstr. 11
Delkeskamp, Rudolf Dr. und Frau	Ingenieur u. Geolog, Erdöl- und Kohlenverwertungsges.	Berlin-Grunewald, Egerstr. 12
Derigs, Ferdinand	Ingenieur, Teilhaber d. Fa. Baer & Derigs	München, Schillerstr. 27
Deutsch, Siegfried	Direktor und Ingenieur, Zählerheizungsges. m. b. H.	Wien III, Untere Weißgerberstr. 17
Diener, P. L. und Frau und Frau Franzen	Ingenieur	Saarbrücken I
Dieterich, G. und Frau	Direktor und Ingenieur, Verband der Zentralheizungsindustrie	Berlin
Dietrich, G. und Frau	Ingenieur und Direktor, Gebr. Körting A.-G.	Breslau, Kaiser-Wilhelmstr. 9
Dobbelstein	Feuerungs-Ing., Bergassessor, Rheinisch-Westfälisches Kohlensyndikat	Essen-Ruhr
Döderlein, Max	Oberingenieur, »Phoenix« A.-G. f. Bergbau- u. Hüttenbetrieb	Düsseldorf
Dreusch	Stadtbaumeister a. D., Nationale Radiatorges. m. v. H.	Berlin W. 66, Wilhelmstr. 91
Drexler und Frau	Dipl.-Ing. und Magistratsbaurat	Frankfurt a. M., Schwanheimerstr. o. N.
Dürrschmied, J.	Dr.-Ing., Landesverwaltungsausschuß	Prag III, Malostranské 6
Ecker, Adolf	Stadtrat, 1. Vorsitzender f. d. Ofensetzergewerbe Deutschlands	München
Ehlert	Direktor, Radiatoren- u. Kessel-Verkaufsvereinigung Wetzlar	Blankenburg a. H.
Ehmer	Bayer. Eisenhandels-Gesellschaft Ehmer & Co.	München, Karlstr. 18
Einwaechter, Hugo	Ingenieur, Rud. Otto Meyer	Frankfurt a. M., Oberweg 20/22
Eiser	Regierungs-Baumeister, Reichsbank	Berlin SW. 68, Markgrafenstraße 9
Emanuelsson, O.	Prokurist, Nationale Radiatorges. m. b. H.	Berlin W. 66, Wilhelmstr. 91
Emhardt, Carl und Familie	Ingenieur, Inh. d. Fa. Emhardt & Auer, 1. Vorsitzender d. bayer. Landesverbandes des V. d. C. I.	München, Haydnstr. 1
Entzeroth, W.	Fa. Chr. Salzmann	Leipzig, Promenadenstr. 36
Eppner, K.	Forstmeister, Geschäftsführer d. Landestorfwerke, G. m. b. H.	München, Ludwigstr. 14/3
Eriksson, Wiktor und Frau	Ingenieur	Stockholm, Odengatan 98
Eser, Willibald	Oberingenieur, Rietschel & Henneberg, G. m. b. H.	Nürnberg, Martin-Richterstr.
Fagerholm, O. W.	Städt. Heizungsingenieur	Helsingfors
Fagerström, William und Frau	Ingenieur	Gotenburg, V. Hammgatan 2
Fahrion, Paul und Frau	Ingenieur, Vertreter d. Eisenwerkes Kaiserslautern	Stuttgart, Kriegerstr. 12
Fester, G., Dr.	Professor, Reichswirtschaftsministerium	Berlin, Kurfürstend. 193/194
Fichtl, Josef und Frau	Dipl.-Ing., Städt. Maschinenamt	Berlin SO. 16
Fischer, W.	Zivilingenieur	Mainz, Kaiser-Wilhelmring 63

Name	Stand — Behörde — Firma	Wohnort
Fischer	Ministerialrat und Geh. Baurat, Ministerium f. Volkswohlfahrt in Preußen	Berlin-Wilmersorf, Landauerstr. 12
Foerster, von	Oberleutnant a. D., Walz & Windscheid	Düsseldorf
Förster, Leonhard	Ingenieur, V. d. C. I.	München, Schützenstr. 1 a
Förster, W. und Frau	Obering., Betriebszentrale der Oberbayer. Heil- und Pfleganstalten	Eglfing b. München
von Foltz, Alfred	Ministerialrat i. R.	Wien
Forchthammer, Hanna	Geschäftsführerin V. d. C. I. Gruppe Südbayern	München, Schützenstr. 1 a
Fort, Oscar	Ingenieur, Oscar Fort & Co.	Budapest IX, Angyal utca 33
Francke	Professor, Techn. Hochschule	Hannover, Welfengarten 1
Francke, Richard	Dipl.-Ing.	Dresden-A., Wielandstr. 4
Frank	Hess. Ministerium d. Finanzen, Abt. f. Bauwesen	Darmstadt
Frenckel, Fritz	Dr.-Ing., M.-A.-G. Balcke	Bochum
Freudiger, G.	Ingenieur, Präsident des Vereins Schweiz. Zentralheizungsindustrieller	Wil-St. Gallen
Friedrichs, O. und Frau	Fabrikant, Gebr. Mickeleit	Köln-Marienburg, Lindenallee 39 a
Frischfeld, Eduard	Ingenieur, Hochbausektion, Stadtmagistrat	Budapest, Zentralstadthaus
Fritz, C.	Dipl.-Ing., Carl Fritz, G. m. b. H.	München, Ludwigstr. 26
Fritz, Heinrich und Frau	Hofingenieur und Fabrikbesitzer	Darmstadt, Wendelstadtstr. 15
Fröhlich, Theodor und Frau	Ingenieur	Berlin NW.40, Gr. Querallee 1
Früh	Oberingenieur, Jnnkers & Co.	Dessau
Gablonsky, Fritz	Bauamtmann, Landbauamt	München
Gambichler, Fr. W.	Ing., Vertr. d. Samson-App.-Baugesellsch.	München
Ganser	Oberingenieur	Aachen
Gaßner, Georg	Heizungstechniker, Xaver Gaßner	Immenstadt i. Allgäu
Gauterer, Ludwig	Ingenieur, Ertel & Sohn	München, Hirschbergstr. 8
Gauwerky, H.	Diplomingenieur	Ludwigshafen a. Rh., Friesen-heimerstr. 84
Gebhardt, Jakob	Oberingenieur, Johs. Haag A.-G.	Augsburg
Geiger, Philipp	Obering. Masch.-Fabr.Augsb.-Nürnb.A.-G.	Nürnberg-Ost, Kleiststr. 10
Gentzsch, Florus und Frau	Oberingenieur u. Prokurist, J. L. Bacon	Frankfurt a. M., Im Trutz 30
Giersbach	Prokurist, Radiatoren- und Kesselverkaufsvereinigung Wetzlar	Neuhütte
Giovanni, E.	Ingenieur, Emil Knüsli	Zürich, Badenerstr. 440
Giovanni, G.	Obering. u. Vorsteher, Rud. Otto Meyer	Düsseldorf, Palmenstr. 13
Glattfelder, Heinrich	Ingenieur	Zürich, Raemistr. 5
Gleichmann, Hans	Oberingenieur, Bad. Landeskohlenstelle	Mannheim, Schloß
Godzik, Carl	Ingenieur, Carl Godzik	Gleiwitz
Glöckler, G. und Frau	Fabrikant	Stuttgart, Silberburgstr. 123
Goeke, Friedr. und Frau	Fabrikant, Goeke & Co.	Neheim-Ruhr, Poststr. 31
Goeroldt, W. und Frau	Oberingenieur, Rud. Otto Meyer	Berlin-Lichterfelde, Friedrichplatz 2
Goertz, Otto	Ingenieur, Otto Reinhard Goertz	Bromberg, Goethestr. 13
Goett	Oberingenieur, Strebelwerk	Mannheim
Göttel, Fritz	Albert Wagner	Ludwigshafen a. Rh., Heinigstraße 46/52
Goldsteiner, Ludwig	Ingenieur, Goldsteiner & Duschek	Innsbruck, Kaiser Franz-Josefstr. 7
Gollwitzer, Wilh.	Oberbauamtmann, Regierung v. Schwaben	Augsburg, Alte Gasse F 332
Gott, Hermann	Ingenieur, Fa. Paul Sonntag	Brandenburg, Neustädt. Markt 5—6
Graafen, Ferd. und Frau	Ingenieur, Mitteldeutsches Kohlensyndik.	Leipzig
de Grahl, Gustav und Frau	Dipl.-Ing. und Baurat	Berlin-Zehlendorf, Hermannstraße 11 a
Gramberg, Ant.	Professor, Dr.-Ing., Obering. d. Höchster Farbwerke	Höchst a. M.
Grave, Heinrich	Ingenieur, Ullrich & Teske	Leipzig, Bitterfelderstr. 3
Greiner, Louis	Ingenieur, Gebr. Sulzer. A.-G.	Bern, Rabbenthalstr. 37
Gröber, Heinr. Dr. und Frau	Ingenieur, Bayer. Landeskohlenstelle	München, Maßmannstr. 4
Groß, Adolf und Frau	Ingenieur	Nürnberg, Fenitzerpl. 1
Günther, B.	Wärmetechnik, G. m. b. H., Kommandit-Gesellschaft	München, Haydnstr. 1
Gyomlay, Béla	Zivilingenieur	Budapest VII, Hungaria Ringstraße 233
Habbig und Frau	Ingenieur, Vertreter der Rheinstahl-Handelsges. Düsseldorf	Saarbrücken
Hable, Hans	Ingenieur	Wien IV, Phorusgasse 14
Hälg, Ferdinand	Oberingenieur, Gebr. Sulzer, A.-G.	Zürich, Bahnhofstr. 71
Hänel, G. Otto	Oberingenieur, Rich. Doerfel	Leipzig, Emilienstr. 23
Haib, Jozsef	Ingenieur	Budapest VIII
Halhuber, Max	Oberingenieur und Prokurist, Emhardt & Auer, G. m. b. H.	Innsbruck
Hamann, Paul und Frau	Ingenieur, Gebr. Hamann	Dresden-N., Förstereistr. 21
Hamann, Richard und Frau	Ingenieur, Gebr. Hamann	Dresden-N., Förstereistr. 21

Name	Stand — Behörde — Firma	Wohnort
Hartmann, Konrad	Dr.-Ing. h. c., Senatspräsident a. D. Geh. Reg.-Rat, ordentl. Honorarprofess. d. Techn. Hochschule Charlottenburg	Göttingen
Hauser, Karl und Frau	Dipl.-Ing., Baurat, städt. Hochbauamt	München
Hauser, Joh. Friedr. und Frau	Ingenieur	Nürnberg
Hebenstreit, Rudolf	Fabrikbesitzer, Buschbeck & Hebenstreit	Dresden-A., Albrechtstr. 1 b
Hecker, Dr.	Direktor, Radiatoren- u. Kesselverkaufs- vereinigung Wetzlar	Ludwigshütte
Hedtstück, A. und Frau	Direktor, Buderus'schen Hand.-Ges.m.b.H.	Berlin W. 9, Köthenerstr. 44
Heilgendorf	Ingenieur, Berlin-Burger Eisenwerk, A.-G.	Berlin
Heinz, Viktor	Ingenieur, E. Möhrlin, G. m. b. H.	Stuttgart
Hellenbach, Gustav	Oberingenieur, Bechem & Post, G. m. b. H.	Münster i. W., Herwarthstr. 13
Hencky, Karl und Tochter	Dr.-Ing., Privatdozent u. Leiter d. For- schungsheimes f. Wärmeschutz	München, Kirchenstr. 62
Hendus, Georg	Ingenieur	Kehl a. Rh., Nibelungenstr. 4/1
Hepke, Otto	Direktor, Johs. Haag, A.-G.	Augsburg, Johannes Haagstr.
Herrmann, Ludwig und Frau	Direktor, Thiergärtner & Stöhr, A.-G.	Wien III, Kollergasse 6
Hesse	Oberingenieur, Maschinenfabrik Eßlingen	Eßlingen a. N.
Hesselbach, Wilhelm	Samson-Apparatebauges. Frankfurt a. M.	Düsseldorf
Hetzheim, Ernst	Ingenieur und Fabrikant, Frz. Hetzheim	Greiz i. Th., Marienstr. 3—7
Hilgenberg, Wilhelm und Frau	Oberingenieur, Gebr. Demmer, A.-G.	Eisenach, Wörthstr. 29
Himboldt, W. K.	Ingenieur, Nationale Radiatorges. m.b.H.	Berlin W. 66, Wilhelmstr. 91
Höfer, Albert	Fabrikant	Siegen i. W.
Höfler, Wilhelm	Regierungsbaurat I. Kl.	Bad Aibling
Hönig, Dr.	Direktor, David Grove A.-G.	Berlin-Charlottenburg, Kaise- rin Augustaallee 86
Horst, Joseph	Ingenieur, Bonner Zentralheizungsfabrik, Gerhard Horst	Bonn a. Rh., Bachstr. 6
Hortscht, Otto	Prokurist, »Phoenix«, A.-G. für Bergbau- und Hüttenbetrieb	Düsseldorf
Hollenweger, Ed.	Kantonaler Heizungs- u. Masch.-Ingenieur	Basel, Nonnenweg 18
Holthaus	Direktor, Gelsenkirch. Bergwerke A.-G.	Gelsenkirchen
Huber, Hans	Ministerialrat der obersten Baubehörde, Ministerium des Innern	München
Hubert, Georg	stud. ing., Hubert & Co., Budapest	Strelitz-Alt., Schulstr. 4
Hübener, Wilhelm	Ingenieur	Kiel, Karlstr. 8
Hünich, Arthur	Ingenieur	Coßmannsdorf i. S., Obernaun- dorferstraße 13
Hüttig	Prof., Techn. Hochschule Dresden, Vertr. d. Fa. Rietschel, Henneberg, G. m. b. H.	Berlin und Dresden
Humplik, Alois	Landesbauoberkommissär, Landesbauamt	Brünn
Hunkler, K.	Obereisenbahnsekretär, Eisenb.-Gen.-Dir.	Karlsruhe
Husemann, Carl	Ingenieur, Hermann Berker	Duisburg, Kettenstr. 2
Jacobi	Stadbaumeister, Masch.-Amt	Frankfurt a. M.
Jakobi, Andreas	Gewerbeoberstudienrat	Aue i. Erzg., Reichstr. 28
Janeck, F. und Frau	Ingenieur, Zentralheizungsfabrik	Berlin SW. 61, Teltowerstr. 17
Jaritz, Hermann und Frau	Ingenieur, C. F. Biesel & Co.	Berlin, Fehrbellinerstr. 38
Jarlstad und Frau	Ingenieur, W. Zimmerstädt	Elberfeld, Holzerstr. 1—5
Jelineck, Jul.	Ingenieur	Prag, Mezibranská 7
Jerusalem, Wilh.	Ingenieur, Teilhaber der Fa. Heizungswerk Radiator, G. m. b. H.	Bonn a. Rh., Florentius- graben 4
Ilgen und Tochter	Baurat, Landesdirekt.d.Prov.Brandenburg	Berlin-Südende, Halskestr. 32
Jörgensen, H. V.	Ingenieur, Brunn & Sörensen	Aarhus, Nörreallee 30
Johannsen	Diplom-Ingenieur	Merseburg
Jordan, S. und Frau	Ingenieur, Rösicke & Co.	Nürnberg
Jung, Gustav jr.	Radiatoren- und Kesselverkaufsvereinigg. Wetzlar	Neuhütte
Juul, Henry und Frau	Ingenieur, Zentralheizungsfabrik	Hamburg 22, Bartholomäus- straße 92
Juul, Paul	Kaufmann, Henry Juul	Hamburg 22, Bartholomäus- straße 92
Kaanders, M. G.	Ingenieur, P. H. Lamers, Zentralheiz.-Fabr.	Hees, Nymegen
Kanoldt	Ingenieur, Klein, Schanzlin & Becker. Frankenthal	München, Schützenstr.
Karsten, A. C. und Frau	Stadtoberingenieur	Kopenhagen, Rathaus
Kirschner, A. und Frau	Oberleutnant	München
Klatte, O.	Direktor, Pharos-Feuerstätten, G. m. b. H.	Hamburg, Oberhafenstr. 5
Klassen	Direktor, Rheinisch-Westf. Kohlensyndik, Dr.-Ing.	Essen-Ruhr
Klein, Albert und Frau	Ingenieur	Stuttgart, Panoramastr. 23
Knappstein, Fritz	Ingenieur	Essen-Ruhr, Rellinghauser- straße 12—14
Knauth, Wilhelm und Frau	Ingenieur, Friedr. Wilh. Raven	Dortmund, Ostwall 52
Knesebeck	Dipl.-Ing., Reichskohlenrat	Berlin W. 66, Wichmannstr. 19
Knidischeck, Karl	Ingenieur, Ollmann & Münemann	Lübeck, Breitestr. 27
Knoblauch, Oscar Dr.	Professor, Techn. Hochschule	München
Knüsli, Emil	Ingenieur, Emil Knüsli	Zürich, Badenstr. 440
Knuth, Karl und Frau	Ingenieur und Fabrikant, Vizepräsident der Fachgruppe Heizung im Bunde der Ung. Industriellen	Budapest VII, Garay utca 10

Name	Stand — Behörde — Firma	Wohnort
Koch, Heinrich	Oberingenieur, Vorsteher des städt. Heizamtes und Hochbauamtes	Düsseldorf, Hermannstr. 37
Köhler, Adolf und Frau	Direktor, Buderus'sche Eisenwerke, A.-G.	Wetzlar
Köhler, M.	Fabrikdirektor, Vereinigte Flanschenfabriken und Stanzwerke, A.-G.	Leipzig
Köhne, Hans	Ingenieur, Direktor der Zentralheizungswerke A.-G., Hannover-Hainholz	Hannover
Kölz, Georg	Oberingenieur	Stuttgart, Rotebühlstr. 7/II
Köpp, Jakob	Ingenieur, Zentralheizungsfabrik	St. Gallen IV
Körting, Johann	Ingenieur und Fabrikdirektor a. D.	Düsseldorf, Brehmstr. 24
Kohler, E.	Sekretär, Verein Schweiz. Zentralheizungsindustrieller	Wil-St. Gallen
Koopmann, J. F. H.	Beratender Ingenieur	Haag, Juliana van Stolberglaan 107
Korb, Ferd. Floris u. Frau	Architekt und ungar. Landbaurat	Budapest VIII, Barossutca 74
Kori, H.	Ingenieur	Berlin W., Dennewitzstr. 35
Korsten, J. G.	Sanitair Technisch Büro Centrale Verwarmingen	Amsterdam, Koningsplein 5—7
de Koster, Joh. Willem	Ingenieur, Th. A. de Koster	Amsterdam, Ruysdallstraat 96—98
Krantz, L.	Ingenieur	Stockholm, Odengatan 98
Kraus, Albert und Frau	Fabrikant	Köln-Braunsfeld, Eupenerst. 60
Kraus, G. und Frau	Ingenieur, Rösicke & Co.	Nürnberg
Kraus, Hermann	Ingenieur, H. & F. Kraus	München, Holbeinstr. 2
Krencsey Geza von,	Oberbaurat	Budapest V, Csáky Gasse 3
Krenk, I.	Ingenieur	Kolding, Jerubanegade 9
Kresz, Franz von	Dipl.-Ing. und Fabrikant	Budapest VIII, Kisfaludy utca 11
Kreuter Franz	Dipl.-Ing., Stadtbaurat und Architekt	Würzburg, Konradstr. 11
Kronsbein, Hch.	städt. Heizungsingenieur	Hagen i. W., Roonstr. 3
Kuchler, Hans	Ingenieur, Ortskohlenstelle	Augsburg, am Schwedenweg E 186½
Kühne, Louis und Frau und Tochter	Ingenieur, Dresdener Zentralheizungsfabr.	Dresden-A., Freibergerstr. 23
Kurz, Josef und Frau	Ingenieur, Vizepräsident des Verwaltungsrates der Kurz, Rietschel, Henneberg & Permutit-A.-G.	Wien
Kurz, Rudolf und Frau	Ingenieur	Wien XIII
Kuthe, K.	Oberingenieur, Rud. Otto Meyer	Berlin-Lichterfelde, Sternstr. 3
Lamers, P. H.	Fabrikant, P. H. Lamers	Hees, Nymegen
Land und Frau	Direktor, Berlin-Burger-Eisenwerk, A.-G.	Berlin
Lange, Th. und Frau	Ingenieur, Dormeyer & Lange	Berlin S. 61, Siboldstr. 5
Lange, Wilh.	Ingenieur, Gebr. Körting, A.-G.	Dortmund, Körnerhellweg 66
Langenohl, Albert	Oberingenieur, W. Heiser & Co.	Dresden-A., Holbeinstr. 133
Laskus, A. und Frau	Geh. u. Oberregierungsrat, Reichspatentamt	Berlin-Friedenau, Wilhelmshöherstraße 2
Lastin, J. und Frau	Direktor, Johs. Haag, A.-G.	Berlin
Latsch	Ingenieur in Fa. H. Schafstädt, Gießen	München
Lauer	Direktor, Halberger Hütte, G. m. b. H.	Brebach-Saarbrücken
Leek	Landesoberingenieur	Halle a. S., Wilhelmstr. 49
Lehmann, E. und Frau	Fabrikant, Zentralheizungsfabrik	Stolp i. Pr., Bergstr. 4—5
Leidel, Hch.	Ingenieur, Deutsche Sanitätswerke, G. m. b. H.	München, Kaufingerstr. 14
Leidheuser, Wilh.	Dipl.-Ing. u. Assistent, Techn. Hochschule	Karlsruhe, Hebelstr. 1
Leimdörfer, Emil Dr.	Geschäftsführer, Zentralorgan »Der Hausbrand«	Berlin W. 62, Kleiststr. 31
Lely, J.	Dipl.-Ing. und Stadtbaurat	Haag-Nassau, Zuilensteinstraat 43
Lempelius, Karl	Direktor, Zentrale für Gasverwertung	Berlin W. 35, am Karlsbad 12—13
Leuschner, M. und Frau, und Frl. Rudolph	Oberingenieur, Frd. Krupp, A.-G.	Essen-Ruhr, Dagobertstr. 8
Lieb, Eugen und Frau	Ingenieur, Fritz Lieb	Lüdenscheid
Liebold	Dipl.-Ing., Rud. Otto Meyer	Bremen, Ellhornstr. 36
Lier, Hch.	städt. Heizungsingenieur	Zürich 6, Neue Beckenhofstraße 19
Lind, Ewald	Prokurist	Hagen i. W., Roonstr. 18
Lind	Direktor, Halberger Hütte, G. m. b. H.	Brebach-Saarbrücken
Lindemann, W. Dr.	Ing. u. Reg.- u. Baurat, Maschinenbauamt	Braunschweig, Roonstr. 10
Linnmann	Fabrikbesitzer, Radiatoren- und Kesselverkaufsvereinigung Wetzlar	Katernberg
Litz, Valentin	Direktor, A. Borsig, G. m. b. H.	Berlin-Tegel
Lohr, P.	städt. Oberingenieur	Amsterdam, Singel 374
Ludwig, Georg	Ingenieur, Gebr. Körting A.-G.	München
Lüneburg	Ingenieur, Bolte & Loppow	Hamburg 20
Lürken, U.	Direktor	Dessau, z. Z. München, Wilhelmstraße 27

Name	Stand — Behörde — Firma	Wohnort
Mantel, J.	Oberingenieur, Kgl. Fabrik W. Braat	Delft
Marchhart, Ferd. u. Tochter	Direktor, Wilh. Brückner & Co.	Wien III, Baumgasse 5
Margolis, A.	Dipl.-Ing., Rud. Otto Meyer	Hamburg
Marienthal mit Familie	Oberingenieur	Budapest
Maroscheck, Josef	Oberöst. Wasserleit.- u. Zentralheizbauges.	Linz a. D.
Marvan, Anton	Ingenieur, A.-G. vorm. Skodawerke	Pilsen, Klatovska ul 19
Mattick, F. und Frau	Fabrikant	Dresden-A , Münchenerstr. 30
Maurmeier, Rich.	Ingenieur	München, Daiserstr. 9
Meier, Konrad	Ingenieur	Winterthur, Tachlisbrunnen-straße 12
Mensing	Dipl.-Ing. Bechem & Post	Hagen i. W.
Mette, Ernst	Ingenieur, Gewerkschaft »Carl Otto«	Zündorf-Adelenhütte, Post Porz a. Rh.
Metzler, Gustav	Zentralheizungsfabrik	Herford i. W., Rennstr. 25
Meyer, Gustav	Dipl.-Ing., 1. Vorsitzender d. Gruppe Nordbayern des V. d. C. I.	Nürnberg
Meyers, L. Joachim	Ingenieur u. Fabrikant, Meyers & Nolte	Barmen - U. 20, Alleestraße 19a—21
Meythaler, Karl	Regierungsbaurat I. Kl.	Bayreuth, Wilhelmstr. 15
Miedel, Ad. und Frau	Dipl.-Ing., Heckel & Nonnweiler	Saarbrücken 1
Miedel, Ludw. und Frau	Ingenieur, Heckel & Nonnweiler	Saarbrücken 1
Mieddelmann, Frd. jr.	Friedr. Mieddelmann & Sohn	Barmen
Mieddelmann, Paul	Fabrikant, Friedr. Mieddelmann & Sohn	Barmen
Middendorf, C. und Frau	Direktor, Ottensener Eisenwerk A.-G.	Altona-Ottensen, Hohenzollernring 27
Mildner, Rich.	Fabrikbesitzer, Arendt, Mildner & Evers, G. m. b. H.	Hannover, Hirtenweg 22
Möhle und Frau	Oberingenieur	Dortmund
Möhrlin, E.	Direktor, E. Möhrlin, G. m. b. H.	Stuttgart
Moos, Julius	Ingenieur, Gebr. Gysi & Co.	Baar-Schweiz, Neugasse
Mór, Réti	Dipl.-Ing.	Budapest VI, Andrássyutca 50
Morneburg, Kurt	Dipl.-Ing. u. städt. Bauamtmann, stadt. Betriebsamt	Nürnberg, Spittlertorzwinger 6
Mornhinweg, Karl	Oberingenieur, Strebelwerk	Mannheim
Müller, August	Ingenieur u. Teilhaber, Wilh. Brückner & Co., G. m. b. H.	Graz, Elisabethinergasse 21
Müller-Adamy, E.	Inhaber d. Fa. J. L. Bacon	Wien V, Schönbrunnerstr. 34
Müller	Prokurist, Buderussche Eisenwerke	Wetzlar
Nagel, Ernst und Frau	Oberingenieur, John & Nagel, Berlin S. 42	Neukölln, Dammweg
Naue	Ingenieur, M. Heller & Co.	Erfurt 6
zur Nedden und Frau	Dipl.-Ing. und Geschäftsführer, Reichskohlenrat	Berlin W. 50, Pragerstr. 28
Neels, Gottfried	Ingenieur, Kohl, Neels, Eisfeld m. b. H.	Hamburg 6
Neels, Hans	Ingenieur, Kohl, Neels, Eisfeld m. b. H.	Hamburg 6
Nemec, V.	Ingenieur	Prag V, Brehova 3
Neumann, Friedr. und Frau	Ingenieur, Zentralheizungsfabrik	Arnstadt, Liebfrauenkirche 4
Niepmann, Walter	Ingenieur, Zentralheizungsfabrik	Düsseldorf, Ellerstr. 115
Niessen, Karl und Frau	Direktor u. Ingenieur Karl Niessen, A.-G.	Pasing b. München
Nimphius, Robert und Frau	Oberingenieur	Saarbrücken 3
Nipper, August	Ingenieur, Roßweiner Metallwarenfabrik	Roßwein i. S., Gerbergasse 6
Noth Reinhold	Oberingenieur	Mainz, Obere Austr. 1
Nusselt, Wilh.	Dr.-Ing. u. Professor, Techn. Hochschule	Karlsruhe
Obermayer	Direktor d. Rheinstahl-Handelsges. m.b.H.	Nürnberg
Opländer, Louis und Frau	Fabrikant	Dortmund
Opstelten, H. W. und Frau	Direktor, N. V. Th. van Heemstede obelts-Sanitair Technisch Büro	Amsterdam, de Ruyterkade 104
Oslender, August	Landes-Oberingenieur, Rheinische Provinzverwaltung	Düsseldorf, Alexanderstr. 5
Osterloh, E.	Heizungstechniker, Hochbauamt II	Bremen
Otto, Robert und Frau	Ingenieur	München, Hubertusstr. 13
Owen, W. H.	Direktor, Nationale Radiatorges. m.b.H.	Berlin W. 66, Wilhelmstr. 91
Pahl, A.	Direktor, Radiatoren- und Kesselverkaufsvereinigung Wetzlar	Isselburg
Pakusa, Paul	Ingenieur	Hannover-Linden
Pasdeloup, W. F. Th.	städt. Maschineningenieur	Amsterdam 1a Helmerstraat 41
Pelz, J. Ferd.	Ingenieur, Pelz & v. Seckendorff	Düsseldorf 44, Fürstenwall 200
Peritz, Alfred und Frau	Ratsingenieur, Stadtbauamt	Plauen i. V., Neues Rathaus
Peters, Hans	Dipl.-Ing., Magistrat Groß-Berlin	Charlottenburg, Leibnizstr. 44
Petersen, Alfred	Dipl.-Ing., Vorstand der wärmetechnisch. Abteilung des Verbandes der Zentralheizungs-Industrie, e. V.	Berlin
Pfahl, Peter	Kaufmann, Buderus'sche Handelsges.	Wien I, 1, Riemergasse 10
Pfister, Karl	Ingenieur, Polyt. Verein	München

Name	Stand — Behörde — Firma	Wohnort
Pfleiderer, E. und Frau	Dr.-Ing., Bad. Anilin- und Sodafabrik	Ludwigshafen
Pflüger, Albert	Vorstand, Landesbrennstoffamt	Stuttgart, Alter Schloßpl. 4
Pfützner, H.	Professor und Geh. Hofrat	Dresden
Pietz, Max	Ingenieur, J. L. Bacon	Berlin O. 27
van der Plaat, J. C.	Ingenieur, Technisches Bureau	Haarlem, Pieter Maritzstraat 41—47
Platz, Julius	Dipl.-Ing. u. Vorst., Kohlenwirtschaftsstelle	Hamburg I
Preuß, Kuno	Städt. Heizing., Magistrat	Königsberg
Pröbstl, H. und Frau	Ingenieur, Inh. d. Fa. Hch. v. Hößle	München
Prött, C. H.	Fabrikant	Rheydt
Prott, Karl und Frau	Fabrikant, Fritz Kaeferle	Hannover, Bödeckerstr. 28
Purschian, E. und Familie	Ingenieur und Fabrikbesitzer, Inh. d. Fa. Emil Kelling, ger. Sachverständiger	Berlin W. 9, Königin-Augustastr. 7
Quehr, Viktor	Ingenieur, städt. Kohlenamt	Gera-Reuß
Rahmann, Wilh. und Frau	Fabrikant	Bremen, Kaiserstr. 25—27
Rainer, Ferd.	Zentraldirektor, Ingen., Zentralheizungs-werke A.-G.	Wien
Rapmund, Gustav	Göhmann & Einhorn, G. m. b. H.	Dresden-N., Antonstr. 29
Rath, K.	Zivilingenieur	Obermenzing-München
Raven, Friedr. Wilh.	Ingenieur	Leipzig, Inselstr. 7
Redslob, P.	Prokurist, Radiatoren- u. Kesselverkaufs-vereinigung	Wetzlar
Rehfeldt	Dipl.-Ing., Vertreter des Ministeriums d. Innern, Leiter d. Landeskohlenstelle	Schwerin, Jungfernstieg 8
Reichel, J. und Frau	Ingenieur d. V. d. C. I.	Berlin
Reinartz, Joh. Jos.	Industrieller, Gebr. Reinartz	Troisdorf b. Siegburg
Riekenberg, Th.	Ingenieur, Ingenieurbureau	Erfurt, Magdeburgerstr. 37
Richter, Bruno und Frau	Ingenieur, König & Richter	Gera-Reuß, Kl. Heinrichstr.
Richter, Rud.	Ingenieur und Landesbaurat	Brünn
Rißmann	Oberingenieur	Frankfurt a. M.
Ritter, J.	Oberingenieur, Redaktion der Haustechn. Rundschau	Hannover, Grasweg 32
Rohonci, Hugo	Dipl.-Ing. und Fabrikant	Budapest VI, Fothi utca 19
Rothenberg, Paul	Direktor, Fa. Sulzer, G. m. b. H.	Mannheim
Rottenberg, Frz., Dr.	Kommerzialrat und Generaldirektor, Österr. Kontrollbank f. Industrie u. Hdl.	Wien I, Gluckgasse 1
Ruef, E.	Ingenieur, Rühl & Sohn	Bern, Alpenstr. 13
Rühl, Joseph und Frau	Gewerberat, Vertreter des preuß. Ministers f. Handel u. Gewerbe	Frankfurt a. M., Hermannstr. 11
Rühl	Dipl.-Ing., J. L. Bacon	Berlin W. 9, Leipzigerstr. 2
Rümelin, Walter und Frau	Oberingenieur, Bayer. Dampfkessel-Revi-sions-Verein	Elberfeld
Rüster	Stadtingenieur, Stadtverwaltung	München, Kaiserstr. 14
Ruh, J.	Ingenieur	Krefeld, Westwall 147
Rundzieher, Adolf, Dr.	Ingenieur u. Abteilungsleiter, Rietschel & Henneberg, G. m. b. H.	Bern, Marktgasse 2
Russell, H.	Ingenieur, Wärmemeldnings A. B. Calor	Wiesbaden, Nikolasstr. 21
Ryd, Eduard	Kaufmann, Rohrbogenwerk, G. m. b. H.	Stockholm
Sachs, Willi	Ingenieur, V. d. C. I.	Hamburg 23, Pappelallee 23
Sackermann, Wilh.	Ingenieur und Fabrikbesitzer, U. Sack-hoff & Sohn	Berlin
Sackhoff, Ed. und Frau	Direktor, Samson-Apparatebauges. m.b.H.	Berlin O., Romeisfeuerstr. 23
Sandvoß, Herm. und Frau	Fabrikbesitzer, Metallwerk Terna	Frankfurt a. M., Schielestr. 13
Sauerbrey, Wilh. und Frau	Oberingenieur, Schäffer & Walcker, G. m. b. H.	Berlin-Treptow, Rethelstr. 5
Seefeld, A. und Frau	Regierungsbaurat	Berlin S. 61, Siboldstr. 5
Seefried	Stadtbaurat, städt. Maschinenbauabtlg.	Speyer
Seitz, Heinrich	Regierungsbaumeister, Ministerial-, Mili-tär- und Baukommission	Karlsruhe, Kaiserallee 5
Sellien, Walter	Zivilingenieur, Albert Senff, G. m. b. H.	Berlin NW. 40, Invaliden-straße 52
Senff, Albert	Ingenieur	Hannover, Eichstr. 12a
Senften, A.	Oberingenieur, Gebr. Sulzer A.-G.	Bern, Optingenstr. 37
Sieber, Hermann	Dr. phil., Ingenieur u. Chemiker, Tech-nisches Bureau	Winterthur
Sieder, Ludwig,	Direktor, Radiatoren- u. Kesselverkaufs-Vereinigung Wetzlar	München, Seidlstr. 11
Siekmann	Ingenieur	Blankenburg a. H.
Sievers, Hch. N. G.	Direktor, Österr. Kontrollbank f. Industrie u. Handel	Hamburg, Klosterallee 74
Simelis, Julius	Ingenieur	Wien I, Gluckgasse 1
Simon, Ernst und Frau	Ingenieur, Rud. Otto Meyer	Stettin
Simonsen, M. und Frau	Ingenieur, W. Slotboom & Soon	Hamburg, Marienthalstr. 47
Slotboom, C. M.	beratender Ingenieur und Direktor, Ad-wiesbureau	Haag, Wagenstraat 96
Smets, Fred. C.		's Gravenhage, Paleisstraat 3

Name	Stand — Behörde — Firma	Wohnort
Smits, N. A.	Dipl.-Ing., Chef d. Heizungsabt. im Stadt- bauamt	Haag, Bezuidenhout 387
Sommerschuh, W. und Frau	Ingenieur, Lingen & Co.	Königsberg i. Pr.
Sonntag, Bruno	stud.	München
Sonntag, Paul und Frau	Fabrikant, Paul Sonntag	Brandenburg, Nst. Markt 5—6
Spaleck	Fabrikdirektor, Junkers & Co.	Dessau-Anhalt, Cöthenerstr.
Spelsberg	Stadtbauinspektor	Hamborn, Hüllshoffstr. 11
Spengler, Nikolaus	Halberger Hütte, G. m. b. H.	Brebach-Saarbrücken
Spitta	Dr. med., Professor u. Geh. Regierungsrat	Berlin-Wilmersdorf, Prinz- regentenstr. 91
Süßlen, Hans	Ingenieur, Fuchs & Priester	München
Suwald, Karl	Landes-Oberbaurat, Mähr. Landesbauamt	Brünn-Mähren, Landhaus II
Schachner, Richard	ord. Professor d. Techn. Hochschule	München
von Schacky auf Schönfeld, Gustav	Freiherr, Geh. Rat, Ministerialrat a. D. Oberste Baubehörde	München
Schäfer, Paul	Ingenieur, Netzschkauer Maschinenfabrik, Frz. Stack & Söhne	Netzschkau i. Sa.
Schafer, Peter und Frau	Oberingenieur, Eisenwerk Kaiserslautern	Kaiserslautern
Schaub, Edwin	Oberingenieur, Käuffer & Co.	Mainz, Obere Austr. 1
Schay, J. P.	Dipl.-Ing. u. Direktor, Magistrat	Minden i. W., Friedrich- Wilhelmstr. 6
Scheele, Wilhelm II	Landesoberbaurat, Landesdirektorium	Hannover, Am Schiffgraben 6
Schellenberg, Ernst	Oberregierungsrat, Ministerium des Innern	Karlsruhe
Scherle, Fritz	Oberingenieur	Nürnberg, Hallerstr. 51
Schiele, Ernst	Dr.-Ing. h. c., Inh. d. Fa. R. O. Meyer, I. Vorsitzender d. V. d. C. I. e. V.	Hamburg
Schilling, Hugo	Stadtbaumeister, Stadtverwaltung	Barmen, Schubertstr. 19
Schilling, Otto und Frau	Fabrikbesitzer, Schilling & Co.	Dresden-N. 6, Großenhainer- straße 11
Schindowski	Ministerialrat	Charlottenburg
Schirmer, Hans	Oberingenieur, Zentralheizungswerke A.-G. Wien	Teplitz-Schönau, Schlangen- badstr. 68
Schlesinger, Berth.	Prokurist, Eisen- u. Stahl-A.-G.	Wien VI, Blümelgasse 1
Schmid, Carl Herm.	Zentralheizungsfabrik	Stuttgart, Kornbergstr. 20
Schmidt, Josef	städt. Heizungsingenieur	Dorsten, Fehlmark 158
Schmidt, Karl	Stadtbauinspektor	Dresden-A., Bayreutherstr. 40
Schmidt, Max	Oberingenieur, Zentralheizungswerk	Karlsruhe, Kaiserallee 99
Schmidt, Dr.	Verband d. Zentralheizungsindustrie, e. V.	Saarbrücken
Schneider, Franz	Bauamtmann	Landshut
Schnutenhaus	Fabrikbesitzer, Radiatoren- und Kessel- verkaufsvereinigung Wetzlar	Katernberg
Schön Viktor,	hauptstädt. Oberingen., städt. Gellertbad	Budapest VIII, Baross utca 66
Schömig, Paul und Tochter	Ingenieur und Fabrikant	Würzburg
Schrammen	Oberbaudirektor, Thür. Finanzmin.	Weimar
Schrögler, Ed. und Frau	Ingenieur und Fabrikant	Hamburg 31, Rellingerstr. 45
Schüller, H. und Frau	Prokurist, Rhein. Stahlwerke	Hilden
Schütt, H. und Frau	Schütt & Co.	Köln
Schumann, Otto und Frau	Ingenieur, G. Günter	Halle a. S., Königstr. 82
Schultze-Rhonhof, W. u. Frau	Handelsgerichtsrat, Schäffer & Walcker	Berlin SW., Lindenstr. 18
Schulze, Arthur und Frau	Oberingenieur der Wärmestelle des Vereins Deutscher Eisenhüttenleute	Düsseldorf, Grünstr. 17
Schwarz, Ed. und Frau	Dr. jur. und Rechtsrat a. D., Syndikus des Münchener Handelsvereins »Börse« u. Gesch.-Führer d. V. d. C. I.	München
Schwerd, Friedr.	ord. Professor, Techn. Hochschule	Hannover, Welfengarten 1
Schyma, Erich und Frau	Oberingenieur David Grove, A.-G.	Breslau
Stack, Ed.	Stadtoberingenieur	Hannover, Militärstr. 9
Stadtmüller	Regierungsbaurat, Eisenbahngeneraldirekt.	Karlsruhe
Stahl, Bernh.	Ingenieur, Zentralheizungswerke Grethe & Stahl, G. m. b. H.	Hannover, Leisewitzstr. 46
Staubach, Alb. und Frau	Zentralheizungsfabrik	Bochum
Steckl	Intend.-Inspektor, Intendantur 7. Wehr- kreis	München
Stegemann, Wilh.	Kohl Neels, Eisfeld m. b. H.	Hamburg 6
Steinhaus	Oberingenieur, Buderus'sche Eisenwerke	Wetzlar
Steinmann, Fritz	Knappschaftsingenieur	Hagen i. W., Roonstr. 18
Steinwarz, Georg	Oberingenieur, Zentralheizungsfabrik	Karlsruhe, Welzienstr. 35
Stenger, Wilhelm	Ingenieur	Merseburg
Stephan, H.	Ing. u. Prokurist, Emhardt & Auer	München
Stiegler, L.	Dipl.-Ing., Städt. Gas-, Wasser- u. Elek- trizitätswerke	Heidelberg
Stock, W.	Dipl.-Ing., Senat d. freien u. Hansastadt	Lübeck, Wettinstr. 12
Stöhr, Emil	Ingenieur u. Direktor, Thiergärtner, G. m. b. H.	Berlin W. 8, Mohrenstr. 10
Strauch und Frau	Ingenieur, Zentralheizungsbauanstalt, G. m. b. H.	Saarbrücken 1
Streck, Ludwig	Ingenieur, Deco, G. m. b. H.	München, Wörthstr. 39

Name	Stand — Behörde — Firma	Wohnort
Teske, Paul	Ingenieur, Ullrich & Teske	Leipzig, Bitterfelderstr. 3
Teßnow, Ernst	Erfurter Werkstätten f. Heizungs- u. Gewächshausbau	Erfurt, Schmidtstedterstraße 57/58
Thöne, Otto	Fabrikant, Barmer Zentralheizungswerk	Barmen, Heckinghauserstr. 73
Tichelmann	Ingenieur, Jeglinsky & Tichelmann	Dresden A 21
Tienstra, Joh.	Ingenieur, J. G. Korsten	Amsterdam, Koningsplein 5—7
Tiedge, W. und Fam.	Oberingenieur	Prag
Tischler, Rudolf	Ingenieur	Prag II, Kgl. Weinberge, Mánesova 23
Tittes, Ernst	Ingenieur, Ostpreuß. Provinzialverwaltg.	Königsberg, Claasstr. 9
Törnroos, Knut	Ingenieur, A/B Vesijohtoliike Huber O/Y	Helsingfors, Repslagaregatan 4
Törs, Josef	Dipl.-Ing. u. Fabrikbesitzer, Vizepräsident der Fachgruppe Heizung im Bunde der Ung. Industriellen, Törs & Ormai	Budapest VIII, Szilagyi-Gasse 3
Tullgarn, Axel	Ingenieur, Heizungsingenieur d. Dampfkesselrevisionsvereins Südschwedens	Malmö, Holmgatan 12a
Trautmann, Rich.	Oberbaurat	Leipzig
Trier, Franz	Ingenieur, städt. Maschinenamt	Dortmund
Thuwe, Carl	Ingenieur	Göteborg, Schweden
Tübben, Adolf	Oberingenieur, Sulzer, G. m. b. H.	München, Theatinerstr. 8
Uber, R.	Dr.-Ing. h. c., Wirkl. Geh. Oberbaurat, Ministerialdirekt., Preußisches Finanzministerium	Berlin
Udet, Adolf und Frau	Ingenieur, Iuh. d. Fa. Udet & Co., I. Vors. d. Gruppe Südbayern d. V. d. C.-I.	München, Schwanthalerstr.
Uhlig	Magistratsbaurat a. D., Allg. Knappschaftsverein	Bochum, Königsallee 41
Uhrmeister, H. F. und Frau	Ingenieur, Fabrikant uud gerichtl. Sachverständiger, Kaufmann & Co. G.m.b.H.	Berlin SW 11, Königgrätzerstraße 69
Ulbrich, Bruno	Stadtingenieur, Hochbauamt	Chemnitz, Marschallstr. 20
Ulrich, Paul	Ingenieur, städt. Ortskohlenstelle	Düsseldorf, Wehrhahn 98—100
Ulsch, G. und Frau	Direktor	Amsterdam, Derde Schinkelstraat 35
Unbescheiden, H.	Ingenieur	Kehl a. Rh., Krimhildenstr. 2
Ungeheuer, W.	Ingenieur, Inhaber d. Fa. Frz. Brumbach	Freiburg i. B., Merzhauserstraße 100
Vocke, Wilhelm und Frau	Dipl.-Ing.	Dresden, Hohestr. 54
Voggenauer, Jos. und Frau	Direktor und Fabrikant, Voggi-Kessel G. m. b. H.	München
Volckmar	Stadtbaudirektor	Mannheim
Vorhölzer	Oberpostrat, Reichspostministerium	München
Wagner, Alfred und Frau	städt. Ingenieur	Berlin, Braunsbergerstr. 14
Wagner, Wilh.	Geschäftsführer, Polyt. Verein	Pasing, Untere Kanalstr. 19
Wahl, C. L.	Stadtbaurat	Dresden
Wahl und Frau	Dipl.-Ing. u. Arch.	Braunschweig, Roonstr. 2
Wahrau, Ernst	Ingenieur, Kohl, Neels-Eisfeld m. b. H.	Schleswig
Wamsler, Frz. N.	Dipl.-Ing. u. Fabrikant, Wamslerwerke	München
Wangemann und Frau	Oberregierungsbaurat, Sächsisches Finanzministerium	Dresden-N
Warns-Gaye, O.	Fabrikant, Warns-Gaye & Block	Hamburg, Bartelstr. 7—11
Weber, A.	Dr. med., Geh. Regierungsrat, Präsident, Sächsisches Landesgesundheitsamt	Dresden
Weber, Karl	Ingenieur	Merseburg
Weigel, E.		Arnheim, Oude Kraan 97
Weil, Richard	Ingenieur, Ingenieurbureau	Brünn, Geisgasse 8
Weilinger und Frau	Direktor, Weilinger G. m. b. H.	München
Weise, Fritz und Frau	Ingenieur und Fabrikbesitzer, Emil Helfferich Nachfg.	Kirchheim-Teck
Weißbach, Curt	Ingenieur und Fabrikant	Chemnitz i. S., Dietzelstr. 43
Wendt, Carl	Direktor, Luftheizungswerke Schwarzhaupt, Spiecker & Co.	Frankfurt a. M., Mainzerlandstraße 193
Wentzke, Georg	Fabrikant, Kastl & Wentzke	Wien V, Kl. Neugasse 23
van de Westeringh, H. J. und Frau	Ingenieur, Deerus & Westeringh	'sGravenhage Bierkade 5
Wild, Alfred	Ingenieur, B. Wild's Sohn	St. Gallen, Moosbrückstr. 21
Willert und Frau	Ober- und Geh. Regierungsrat, Reichspatentamt	Berlin SW., Gitschinerstraße 97/113
Willner, Max	Direktor, Johs. Haag. A.-G.	München, Herzog Rudolfstraße 25
Winkelmann, G.	Direktor, Radiatoren- u. Kesselverkaufsvereinigung Wetzlar	Wetzlar
Winterhoff, Willi	Ingenieur	Cassel, Friedrichstr. 21
Wittenburg, H. F.	Direktor, Rud. Otto Meyer	Hamburg 23

N a m e	Stand — Behörde — Firma	Wohnort
Wohlfahrth, Fritz	Dipl.-Ing.	Bodenbach a. E., Leipnitzstr.
Wolters und Frau	Prokurist, Rheinstahl-Handelsges. m. b. H.	Düsseldorf, Chadowpl. 12
Worp, Louis und Frau	Oberingenieur	Amsterdam, de Ruyterkade 113
Wüst, Carl	Fabrikant, Flanschen- u. Schraubenfabrik	Fellbach bei Stuttgart
Wüst, Friedr.	Bauamtmann, Landbauamt	Bamberg
Zboray, Joh. von	Baurat, Hochbausektion, Stadtmagistrat	Budapest, Zentralstadthaus
Zerkowitz, Guido	Dr.-Ing., a.-o. Professor, Techn. Hochsch.	München
Zerres, Peter und Frau, und Frau Inhoffen	Ingenieur, Heizungsges. Zerres, Häring & Wolters m. b. H.	Aachen, Kupferstr. 12
Zielecki, Karl	Ingenieur u. Professor, Techn. Hochschule in Teplitz	Prag II, Havlieckpl. 33
Zimmermann, Ernst	Dipl.-Ing. und Stadtbaumeister	Braunschweig, Kl. Burg 1a
Zimmermann, H.	Landesbaurat, Provinzialverwaltung Westfalen	Münster i. W., Bohlweg 44
Zimmermann, H.	Direktor	Utrecht, Witte vrouwen-singel 44
Zöllner, Karl	Ingenieur, Gewerkschaft »Carl Otto«	Zündorf-Adelenhütte, Post Porz a. Rh.

Druck von R. Oldenbourg in München.

www.ingramcontent.com/pod-product-compliance
Lightning Source LLC
Chambersburg PA
CBHW081430190326
41458CB00020B/6155